U0173114

中华现代学术名著丛书

中国数学大纲

下 册

李俨 著

商务印书馆
创于1897　The Commercial Press

下　　册

第四编 中国近世数学

第一章 近世的数学

中国近世期数学，由明初到清中叶，相当于 1367 年到 1800 年，前后四百多年。此期数学虽继承宋、金、元之盛，可是公家考试制度久已废止，民间算学大师又无人继起，是称中算沉寂时期。其中古代算书和同时著作，赖有藏书家收罗，现在还流传着。此时数学事实可以记录的，有算盘之发明和西洋算法之输入。算盘之发明实在是中算的革命。从此算数方法普及民众，一时作家都设法创造歌诀。尽力求算数简易便捷。其次回回历法的应用到此时已成尾声，西洋历法应时输入。对于当时中国历算的改革、数学的发展，都十分有影响。

第二章 明代数学教育制度

明代公家虽然不十分重视数学教育，可是在洪武二年、三年、二十五年(1369,1370,1392)还讨论如何学习数学，还将此项法令传达

到国外去,如:

> 洪武二年(1369 年)十月,诏天下府、州、县立学。谕申书省臣曰:"学校之设,名存实亡,兵变以来,人习战争,朕惟治国以教化为先,教化以学校为本。京师虽有太学,而天下学校未兴,宜令郡县皆立学。"于是设学官,令生员专治一经,以礼、乐、射、御、书、数设科分教。①

> 洪武三年(1370 年)八月,"京师及各行省开乡试,……中试者后十日复以五事试之,曰:骑、射、书、算、律。骑:观其驰驱便捷;射:其中之多寡;书:通于六义;算:通于九法;律:观其决断"。②

> 洪武二十五年(1392 年)二月"甲子,命学校生员,兼习射与书、数之法,……,数:习九章之法,务在精通,俟其科贡,兼考之"。③

> (洪武三年)庚戌(1370 年)……(明)又遣侍仪舍人卜谦来(高丽)颁科举程式,诏曰:……自洪武三年八月为始,特设科举,……三场后十日面试。骑:观其驰驱便捷;射:观其中数多寡;书:观其笔画端楷;算:观其乘除明白;律:听其讲解详审。律用见行律令。……科举取士,务得全材。但虑开设之初,骑、射、书、算、律未能遍习,除今科免试外,候三年之后须要全备,方得

---

① 见龙文彬:《明会典》卷二十五,学校上,引:《昭代典则》,1956 年印本。
② 见《日知录》卷十一,"经义论策"条,引:[明]《太祖实录》卷五十五,并参看王圻《续文献通考》。
③ 见明太祖:《洪武实录》卷二百十六。

中选,……①

明初国子监设数学教育,不外粗习算术四则。嘉靖二十三年(1544年)《南雍志》卷十八,经籍考下篇,"梓刻本末"条,引有"《算法》二卷",即国子监当日所习用的课本。② 事实上,在宣德四年(1429年)前后国子监生员对算法已不晓习。所以宣德四年国子监助教王仙,③正统十五年(1450年)监察御史朱裳④以及正德十五年(1520年)礼部员外郎郑善夫⑤上书论历⑥都请设算学。到嘉靖三十六年(1557年)明太学又请肄算法。是年《皇明太学志》卷七,"讲肄"条称:

　　　　原洪武二十五年(1392年)所颁数法,"凡生员每日务要学算法,必由乘,因,加,归,减,精通九章之数",昔之善教者,经义治事,贵在兼通。曾谓律令数学切于日用,可忽而不之学乎。⑦

以上是明代数学教育的情形。

---

① 见《高丽史》卷四十二,"恭愍王五"条。
② 见《南雍志》二十四卷本,明刻本有嘉靖二十三年(1544)黄佐序,1931年江苏省立国学图书馆影印原书。
③ 见明宣宗:《宣德实录》卷五十八,并参看《通纪》。
④ 见《礼部志稿》卷七十。
⑤ 郑善夫:《畴人传》有传。
⑥ 见天启六年(1626),《昭代经济言》卷四,《岑南丛书》本。
⑦ 见《皇明太学志》十一卷本,有嘉靖三十六年(1557)郭磐序。

第三章　《永乐大典》的编修

　　《明会要》各书说明《永乐大典》编修的经过,略称:永乐五年(1407 年)十二月修《永乐大典》书成。先是永乐元年(1403 年)秋七月,明太宗谕侍读翰林学士解缙(1369～1415)等曰:"天下古今事物,散载诸书,篇帙浩穰,不易检阅。朕欲悉采各书所载事物,类聚之,而统之以韵。尝观《韵府》、《回溪》二书,事虽有统,而采摘不广,纪载太略。尔等其如朕意,凡书契以来,经、史、子、集百家之书,至于天文、地志、阴阳、医卜、僧道、技艺之言,备辑为一书,毋厌浩繁。"二年(1404 年)十一月,解缙等进所纂录韵书,赐名《文献大成》。既而上览所进书尚多未备,遂命重修。敕太子少师姚广孝(1335～1419),刑部侍郎刘季篪,及解缙总之,命翰林院学士王景,侍读学士王达,国子祭酒胡俨,司经局洗马杨溥,儒士陈济为总裁;翰林院侍读邹缉,修撰王褒,梁潜,吴溥,李贯,杨观,曾启;编修朱纮,检讨王洪,蒋骥,潘几,王偁,苏伯厚,张伯颖;典籍梁用行;庶吉士杨相,左春坊左中允,尹昌隆,宗人府经历高得旸;吏部郎中叶砥,山东按察佥事晏璧为副总裁。命礼部简中外官及四方宿学老儒有文学者,充纂修。简国子监及在外郡县学能书生员缮写。开馆于文渊阁,命光禄寺给朝暮膳,至是书成,凡二万二千九百三十七卷(22937 卷),一万一千零九十五册(11095 册),赐名《永乐大典》。帝亲制序冠之。赐姚广孝等二千一百六十九,钞有差。[①] 1562 年明世宗(朱厚思)曾另抄一副本。

第四章　《永乐大典》的算书

《永乐大典》都由专家分别纂述,明程大位《算法统宗》(1592年)"难题附集杂法序"称:

> 夫难题昉于永乐四年(1406 年),临江刘仕隆公,偕内阁诸君,预修《(永乐)大典》,退公之暇,编成杂法,附于《九章》《通明》之后。

《永乐大典》事韵第 16362～16364 卷,是"杂法",未知是否即程书所称的"杂法"。

查《永乐大典》言算的,是在事韵。如:

"事韵

16329	算		
16330	算法一	目录	起原
16331	算法二	乘法	

---

① 见龙文彬纂:《明会要》上册,卷二十六,学校下,第 425～426 页,引《三编发明》,1956 年 10 月中华书局本;另参看明太宗:《永乐实录》卷二十二,永乐元年(1403)七月条;又明太宗:《永乐实录》卷三十六,永乐二年(1404)十一月条;又同书卷七十三,永乐五年(1407)十一月条。

按《永乐大典》:明太宗:《永乐实录》卷五十四,作:(22211 卷)。

另参看[明]谭希思:明大政《纂要》卷十四;[明]陈建:《皇明通纪》卷六。

赵万里:谈谈《永乐大典》,1959 年 3 月 7 日光明日报。

16332	算法三	因法	
16333	算法四	除法	
16334	算法五	归法	
16335	算法六	加法	减法
16336	算法七	九章总录	
16337	算法八	方田	
16338	算法九	方田	
16339	算法十	方田	
16340	算法十一	粟米	
16341	算法十二	衰分	
16342	算法十三	衰分	
16343	算法十四	异乘同除	
16344	算法十五	少广	
16345	算法十六	少广	
16346	算法十七	少广	
16347	算法十八	少广	
16348	算法十九	商功	
16349	算法二十	商功	
16350	算法二十一	委粟	
16351	算法二十二	均输	
16352	算法二十三	均输	
16353	算法二十四	均输	
16354	算法二十五	盈不足	
16355	算法二十六	勾股	
16356	算法二十七	勾股	

16357	算法二十八	勾股	
16358	算法二十九	音义	
16359	算法三十	九章纂类	
16360	算法三十一	端匹	
16361	算法三十二	斤称	
16362	算法三十三	杂法	
16363	算法三十四	杂法	
16364	算法三十五	杂法	算,竿"。

事韵内算法采用算书有下列各种:

《周髀算经》二卷,音义一卷;

《九章算术》九卷;

《孙子算经》二卷;

《海岛算经》一卷;

《五曹算经》五卷;

《夏侯阳算经》三卷;

《五经算术》二卷;

秦九韶,《数学九章》(即《数书九章》)十八卷(1247年);

李治,《益古演段》三卷(1259年);

杨辉,《详解(九章)算法》,后附《纂类》,总十二卷(1261年),

杨辉,《日用算法》二卷(1262年);

杨辉,《乘除通变本末》三卷(1274年),内上中卷:《乘除通变算宝》,杨辉自撰,下卷:《法算取用本末》,杨辉与史仲荣合撰;

杨辉,《田亩比类乘除捷法》二卷(1275年);

杨辉,《续古摘奇算法》二卷(1275年)(以上七卷,又称《杨辉算法》);

《透帘细草》一卷；

《丁巨算法》八卷（1355 年）；

《锦囊启蒙》□卷；

贾通（即享），《（算法）全能集》二卷；

安止斋，《详明算法》二卷；

严恭，《通原算法》一卷（1372 年）。

其中除严恭《通原算法》是明洪武五年壬子（1372 年）姑苏严恭所撰外，其余都是前代算书。

第五章　十五、十六世纪民间算书

十五、十六世纪民间算书，曾经王文素《算学宝鉴》（1524 年），程大位《算法统宗》（1592 年）先后著录。

明王文素于成化间（1465 ~ 1487）迄嘉靖三年（1524 年）撰成《通证古今算学宝鉴》四十二卷，其中引有：

《指明算法》二卷，正统四年（1439 年）夏源泽撰；夏，江宁人；

《九章详注算法》九卷，成化十四年（1478 年）许荣撰；许，金陵人，字孟仁；

《九章袖中锦》□卷，许荣撰；

《启蒙算集》□卷，金来朋撰；金，金台人；

《指明算集》□卷，张伯奇撰；

《纵横指南算法》□卷（写本），冯敏撰；冯，字好学；

《详明算集》；

《捷奇易明算法》；

《纵横算集》；

《辩古通源》；

《推用算法》；

《捷用算法》。

明程大位在万历壬辰（1592 年）撰成《算法统宗》十七卷,卷十七末,"算经源流"所著录明代算书,计有:

《九章通明算法》□卷,永乐二十二年（1424 年）刘仕隆撰；刘,临江人；

《指明算法》二卷,正统四年（1439 年）夏源泽撰；夏,江宁人；

《九章算法比类大全》十卷,景泰元年（1450 年）吴敬撰；吴,钱塘人；

《算学通衍》□卷,成化八年（1472 年）刘洪撰；刘,京兆人；

《九章详注算法》九卷,成化十四年（1478 年）许荣撰；许,金陵人；

《九章详通算法》□卷,成化十九年（1483 年）余进撰；余,鄱阳人；

《启蒙发明算法》□卷,嘉靖五年（1526 年）郑高升撰；郑,福山人；

《马杰改正算法》□卷,嘉靖十七年（1538 年）马杰撰；马,河间人；

《正明算法》□卷,嘉靖十八年（1539 年）张爵撰；张,金台人；

《算理明解》□卷,嘉靖十九年（1540 年）陈必智撰；陈,宁都人；

《重明算法》□卷；

《订正算法》□卷,嘉靖十九年（1540 年）林高撰；林,会稽人；

《算林拔萃》□卷,隆庆六年（1572 年）杨溥撰；杨,宛陵人；

《一鸿算法》□卷,万历十二年(1584年)余皆撰;余,银邑人;

《庸章算法》□卷,万历十六年(1588年)朱元浚撰,朱,新安人。

程大位所举诸书,尝经目睹。上述各书,除吴敬《九章算法比类大全》一书外,现在都无传本。同时著作见于他书或现存的,计有:

王氏《数学举要》□卷(约公元1350年撰),序文见《皇明文衡》卷三十八;

《算集》□卷,陈邦偶撰;陈,广西全州人,正德九年(1514年)进上,见《粤西文载》;

《缀算举例》一卷,杨廉撰[①];杨,字方震,丰城人,成化十四年(1478年)进士,见清四明《范氏天一阁藏书目录》,和《皇明经世文编》内"姓氏爵里";

《数学图诀发明》一卷,杨廉撰,见清黄虞稷《千顷堂书目》;

《新集通证古今算学宝鉴》四十二卷(1524年)王文素撰,现存;

《勾股算术》二卷,嘉靖十二年(1533年)顾应祥撰,现存;

《测圆海镜分类释术》十卷,嘉靖二十九年(1550年)顾应祥撰,现存;

《弧矢算术》无卷数,嘉靖三十一年(1552年)顾应祥撰,现存;

《测圆算术》四卷,嘉靖三十二年(1553年)顾应祥撰,现存;

《神道大编历宗算会》十五卷,嘉靖三十七年(1558年)周述学撰,现存;

《算法解》□卷,青阳卢氏撰,见《数学通轨》序;

《盘珠算法》二卷,徐心鲁订,万历元年(1573年)刻;

---

① 杨廉,《明史》有传。

《数学通轨》一卷,万历六年(1578 年),柯尚迁撰,现存。

《算数歌诀》一卷,王应选撰,见《泾阳县志》;

《开方指南》二本,明蔡尔光撰(旧钞本),盛氏愚斋图书馆藏①;

《算法指南车》,□卷,高永祉撰,见清黄卢稷《千顷堂书目》卷十五,类书类(按此书是明司马泰《文献汇编》一百卷内第七十三卷的第二种)。

上述各书,除顾应祥所著四种外,又多是程大位所未见。此外未记撰人姓名或著作年月,可是见于诸家记录的,还有:

《算学源流》一部,一册;

《算法补缺》一部,一册;

《钞录算法》一部,一册;

《算法百颗珠》一部,一册;

见明杨士奇,《文渊阁书目》(1441 年)。

按上述四书,明钱溥《秘阁书目》(1486)作:

《算学源流》[一];

《算法袖诀》[一];

《钞录算法》;

《算法百颗珠》[一];

见明钱溥,《秘阁书目》(1486 年)。

《算法大全》□卷,都察院刻;

《算法》□卷,南京国子监刻;

《九章算法》□卷,书坊刻;

---

① 《开方指南》,[明]蔡尔光、旧钞本二册(690),见华东师范大学,《古籍书目》,第 223 页,上海华东师范大学图书馆编印(1957 年)。

见嘉靖三十八年(1559 年)进士,周弘祖《古今书刻》。①

《范围分类》;

《六门算法》;

《金蝉脱壳》;

《范围歌诀》;

《律吕算法》;

《万物算数》;

见明嘉靖间(1522～1566)晁瑮《晁氏宝文堂书目》:"算法"。

《金蝉脱壳》,《纵横算法》一卷,不知作者,见明高儒《百川书志》(1540 年)第十一卷。

《九章算法比类大全》八本;

《算法大全》四本;

《算法通纂》一本;

《百家纂证》一本;

《九章详注比类均输算法大全》六本;

《授时考》一本;

《勾股算术》一本;

《周髀》二本;

《弧矢算术》,《方圆术》,《黄钟术》,《勾股术》共一本;

《测圆算术》一本;

《测圆海镜》二本;

---

① 见光绪二年(1876 年)长沙叶氏观古堂刻本《古今书刻》,或[明]高儒等:《百川书志》,《古今书刻》,古典文学出版社 1957 年 6 月版。

按周弘祖,湖广麻城人,嘉靖三十八年(1559 年)进士,官至福建提学副使,《明史》有传。

见赵琦美(1563～1624)《脉望馆书目》。

　　《勾股算法》一册,

见明朱睦楔《万卷堂书目》(1570 年)。

　　《算经品》一卷,一册;

　　《方圆勾股图解》一卷,一册;

　　《九九古经歌》一卷,一册;

　　《双珠算法》二卷,一册;

　　《算法启蒙》二卷,二册;

　　《九章算法》一卷;

　　《九归方田法》一卷;

见明万历进士祁承爜,《澹生堂藏书目》。(书前有 1613 年澹生堂藏书印)

见明徐𤊹《徐氏家藏书目》(1592 年)。

　　《开平方诀》一本,

见清四明范氏《天一阁藏书目录》。

　　《古今捷法》□卷;

　　《乘除秘诀》□卷;

　　《日用便览》□卷;

见谭文《数学寻源》(1750 年)卷一。

　　其余明末清初珠算说明书,和西洋历算输入后的译著书,另有记录。

第六章　近世数学家小传（一）

明：1. 严恭　　2. 夏源泽　　3. 刘仕隆　　4. 杨廉

　　5. 吴敬　　6. 王文素　　7. 顾应祥　　8. 唐顺之

　　9. 周述学　　10. 徐心鲁　　11. 柯尚迁　　12. 程大位

　　13. 朱载堉

1. 严恭　字德容，仁和人，明永乐二十二年（1424 年）进士。[①]
洪武五年（1372 年）撰《通原算法》一卷，书前有潮州府赵瑀序。[②]

2. 夏源泽　江宁人，撰《指明算法》二卷。王文素，《通证古今算
学宝鉴》（1524 年）引有夏源泽《指明算法》。又程大位，《算法统宗》
（1592 年）卷十七称："《指明算法》二卷，……正统己未（1439 年）江
宁夏源泽，九章不全。"《再续百川学海》内刻有《指明算法》一卷。[③]

3. 刘仕隆　临江人，永乐二十二年（1424 年）撰《九章通明算
法》。明程大位《算法统宗》"难题附集杂法序"（1592 年）称："夫难
题昉于永乐四年（1406 年）临江刘仕隆公，偕内阁诸君预修《（永乐）
大典》，退公之暇，编成杂法，附于《九章通明》之后。"《算法统宗》卷
十七又称："永乐二十二年（1424 年）临江刘仕隆作《九章》，而无乘除
等法，后作难题三十三款。"[④]

---

① 见［明］沈朝宣撰：嘉靖《仁和县志》卷九，人物。

② 参看李俨：《十三、十四世纪中国民间数学》，第 25～26 页，科学出版社 1957
年 11 月版。

③ 见《指明算法》一卷，《再续百川学海》本。

④ 见程大位：《算法统宗》卷首，卷十七。

4. 杨廉　字方震,丰城人,成化十四年(1478 年)进士,正德十年(1515 年)二月以杨廉为南京礼部侍郎。[①]

杨廉撰《缀算举例》一卷,又撰《数学图诀发明》一卷。[②]

5. 吴敬　字信民,号主一翁,杭州府仁和县人,因善算,并从写本《九章》,采辑旧闻,于明景泰元年(1450 年)撰成《九章算法比类大全》十卷。一卷方田,二卷粟米,三卷衰分,四卷少广,五卷商功,六卷均输,七卷盈朒,八卷方程,九卷勾股,十卷开方。总千四百余问,都数十万言,积功十年而成。时已年老目昏,乃由何均自警书录成帙,金台王均士杰为之传刻行世。初版刻后,板毁于火,十存其六。吴敬长嗣怡庵处士,命其季子名讷字仲敏,而号循善者,重加编校而印行之。

吴敬全书以筹算举例。可是于吴敬原书起例,河图书数注,又称:

"不用算盘,至无差误。"又于河图书数歌诀称:

"免用算盘并算子,乘除加减不为难。"

明程大位《新编直指算法统宗》(1592 年)卷十二河图纵横图内亦引此文。程大位又于同卷"写算"和"一笔锦"条内并称:

明吴敬造像

（据明刻本《九章算法比类大全》十卷本,上海东方图书馆旧藏）

① 见《皇明经世文编》内"姓氏爵里";《明大政纂要》卷四十三;杨廉《明史》有传。

② 见[清]四明:《范氏天一阁藏书目录》;[清]黄虞稷:《千顷堂书目》。

不用算盘数可知。似吴敬（1450年）和程大位（1592年）所称算盘，又同为一物。故梅文鼎（1633～1721）以为"是书（《九章比类》）为钱塘吴（敬）信民作，其年月（1450年）可考而知，则算盘之来，固自不远"。①

6. 王文素　字尚彬，其先山西汾州人，成化间（1465～1487）从父林商于真定之饶阳，遂家饶阳。由成化间迄嘉靖三年（1524年），前后三十余年，整理宋杨辉以后各家算书，共收集得千二百六十七间，分为四十二卷，共订成十二本称为《通证古今算学宝鉴》，由杜瑾（良玉）出资刊传。书前有正德八年（1513年）宝朝珍序。

《算学宝鉴》第一卷引纵横图，第二至六卷说因乘通变各法，第七至三十卷说方田至勾股九章算法，第三十一至四十一卷说开平立方以及三乘以上乘方，第四十二卷附列诗词。②

7. 顾应祥（1483～1565）　字箬溪，吴兴人。明嘉靖间巡抚云南，迁刑部尚书。嘉靖十二年（1533年）撰《勾股算术》二卷，即自序于滇南巡抚行台。嘉靖二十九年（1550年）著《测圆海镜分类释术》十卷，有自序，并题"明都察院右副都御史吴兴顾应祥释术"。嘉靖三十一年（1552年）撰《弧矢算术》一卷有自序，嘉靖三十二年（1553

---

① 见兼济堂纂刻《梅勿庵先生历算全书》,《古算衍略》内"古算器考"，第3页，雍正癸卯（1723年），魏荔彤纂刻本。

按[明]吴敬：《九章算法比类》（1450年）十卷，八册，明弘治元年（1488年）刻本，旧商务印书馆，东方图书馆藏，李俨藏摄此弘治刻本，共654页。

又日本《静嘉堂文库汉籍目录》（昭和五年，1930年）有"《九章比类算法大全》十卷，《乘除开方起例》二卷，[明]吴敬撰，明刊十六册"。

现北京大学图书馆藏明弘治间刊本，十二册，是李盛铎旧藏本，又北京图书馆亦有藏本。

② 见王文素：《通证古今算学宝鉴》四十二卷，钞本十二册，北京图书馆藏。

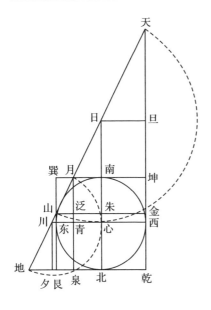

弦,c,勾 a,股,b,

大或通△天地乾 680,320,600,

边△天川西 544,256,480,

底△日地北 425,200,375,

黄广△天山金 510,240,450

黄长△月地泉 272,128,240,

上高△天日旦 255,120,225,

下高△日山朱 255,120,225,

上平△月川青 136,64,120,

下平△川地夕 136,64,120,

大差△天月坤 408,192,260,

小差△山地艮 170,80,150,

(皇)极△日川心 289,136,255,

(太)虚△月山泛 102,48,90,

明△日月南 153,72,135,

更△山川东 34,16,30。

年)撰《测圆算术》四卷,有自序。各书有刻本。又著《惜阴录》(1564
年),亦论及数学。清《四库全书》(1781 年)收有《测圆海镜分类释
术》十卷。《弧矢算术》一卷。[①]

　　顾应祥《测圆算术》四卷(1553 年)内称:"每条细草,止以天元一立

　　① 参看《勾股算术》上下卷,明嘉靖癸丑(1553 年)刻本,浙江图书馆藏;《测圆海镜分类释术》十卷,明嘉靖庚戌(1550 年)刻本,浙江图书馆藏;《弧矢算术》一卷,明嘉靖癸丑(1553 年)刻本,浙江图书馆藏;《测圆算术》四卷,明嘉靖癸丑(1553 年)刻本,浙江图书馆藏。

算,而漫无下手之处。"这说明十三、十四世纪天元算术,在此时已经遗忘。

8. 唐顺之(1507～1560)　字应德,号荆川,武进人。嘉靖八年(1529年)进士,官至右都御史。顺之著有《荆川全集》。顺之通晓回回术法,精于弧矢割圆术。所著《勾股弧矢论略》(无卷数),《勾股六论》一卷,收在《荆川全集》之内。嘉靖三十九年卒,年五十四。朱载堉(1536～1610?)著书曾引用"唐顺之,弧矢勾股容方圆论"。①

9. 周述学　字云渊,号继志,山阴人。著《神道大编历宗算会》十五卷(1558年),②卷一入算,卷二子母分法,卷三勾股,卷四开方,卷五立方,卷六平圆,卷七弧矢经补上,卷八弧矢经补下,卷九分法之分,卷十总分,卷十一各分,卷十二积法,卷十三立积,卷十四隙积,算会圣贤姓氏,卷十五歌诀。其中附图有独出心裁的情形。如"三角立尖图"就是一例。

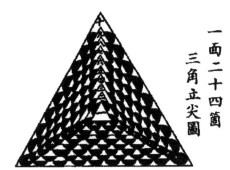

明周述学三角立尖图
(据《神道大编历宗算会》,前南京国学图书馆藏钞本)

---

①　参看唐顺之:《荆川全集》;《明史·唐顺之传》;《古今图书集成·历法典》;曹溶:《明人小传》(钞本)。

②　前南京国学图书馆藏《神道大编历宗算会》十五卷,北京前中法大学图书馆藏有残本八卷,计卷一,二,弧矢经补,卷三立方,卷四平圆,卷五开方,卷六各方,卷七总分,卷八分法;见邓衍林:《北平各图书馆所藏中国算学书联合目录》,第71页,1936年,北京。《明史·周述学传》。

10. 徐心鲁　在闽建书林①订正《盘珠算法》二卷,即"新刻订正家传秘诀《盘珠算法》士民利用"二卷,书前记:

"闽建　徐氏心鲁订正

　书林　熊氏台南刊行"

字样,书后记有:

"万历新岁仲夏

　月(1573 年)熊台南刊行"

二行。

此书记录算盘图式。算盘梁上一珠,梁下五珠。实际计算时,是用梁上二珠,梁下五珠的算盘。徐心鲁订正《盘珠算法》(1573年),在柯尚迁《数学通轨》(1578 年),程大位《算法统宗》(1592年)之前,是现在发现记录算盘最早的算法书。②

11. 柯尚迁　"柯尚迁,柯时偕弟(福建长乐)下屿人。嘉靖二十八年(1549 年)贡生,邢台县丞。"③日本三重县宇治山田市之神宫文库藏有万历六年(1578 年)长乐柯尚迁《曲礼外集》,《补学礼

---

① "《闽建书林》"是福建在万历年间(1573～1619)熊氏、陈氏、郑氏传刻民间用书的一个书店。

此处《盘珠算法》是由熊台南刊行的。

以后闽建书林熊成治(字冲宇)万历年间又刊行有:

(53)《易经心心正解》,

(54)《翰府素翁云翰精华》。

闽建书林陈德宗万历年间又刊行有:

(55)《天下万民便览》。

闽建书林郑世家万历辛卯(1591 年)又刊行有:

(56)《五伦日记故事大全》,都见郑振铎(1898～1958):《劫中得书续记》(1956年)。

② 徐心鲁订正《盘珠算法》二卷,日本内阁文库藏,李俨藏影摄本一册。

③ 见同治八年(1869 年)重修本《长乐县志》卷十一下,选举下,第 5 页。

六艺》附录《数学通轨》，集之十五，一册。柯书在日本流传甚广，高桥织之助《算话拾藻集》亦引有《数学通轨》序文。[①] 柯书中引有"九归总歌法语""撞归法语""还原法语"，和吴敬（1450 年）的"九归歌法"、"撞归法"，及程大位（1592 年）的"九归歌"、"撞归法"，几全一致，所定算盘图式是十三位算盘，如下图。

《盘珠算法》第一页

12. 程大位（1533～1606） 字汝思，号宾渠，休宁率口人。[②] 据《程氏家谱》：即隆庆四年（1570 年）修本《率口程氏续本宗谱》："程大位，生嘉靖癸巳（1533 年）四月十日。"善算学，壮年游吴楚二十余年，遇有算数书籍，辄厚值购读，所以所著《算法统宗》（1592 年）卷十七后附"算经源流"，还记录宋元明各代算书目录。对算学书也斋心一志研读，至忘寝食。万历壬辰（1592 年）年跻六秩，退居新安，举平生师友之所讲求，咨询之所独得，提纲挈要，缕析支分，撰《新编直指算法统宗》十七卷，同年由新都程涓、程时用，浙江吴继绶制序。程大位也有："书直指算法统宗后"，题"万历壬辰（1592 年）夏五甲子新安后学程大位识"一文列在篇后。此书刻出

　　① 见昭和八年（1933 年）历算书复刻刊行会印本，《算话拾藻集》。
　　② 程大位：《算法统宗》卷三（1592 年）记"休宁县科则"，称休宁为"本县"，为"敝邑"，程大位即定为休宁人。

后流传甚广。至清康熙丙申
(1716年)百年间坊间刻本已
有数十种。此书说明珠算算
法最为详尽,所以流传独广。[①]
万历戊戌(1598年)又有《新
编直指算法纂要》四卷,由长
子熹校正。

13. 朱载堉 字伯勤,号
句曲山人,明宗室郑恭王厚烷
世子。明神宗万历十九年
(1591年)恭王薨,载堉让爵
于孟津王之子见溢。载堉好
天算,著书记有年月的,有:

明程大位造像

(据康熙丙申年,1716年,通刻本《算法统宗》)

《律历融通》四卷(1581年),
《律学新说》四卷(1584年),《圣寿万年历》二卷(1595年),《律吕
精义内外篇》六卷(1596年)。又《算学新说》二卷,未记著书年月,
只记"万历三十一年(1603年)八月初三日刻完",可是《律学新说》

---

① 见康熙五十五年,丙申(1716年)重刻本,《直指算法统宗》内程世绥序。

(1584 年)卷二曾记:"除已见律书,及《算学新说》兹不复载",这说明《算学新说》在 1584 年已经撰成。该书介绍珠算"开方归除法",又所著《律吕精义内外篇》(1596 年)记明:

"算盘首位为寸位,第二位为分位,……

第七位为微位,第八位为纤位。"

又万历三十八年(1610 年)编成《嘉量算经》三卷。

朱载堉著书曾详细说明珠算开平方,开立方做法,并设圆周率

$$\pi = \frac{\sqrt{2}}{0.45}。$$

万历三十八年(1610 年)卒,年七十五(1536～1610?)。①

第七章　近世期中算输入朝鲜

"(高)丽俗无筹算,官吏出纳金帛,计吏以片木持刀刻之,每记一物,则刻一痕,……以待稽考,其政甚简,亦古结绳之遗意。"②

新罗时期:"国学属礼部,神文王(新罗三十一代)二年(682年)置,景德王(新罗三十五代,742 年)改为大学监,惠察王(新罗三十六代,764 年)复故……""教授之法,以《周易》《尚书》《毛诗》《礼记》《春秋左氏传》《文选》,分而为之业。或差算学博士若助教一人,以《缀经》(当即《缀术》),《三开》,《九章》,《六章》教授

---

① 参看《明史·诸王传》,《人海记》,《乐律全书》内《算学新说》。
② 见钞本《宣和高丽图经》卷中,杂谷条,书前有宣和六年(1124 年)徐竞序,明姑苏吴岫厘正,现北京图书馆藏。

之。""圣德王十六年春二月,置医博士、算博士各一员。"①

朝鲜在王氏高丽王朝(918~1392)太祖时代,即开始建立学校,但尚未有科举制度。到光宗朝,中国后周武胜军节度使巡官双冀,随封册使到达高丽,因病留而不返,于公元958年建议仿照唐制,设科取士,有制述(或称进士)、明经二科,及医、卜、地理、律、书、算、三礼、三传、何论(系史地等各方面常识等测验)等杂科,各以其业试之,而"赐出身",一如唐朝制度。②

文宗时开始印送书籍。因高丽文宗丙申(1056年)八月:"西京留守报:京内进士、明经等诸业举人,所业书籍,率皆传写,字多乖错,请分赐秘阁所藏九经;汉、晋、唐书;《论语》《孝经》、子、史、诸家文集、医卜、地理、律、算诸书,置于诸学院,命有司各印一本送之。"又高丽王时:"仁宗三年……则四品职","正月判……律,复业","仁宗十四年(1136年)十一月判……凡明算业式,贴经二日,内:初(日)贴《九章》十条,翌日贴《缀术》四条,《三开》三条,《谢家》三条,两日并全通。读《九章》十卷,破文兼义理通六机,每义六问,破文通四机,读《缀(术)》四机,内兼问义二机,《三开》三卷兼问义二机,《谢家》三机内兼问义二机。"③

①　见[朝鲜]金富轼编:《三国史记》卷八,新罗本纪第八,和卷三十八,杂志第七,职官上;《增补文献备考》卷一百八十八,选举考,杂科条,又卷二百十四,职官考。以上史料,洪以燮:《朝鲜科学史》,第110页,昭和十九年(1944年),东都书籍株式会社,引同。

②　见[朝鲜]佚名撰,《随录》(十六卷,朝鲜旧钞本,兰州西北人民图书馆藏)卷五下,卷六中和卷九。

③　见市岛谦吉:《高丽史》卷七十三,志二十七,选举一,卷七十五,志二十九,选举三,1909年东京印本,第496页。又,郑麟趾:《高丽史》(1451年)。有1908年(日本)国书刊行会印本。其中"贴经"条参看:朝鲜本《文献备考》卷一百八十八,选举志。

宋太祖于公元960年立国,即与高丽王王昭往返通使。宋朝和王氏高丽王朝,这时都继续唐朝算学取士制度。因"(宋)大中祥符八年(1015年)十一月癸酉,高丽国王王询遣进奉告奏使,御事民官侍郎郭元,与东真首领阿卢太来贡","(郭)元自言本国……三岁一试举人,有进士诸科,算学每试百余人,登第者不过一二十。"[①] 同时北宋元丰六年(1083年)亦于国子监设国子、太学、武学、律学、算学等五学,次年(1084年)诏四选命官通算学者许于吏部就试,其合格者上等除博士,中、次为学谕。这说明此时中朝两国算学选士方法,实彼此相同。

元郭守敬(1231~1316)创造《授时历》(1280年),至元十八年(1281年)颁行。李谦《历议》至元二十年(1283年)编成,元使王通曾颁《授时历》到高丽。"高丽崔诚之(?~1330)字纯夫,曾从高麓忠宣王(在位年1308~1313)如元,……诚之……尤邃阴阳推步法,忠宣王留元,见太史院精历数,赐诚之内帑金百斤,求师受业,尽得《授时历》术,东还,遂传其学。"[②]明本《朝鲜史略》卷五称:"光阴君崔诚之卒(?~1330)。诚之……又精于数学。得《授时历》法,传于东方。"姜保尽通其法,著有《授时历捷法立成》,于高麓忠烈王二十四年(1298年)编成。[③] 即在王氏末期,中、朝尚往返通使,如洪武二年(1369年)高丽国王王颙尚遣李维得、金甲雨来中国,其后

---

① 见[宋]章如愚:《群书考索》卷六十四;《宋史·高丽传》。郭元《高丽史》卷94有传。以上各段,并参看本书141~143页(见本卷第151~153页。——编者)。

② 见高丽忠烈王七年(1281年),《文献备考》内,家纬考;《高丽史》卷一百零八。按《增补文献备考》二百五十卷,朝鲜弘文馆纂,有朝鲜隆熙二年(1908年)铅印本,五十册。

③ 见1343年刊本《授时历捷法立成》,此书序文和书末附"乘除法歌诀",见李俨:《十三、十四世纪中国民间数学》,第47~48页,科学出版社1957年版。

三年(1372 年)王颛请遣子弟入太学。① 并"受洪武正朔,藻用《大统历》"。② 又《大明会典》载:"明凡历之制……今常给者,唯朝鲜国,王历一本,民历一百本。"

明洪武二十五年(1392 年)李成桂(1335~1408)主国学,表闻高皇帝,命为国王,遂更名旦,更号朝鲜,是时朝鲜尚有算学制度。明洪武二十六年(1393 年)十一月即"设六学,令良家子弟隶习。一兵学,二律学,三字学,四译学,五医学,六算学。"③1392 年定文武百官之制:内有"算学博士二",1397 年尚有隶习经、史、兵、书、律、文、算数、射、御……的制度。《随录》卷五下:"诸学选制",有算学之选,"诸学生徒额数",算学十,初试算选三人。"诸选讲书式",算学:《详明九章算法》,(元,朱世杰)《算学启蒙》(1299 年),《杨辉算法》(1274~1275)。故《详明算法》《算学启蒙》《杨辉算法》在朝鲜都有传刻本。《随录》卷六下:"本国选举制"明经:每三年一设科,选额定以三十三人。律、书、算等各以其学试之,如明经之例,定算学十人,每三年一试选。④

朝鲜王朝的世宗李裪(在位年 1419~1450),和世祖李瑈(在位年 1455~1468)提倡文化,都通历法、算法。太宗(在位年 1401~1418)三年庚申(1403 年)曾置铸字所,辛未六年(1406 年)十一月至十学,内有算学。世宋五年(1423 年)十一月壬辰,举及

①　见明《礼部志稿》。

②　据《朝鲜科学史》引《海东释史》卷十七。

③　《李朝实录》第一册,卷一,第 97 页,卷三,第 203 页,1953 年,东京学习院东洋文化研究所刊本。

④　见《随录》卷五、六,并参看《东国文献》和《国朝宝鉴》,按朝鲜金性般撰《东国文献》(四卷,三册,有 1804 年朝鲜刻本),又朝鲜金尚喆等奉敕撰《国朝宝鉴》(六十八卷,二十二册,有朝鲜内阁刻本)。

"算学博士"名称。世宗十五年八月乙巳(1433 年)"庆尚道监司进新刊宋《杨辉算法》一百件,分赐集贤殿、户曹、书云观、习算局备用",此时《算学启蒙》一书亦有朝鲜复刻本。① 世祖又自制测地测象,复命申叔舟等十二人编《诸书类聚》凡十二门,内有筹法(即算法)一门。又朝鲜本《大典通编》卷一,于"限品叙用"条注称:"筹学(即算学)随才叙用。"都引用中国方式。

朝鲜中宗(1488 ~ 1545)二十年(1525 年)司成李纯得《革象新书》于中国,仁祖(1595 ~ 1649)九年(1631 年)陈奏使郑斗源在北京见陆若汉(Joannes Rodriquez S. J.)带回《治历缘起》一册,《天文略》一册,利玛窦《天文书》一册,《远镜说》一册,《千里镜说》一册,《职方外纪》一册,《西洋风俗记》一册,《西洋国贡献神威大炮疏》一册,和地图,自鸣钟,千里镜,火炮等物。仁祖二十二年(1644年)观象监提调金埼到北京,闻西洋人汤若望立时宪历法,乃购得其数术诸书而归,至孝宗(1619 ~ 1659)四年(1653 年)始行西洋历法。② 即在民间中韩算家亦曾互相访问,如梅文鼎(1633 ~ 1721)于康熙三十一年(1692 年)在北京有三韩友人林□□寄讯杨时了及丁令调属询四乘方,十乘方法,因成《少广拾遗》一卷(1692年)。③ 嘉庆十四年(1809 年)朝鲜人金正喜(号秋史)在北京知中

---

① 参看《李朝实录》内"太宗(李芳远,在位年 1401 ~ 1418)实录",太宗三年庚申(1403 年)条,又"世宗实录"卷六十一,世宗十五年乙巳(1433 年)条。世宗十二年(1430 年)"曾令当时艺文馆提学郑麟趾学习《算法启蒙》"。此时可能有朝鲜印本《算学启蒙》。

② 见朝鲜本《国朝宝鉴》卷二十,卷三十五,卷三十八;并参看裴化行,"崇祯历书及西洋新法历书",《华裔学志》第三卷,1938,第 135 ~ 138 页附图;第 441 ~ 442页;又《入华耶稣会士列传》,第 198 页。

③ 梅文鼎:《少广拾遗》一卷(1692 年)。

国未有《算学启蒙》,并获交阮元,中国因有《算学启蒙》的传刻。①
以后三十年罗士琳(1789～1853)从甘泉汪喜孙(1786～1847)所
收朝鲜重刊本《算学启蒙》三卷(1839年)校正后,刻入《观我生室
汇编》,在中国,《算学启蒙》一书,因有定本行世。

第八章　近世期中算输入日本

　　中国数学输入日本,前后两次:第一次在飞鸟奈良朝,即公元
六、七世纪,输入汉魏六朝的数学,第二次在江户时代,元和宽永之
顷,即公元十六、十七世纪,输入元明的数学。

　　中日自南宋以后,除商舶私有往来之外,未有国交,到元朝有
文永(1274年),弘安(1281年)之役。因元至元十一年(即日本文
永十一年,1274年)元师征日,遇风而败,又至元十八年(即日本弘
安四年,1281年)元师征日,又大败而回。后此元朝逐渐衰败,中日
国交亦未恢复。此时至多是通过朝鲜输入《杨辉算法》(1274～
1275)和朱世杰《算学启蒙》(1299年)各书。

　　百年以后,在明初洪武四年(1371年)方有祖来的通使,因:

　　洪武四年(1371年)十月"癸巳,日本国王良怀(即征西将军,
怀良亲王)遣其臣僧祖来进表笺贡马及方物,并僧九人来朝,又送
至明州、台州被虏男女七十余口。先是赵秩等往其国宣谕,秩泛至

---

　　① 藤塚邻著,恕斋译:"朝鲜金秋史入燕,兴翁阮两经师",《新民月刊》,二卷二
期,广州明经社1936年4月版。

析木崖,入其境,关者拒勿纳,秩以书达其王,王乃延秩入。……其王气沮,下堂延秩,礼遇有加。至是奉笺称臣,遣祖来随秩入贡。诏赐祖来等文绮帛及僧衣。比辞,遣僧祖阐(嘉兴府天宁禅寺住持仲猷、祖阐),克勤(金陵瓦官寺住持无逸[姓华]克勤)[①]等八人护送还国,仍赐良怀《大统历》,及文绮罗纱。"[②]洪武十四年(1381年)秋七月日本国王良怀遣僧如瑶等贡方物,上却其贡。

明惠帝建文四年(1402年)日本南北统一,将军足利义满执国政,遣肥富相、副祖阿二人入明,上表献方物。次年(1403年)日使归还。明惠帝因亦遣僧人道彝天伦、一庵一如持诏书,及明《大统历》随行,次年春归国。[③]

明代对海外诸国公私交通,多采用勘合船制度。[④] 在此时期,输入日本的中算书,有:

《杨辉算法》七卷,宋杨辉撰(1274~1275);

《算学启蒙》三卷,元朱世杰撰(1299年);

《详明算法》二卷,元安止斋,何平子撰(1373年刻);

---

① 无逸克勤姓华,绍兴萧山人,因据《明太祖实录》:"洪武九年(1376年)六月,以华克勤为考功监丞。克勤绍兴萧山人,少学浮屠,洪武四年(1371年)选至京,奉使日本(洪武七年,1374年,五月)还奏对称旨,赐白金百两,命复姓氏,授以是职。"

又祖阐,克勤:《明太祖实录》亦作仲猷,克勤。

② 据《明太祖实录》洪武四年(1371年)十月(卷六十八),洪武七年(1374年)六月(卷九十),九年(1376年)四月(卷一〇五),十三年(1380年)五月(卷一三一),十四年(1381年)七月(卷一三八),十九年(1386年)十一月(卷一七九)各条。又据谭希思辑明《大政纂要》卷六(1619年)洪武十四年(1381年)七月条。

③ 见李毓田:《古代中日关系之回溯》,第45~46页,(1939年)商务印书馆初版;又见王婆楞:《历代征倭文献考》,第141~142页,1940,正中书局初版。

④ 见木宫泰彦前书第554~559页"二,勘合之制"条,并参看木宫泰彦:《中华文化交通史》,第529~532页,昭和三十年。

《九章算法比类大全》十卷,明吴敬撰(1450年);

《盘珠算法》二卷,明徐心鲁订(1573年);

《数学通轨》四卷,柯尚迁撰(1578年);

《铜陵算法》二卷;

《算法统宗》十七卷,程大位撰(1592年),《算法纂要》四卷,程大位撰(1598年),至今还都留传着。

其中《算学启蒙》三卷,在日本万治元年(1658年)由吉田光由门人久田玄哲详注,称为《算学启蒙训点》。村松茂清另根据《算学启蒙》资料,在宽文三年(1663年)另撰《算俎》一书。又星野实宣在宽文十二年(1672年)有《新编算学启蒙注解》四卷,建部贤弘(1664~1739)在元禄三年(1696年)有《算学启蒙谚解大成》四卷。①

明代珠算方法出现之后,即需要珠算说明书。流传日本,确为珠算说明书的,有徐心鲁订正《盘珠算法》二卷(1573年),柯尚迁撰《数学通轨》四卷(1578年)。至说明比较详细,流传最广的,当推程大位《算法统宗》十七卷(1592年)。此书传到日本曾由村松茂清弟子汤浅得之在延宝四年(1676年)加以训点复刻,称为《算法统宗训点》。②

另有《铜陵算法》在中国已经失传。在日本则村濑义益《算法勿惮改》(1673年)序文称:"《桐陵九章捷径算法》,《算法启蒙》,

---

① 见藤原松三郎(1881~1946):《日本数学史要》三十四内,"算学启蒙",第100~101页,1952年,日本东京宝文馆。

② 见藤原松三郎:《日本数学史要》,三十二内,"算法统宗",第96~98页,1952年,日本,东京。

《直指统宗》为［异朝之书］"；复次关孝和《括要算法》和水户彰考
信天文历算总目录，都举及《桐陵算法》一书。现在日本东北大学
还藏有明刊本《铜陵算法》。

第五编　珠算术

第一章　珠算起源

珠算起源在什么年月,现在还没有充分史料。可能确定在十五、十六世纪,在民间已十分盛行。因为程大位《算法统宗》(1592)介绍以前,徐心鲁,《盘珠算法》二卷(1573 年),柯尚迁,《数学通轨》四卷(1578 年),和朱载堉《算学新说》二卷(1603 年刻)①都记有珠算算盘图式和制度。

程大位在《算法统宗》卷一,"用字凡例"内记称:

中:算盘之中,　　　　上:脊梁之上,又位之左,

下:脊梁之下,又位之右,　脊:盘中横梁隔木。

宋《谢察微算经》也有同样记载。可是此书《新唐书》,《宋史》作二卷,现已不全,无从断定是否宋人作品,也不好作为珠算起源的证据。

_____

① 《算学新说》虽然是 1603 年刻出,可是在万历十二年(1584 年)《律学新说》四卷书中卷二已说"除已见《律书》及《算学新说》,兹不复载"。这说明《算学新说》在 1584 年已经撰成。

清梅文鼎(1633～1721)《历算全书》内"古算器考"以为：

"古书散亡，苦无明据。若以愚度之，亦起于明初年，何以知之？曰归除歌诀，最为简妙，此珠盘所持以行也。然《九章比类》(1450年)所载，句长而涩，盖即是时所创。后人踵事增华，乃更简快矣。是书为钱塘吴信民(敬)作。其年月(1450年)可考而知，则珠盘之来，固自不远。

按钦天监历科所传《通轨》，凡乘除皆有定子之法，惟珠算则可用。然则珠算即起其时。又尝见他书。元统造《大统历》访求得郭伯玉善算，以佐成之。即郭太史之裔也。然则珠盘之法盖即伯玉等所制，亦未可定。"①

吴敬《九章比类》(1450年)以及以后王文素《算学宝鉴》(1524年)确说到算盘、算子，并引用归除歌诀。不过全书未说明珠算制度。筹算同样也有算盘。② 宋杨辉在《乘除通变本末》上卷(1274年)序文还说："今将诸术，衍盘取用。"所指"衍盘"是衍筹算的算盘。不过吴敬《九章比类》(1450年)书内已有"起五诀"，"破五诀"，此项歌诀，珠算好用。在前杨辉《乘除通变本末》(1274年)书内也曾经试用五进的方法。珠算算盘虽然不在此时发现，可是因为筹算算盘已有："上面一子代五"，即五进法之例，通过筹算，所以珠算也用这个方法。

明吴敬《九章详注比类算法大全》(1450年)卷首"乘除开方起例"内"九归歌法"，"撞归法"前记明"因乘加法起例"，"归除减法

---

① 见兼济堂：《纂刻梅勿庵先生历算全书·古算衍略》内："古算器考"，第3页，雍正癸卯(1723年)，魏荔彤纂刻本。

② 见日本古郡彦左卫门：《数学乘除往来》三册(1674年)。

起例"。如：

"因加乘法起例：

起五诀：　　一起四作五　　　　二起三作五

三起二作五　　　　四起一作五

成十诀：　　一起九成十　　　　二起八成十

三起七成十　　　　四起六成十

五起五成十　　　　六起四成十

七起三成十　　　　八起二成十

九起一成十

归减除法起例：

破五诀：　　无一去五下还四　　无二去五下还三

无三去五下还二　　无四去五下还一

破十诀：　　无一破十下还九　　无二破十下还八

无三破十下还七　　无四破十下还六

无五破十下还五　　无六破十下还四

无七破十下还三　　无八破十下还二

无九破十下还一。"

吴敬之后王文素、程大位也有同样记载，

王文素《算学宝鉴》（1524 年）	程大位《算法统宗》（1592 年）
乘法起例　第九：	
作五诀　起一四作五	一下五除四
起二三作五	二下五除三
起三二作五	三下五除二

	起四一作五	四下五除一
成十诀	起一九成十	一退九还一十
	起二八成十	二退八还一十
	起三七成十	三退七还一十
	起四六成十	四退六还一十
	起五五成十	五退*五还一十
	起六四成十	六退四还一十
	起七三成十	七退三还一十
	起八二成十	八退二还一十
	起九一成十	九退一还一十

除法起例　第十：

　破五诀　无一破五下还四

　　　　　无二破五下还三

　　　　　无三破五下还二

　　　　　无四破五下还一

　破十诀　无一破十下还九

　　　　　无二破十下还八

　　　　　无三破十下还七

　　　　　无四破十下还六

　　　　　无五破十下还五

　　　　　无六破十下还四

　　　　　无七破十下还三

---

* 原文作"起"，李俨改作"退"。

无八破十下还二

无九破十下还一

第二章　珠算说明

珠算情形,现引黄龙吟《算法指南》(1604年)卷上所举一则,当作说明:

夫算盘每行七铢,中隔一梁,上梁二铢,每一铢当下梁五铢也,下梁五铢,一铢只是一数。算盘放于人之位次,分其左右上下,右位为前,左位为后,前位为上,后位为下。凡前位一铢,当后位十铢,故云逢几还十,退十还几之说。上法、退法、九归、归除,皆从右起;因法、乘法,俱从左起。

算盘有十一位,十三位,十五位,十七位等数种。

朱载堉《算学新说》(1603年刻)称:"俗间算盘,皆十七位。"这说明十六世纪末,民众用的算盘是十七位,是梁上二珠,梁下五珠。又书本上此项算盘附图,为了简便,梁上或绘一珠。徐心鲁订正《盘珠算法》(1573年),和黄龙吟撰《算法指南》(1604年刻)就是如此。

第三章 算盘式

此时,"新镌工师雕斲正式《鲁班木经》匠家镜"卷二记算盘式称:"一尺二寸长,四寸二分大,框六分厚,九分大,起碗底,线上二子,一寸一分;下(线)下五子,三寸一分。长短大小,看子而做。"① 这说明珠算用的算盘,在此时已通过《鲁班木经》而制造成标准形式的算盘。

明嘉靖三十八年(1559 年)进士周弘祖著《古今书刻》曾引有《鲁班经》。② 又现存《鲁班木经》卷之一,题:

① 以上所引"算盘式",北京图书馆藏明末刻本,未曾记录,清刻本有记录,在"围棋盘式"和"茶盘托盘样子"中间。

又《鲁班经》各本都记明"北京御匠司司正午荣汇编;局匠所,把总章严同集;递匠司司承周言校正"字样。此项御匠司,局匠所,递匠司,北京图书馆藏钞本南京"工部新刊事例一卷"(此书有 1528 年序,1529 年跋,中间有 1581 年记事)南京工部职官未曾记录。

又焦竑:《国史·经籍志》:有《营造正式》六卷,和《鲁班经》同文。

② 见[明]高儒等:《百川书志》,《古今书刻》(1957 年 6 月印本),第 369 页,另有乾隆初年复刻本。

北京提督工部御匠司司正午荣汇编

局匠所把总章严同集

南京递匠司司承周言校正

明七桧山人杨仪《明良记》称:"自永乐十九年(1421 年)正月一日为始,添南京二字,……正统六年辛酉(1441 年)十一月一日奉敕谕:今南北二京文武大小衙门印章,悉已新制,即颁给行用,旧印俱送内府收贮,所降印信,俱仍添南京二字。钦此。'北京除行在二字,南京加南京二字'。"①这说明公元 1421 年或 1441 年以后,方可能开始制造标准形式的算盘。

算盘制造既由木匠掌握,且定有"算盘式",所以程大位《算法统宗》(1592 年)传到日本后,流行甚广。日本近江的大津地方在庆长十六七年(1611 ~ 1612)曾广事制造算盘。②

元明作家笔记以及小说中举到算盘的有陶宗仪《辍耕录》(1366 年),《元曲选》,以及《金瓶梅》。

清钱大昕《十驾斋养新录》以为:"陶宗仪《辍耕录》(1366 年)卷二十九,'井珠'条有擂盘珠、算盘珠之喻,则元代已有算盘。"

又《元曲选》:无名氏《庞居士误放来生债》杂剧,有"闲着手去那算盘里拨了我的岁数"。③

---

① 据《丛书集成初编》本:《砚云甲乙编》本《明良记》。

② 参看星野恒:"算盘之传来",《真珠》(杂志)第 21 号,1954 年,第 48 ~ 52 页。

③ 见严敦杰:《算盘探源》,《东方杂志》第四十卷,第二号(1944 年 1 月 30 日),第 33 ~ 36 页。

其中《辍耕录》和《元曲选》所举的算盘,可能是筹算的算盘。

《金瓶梅》第八十二回,"汤来保欺主肆风狂"内称:

> 于是他(汤来保)也不等(吴)月娘来分付,匹手夺过算盘,邀回主儿来,把银儿兑了二千余两,随一件件交付与(陈)敬济经手,交进月娘收了,推货出门。

这里所说算盘,是珠算的算盘。①

《金瓶梅》一书,一说嘉靖间编成,因古本《金瓶梅》有嘉靖三十七年(1558年)观海道人序。一说《金瓶梅》开始写作年代最早只是在隆庆二年(1568年),成书时期约在万历十年到三十年(1582~1602),这是比较可信的。②

明末冯梦龙《黄山谜》,"咏物四句"内有:"退一遍算盘,真为小阿姐,打不转来"一句,也说明珠算盛行于十五、十六世纪。

第四章　珠算加减法

珠算加法、减法歌诀被珠算应用,载在徐心鲁订,万历元年(1573年)熊台南刊行的"新刻订正家传秘诀《盘珠算法》士民利用"卷一,并附说明的有"隶首上诀"和"退法要诀"二项如下:

---

① 参看李西成:"金瓶梅的社会意义及其艺术成就",《山西师范学院学报》(季报),1957年第1期,1957年2月,第95页。

② 见吴晗:《读史札记》内"金瓶梅的著作时代及其社会背景",第1~38页(1956年2月1957年7月),生活·读书·新知三联书店出版。

隶首上诀

（一）　一上一　　　　　一下五除四①　　　一退九进一十②

$\begin{pmatrix}0,1,2,3;\\5,6,7,8\ 用\end{pmatrix}$　　　（4 用）　　　　　　（9 用）

（二）　二上二　　　　　二下五除三③　　　二退八进一十④

$\begin{pmatrix}0,1,2;\\5,6,7\ 用\end{pmatrix}$　　　（3,4 用）　　　　（8,9 用）

（三）　三上三　　　　　三下五除二　　　　三退七进一十

$\begin{pmatrix}0,1;\\5,6\ 用\end{pmatrix}$　　　（2,3,4 用）　　　（7,8,9 用）

（四）　四上四　　　　　四下五除一　　　　四退六进一十

$\begin{pmatrix}0;\\5\ 用\end{pmatrix}$　　　　（1,2,3,4 用）　　（6,7,8,9 用）

（五）　五上五　　　　　　　　　　　　　　五去五进一十

　　　（0,1,2,3,4 用）　　　　　　　　　（5,6,7,8,9 用）

（六）　六上六　　　　　六上一去五进一十　六退四进一十

　　　（0,1,2,3 用）　　　（5,6,7,8 用）　$\begin{pmatrix}4;\\9\ 用\end{pmatrix}$

---

① 原书注称："如本行下五子俱已在位，今又要上一，则下无一可上，故于上面下一，是五；复于下面去四，故上得一。"

② 原书注称："如本位子满在位，又要加一，却无一可加，故几退去九子，却于上位还一子，当下位十子，却正一也。"

③ 原书注称："如本位要上二，奈下梁五子俱在位，却无子可上，故于上梁下一是五，复于下面退三子，则止上得二子也。"

④ 原书注称："本位无二可上，则退去八，上位还一是十，只实得一数也，余仿此，理同前。"

（七）　七上七　　　　七上二去五进一十　　七退三进一十

　　　　（0,1,2 用）　　　（5,6,7 用）　　　$\binom{3,4;}{8,9\ 用}$

（八）　八上八　　　　八上三去五进一十　　八退二进一十

　　　　（0,1 用）　　　 （5,6 用）　　　　$\binom{2,3,4;}{7,8,9\ 用}$

（九）　九上九　　　　九上四去五进一十　　九退一进一十

　　　　　　　　　　　　（5 用）　　　　　　$\binom{1,2,3,4;}{6,7,8,9\ 用}$

　　　退法要诀

（一）　一退一　　　　一退十还九①　　　　一上四退五②

　　　　$\binom{1,2,3,4;}{6,7,8,9\ 用}$　　（10 用）　　　　（5 用）

（二）　二退二　　　　二退十还八　　　　　二上三退五*

　　　　$\binom{2,3,4;}{7,8,9\ 用}$　　（10,11 用）　　　$\binom{5;}{6\ 用}$

（三）　三退三　　　　三退十还七　　　　　三上二退五**

　　　　$\binom{3,4;}{8,9\ 用}$　　（10,11,12 用）　　$\binom{5;}{6,7\ 用}$

---

　　① 原书注称："如本位无一可退,故于上位退一是十,复于下位还九数,上退得一数也。"

　　② 原书注称："如梁上有子,梁下无子,故于梁上退一是五,复于梁下补上四子,乐退得,其余仿此。"

　　* 此句原文作"一上四退五",李俨校正。

　　** 此句原文作"二上三退五",李俨校正。

（四）　四退四　　　　四退十还六　　　　四上一退五

$\left(\begin{matrix}4; \\ 9\text{ 用}\end{matrix}\right)$　　　（10,11,12,13 用）　（5,6,7,8 用）

（五）　五退五　　　　五退十还五

（5,6,7,8,9 用）　（10,11,12,13,14 用）

（六）　六退六　　　　六退十还四

（6,7,8,9 用）　　（10,11,12,13,14,15 用）

（七）　七退七　　　　七退十还三

（7,8,9 用）　　　$\left(\begin{matrix}10,11,12,13,14,15; \\ 16\text{ 用}\end{matrix}\right)$

（八）　八退八　　　　八退十还二

（8,9 用）　　　　$\left(\begin{matrix}10,11,12,13,14,15; \\ 16,17\text{ 用}\end{matrix}\right)$

（九）　九退九　　　　九退十还一

（9 用）　　　　　$\left(\begin{matrix}10,11,12,13,14,15; \\ 16,17,18\text{ 用}\end{matrix}\right)$

程大位《算法统宗》（1592 年）也有相同的加法口诀和减法口诀。

现用"加八"为例，则"零加八"和"一加八"应呼"八上八"，如：

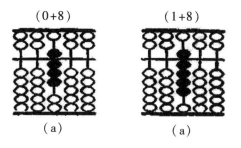

（0+8）　　　　　（1+8）

（a）　　　　　　（a）

又"五加八"和"六加八"应呼"八上三去五进一十",如:

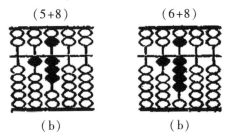

$$(5+8) \qquad (6+8)$$

(b) (b)

又"二加八","三加八","四加八";"七加八","八加八","九加八"应呼"八退二进一十",如:

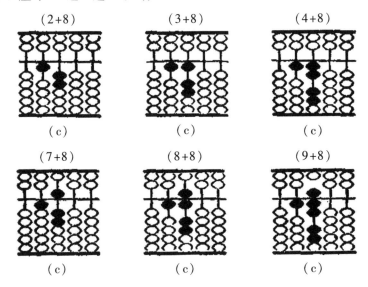

$$(2+8) \qquad (3+8) \qquad (4+8)$$

(c) (c) (c)

$$(7+8) \qquad (8+8) \qquad (9+8)$$

(c) (c) (c)

第五章　珠算乘除法

珠算乘法应用的"九九合数"歌诀,和古代的"九九"完全相同。

都以"小数在上,大数在下"。可是由一一为始迄于九九,则宋金元时期已经如此。如:

"一一如一,　　一二如二,　　一三如三,　　一四如四,
一五如五,　　　一六如六,　　一七如七,　　一八如八,
一九如九;

　　　…　　　　　　…　　　　　　…　　　　　　…

一六如六,　　　二六一十二,　　三六一十八,　　四六二十四,
五六得三十,　　六六三十六,

…………　　　六七四十二,　　七七四十九,

…………　　　六八四十八,　　七八五十六,　　八八六十四,

…………　　　六九五十四,　　七九六十三,　　八九七十二,

九九八十一"

其中"六七四十二",不作七六四十二,所谓"小数在上,大数在下",以别于"九归歌"的"大数在上,小数在下"。

珠算乘法,据程大位《算法统宗》卷二(1592 年)称:"原有破头乘,掉尾乘,隔位乘,总不如留头乘之妙,故皆不录。"现将"留头乘",先举例如次:

例如:　　　　　　　　2345×187

则置"实"2345 于左,置"法"187 于右,如下:

　　　　　　　　　　2345　　　　　　187

其中"实"2345 内最前之 2,称为"实首",最后之 5,称为"实尾";又"法"187 内最前之 1,称为"法首",最后之 7,称为"法尾"。因法有三位,则于"实尾"后留三空位,如:

　　　　　　　　　　2 3 4 5 × × ×　　　　　　　　1 8 7

先以"实尾"之 5,遍乘"法首"后 8°,7,各位,最后乘及"法首"之

$1^{\circ\circ}$，是称"留头乘"，留头乘是留法之头位最后乘，此时实位亦可移去，每次遍乘之次序为（1），（2），（3）；（4），（5），（6）；（7），（8），（9）；（10），（11），（12）；即

$$2\;3\;4\;5\times\times\times \qquad\qquad 1\;8\;7$$

$$5\times8^{\circ}= \qquad\qquad 4\;0\;^{\circ}\cdots\cdots（1）$$

$$5\times7= \qquad\qquad 3\;5\cdots\cdots（2）$$

$$1^{\circ\circ}\times5= \qquad\qquad 5\;\cdots\cdots（3）$$

移去实尾之 5，因此时 5 已遍乘 187，相加，得

$$2\;3\;4\;0\;9\;3\;5 \qquad\qquad 1\;8\;7$$

次由实尾前位 4°，遍乘 187 中之 87，次及于 $1^{\circ\circ}$，如：

$$2\;3\;4\;0\;9\;3\;5 \qquad\qquad 1\;8\;7$$

$$4^{\circ}\times8^{\circ}= \qquad\qquad 3\;2\cdots\cdots（4）$$

$$4^{\circ}\times7= \qquad\qquad 2\;8\cdots\cdots（5）$$

$$1^{\circ\circ}\times4^{\circ}= \qquad\qquad 4\cdots\cdots（6）$$

$$2\;3\;0\;8\;4\;1\;5 \qquad\qquad 1\;8\;7$$

同理

$$3^{\circ\circ}\times8^{\circ}= \qquad\qquad 2\;4\cdots\cdots（7）$$

$$3^{\circ\circ}\times7= \qquad\qquad 2\;1\cdots\cdots（8）$$

$$1^{\circ\circ}\times3^{\circ\circ}= \qquad\qquad 3\cdots\cdots（8）$$

$$2\;0\;6\;4\;5\;1\;5 \qquad\qquad 1\;8\;7$$

又

$$2^{\circ\circ\circ}\times8^{\circ}= \qquad\qquad 1\;6\cdots\cdots（10）$$

$$2^{\circ\circ\circ}\times7= \qquad\qquad 1\;4\cdots\cdots（11）$$

$$1^{\circ\circ}\times2^{\circ\circ\circ}= \qquad\qquad 2\cdots\cdots（12）$$

378

$$4\ 3\ 8\ 5\ 1\ 5 \qquad\qquad 1\ 8\ 7$$

即　　　　　　　　　　$2345 \times 187 = 438515$。

上述"留头乘"：　　　　　　2345×187

又可简述如下：

$$2\ 3\ 4\ 5 \times \times \times \qquad\qquad 1\ 8\ 7$$

$5 \times 8°$	$4\ 0$	(1)
5×7	$3\ 5$	(2)
$1°°\times 5$	5	(3)

$$2\ 3\ 4\ 0\ 9\ 3\ 5 \qquad 此时去 5$$

$4° \times 8°$	$3\ 2$	(4)
$4° \times 7$	$2\ 8$	(5)
$1°°\times 4°$	4	(6)

$$2\ 3\ 0\ 8\ 4\ 1\ 5 \qquad 此时去 4$$

$3°°\times 8°$	$2\ 4$	(7)
$3°°\times 7$	$2\ 1$	(8)
$1°°\times 3°°$	3	(9)

$$2\ 0\ 6\ 4\ 5\ 1\ 5 \qquad 此时去 3$$

$2°°°\times 8°$	$1\ 6$	(10)
$2°°°\times 7$	$1\ 4$	(11)
$1°°\times 2°°°$	2	(12)

$$4\ 3\ 8\ 5\ 1\ 5 \qquad 此时去 2$$

即　　　　　　　　　　$2345 \times 187 = 438515$。

如 $a_1 a_2 a_3 a_4 \times b_1 b_2 b_3 b_4$ 按"留头乘"演算次序得 $a_4 b_2$，$a_4 b_3$，$a_4 b_4$，

$a_4 b_1$；$a_3 b_2$，$a_3 b_3$，$a_3 b_4$，$a_3 b_1$；$a_2 b_2$，$a_2 b_3$，$a_2 b_4$，$a_2 b_1$；$a_1 b_2$，$a_1 b_3$，

a_1b_4, a_1b_1。

"留头乘"方法:《盘珠算法》(1573 年)第一卷有"乘法"歌诀,并有附注如下:

"乘法

乘法之数此为真下:下其子也,乘:因而乘之,法:定数之法则也。以此定数之法则而乘之,则得其真矣。

位数先将第二因位:千百十令之位,数:千百十令之数。第二因先以第二位因起也。

三四五来乘便(遍)了三、四、五,三四五位也,自一、自二、自三、自四、自五而来也。乘遍:三四五位俱乘之尽也。

却将本位破其身本位:本身之位。破其身,破论其本身之子,二三四五位既乘之尽,然后将身之子而破动也。"

程大位《算法统宗》(1592 年)卷二,亦有此歌,未列附注。

此外还有"破头乘",即乘数、被乘数都由头位算起,如:

$$2345 \times 187$$

<table>
<tr><td></td><td>2 3 4 5</td><td></td><td>1 8 7</td></tr>
<tr><td>2°°°×1°°</td><td>2 ° ° ° °</td><td>(1)</td><td></td></tr>
<tr><td>2°°°×8°</td><td>1 6 ° ° ° °</td><td>(2)</td><td></td></tr>
<tr><td>2°°°×7</td><td>1 4 ° ° °</td><td>(3)</td><td></td></tr>
<tr><td></td><td>3 4 5 3 7 4</td><td>此时去 2</td><td></td></tr>
<tr><td>3°°×1°°</td><td>3 ° ° ° °</td><td>(4)</td><td></td></tr>
<tr><td>3°°×8°</td><td>2 4 ° ° °</td><td>(5)</td><td></td></tr>
<tr><td>3°°×7</td><td>2 1 ° °</td><td>(6)</td><td></td></tr>
<tr><td></td><td>4 5 4 3 0 1</td><td>此时去 3</td><td></td></tr>
<tr><td>4°×1°°</td><td>4 ° ° °</td><td>(7)</td><td></td></tr>
</table>

$4°×8°$	3 2 　° 　°	（8）
$4°×7$	2 8 　°	（9）
	5 4 3 7 5 8 　°	此时去4
$5×1°°$	5 　° 　°	（10）
$5×8°$	4 0 　°	（11）
$5×7$	3 5	（12）
	4 3 8 5 1 5	此时去5

即　　　　　　　　$2345×187=438515$。

"掉尾乘"：乘数、被乘数都由尾位算起，和现在笔算次序相同，如：

$$2345×187$$

$$2 3 4 5 × × × ×　　　　　　1 8 7$$

$5×7$	3 5	（1）
$5×8°$	4 0 　°	（2）
$5×1°°$	5 　° 　°	（3）
	2 3 4 0 9 3 5	此时去5
$4°×7$	2 8 　°	（4）
$4°×8°$	3 2 　° 　°	（5）
$4°×1°°$	4 　° 　° 　°	（6）
	2 3 0 8 4 1 5	此时去4
$3°°×7$	2 1 　° 　°	（7）
$3°°×8°$	2 4 　° 　° 　°	（8）
$3°°×1°°$	3 　° 　° 　° 　°	（9）
	2 0 6 4 5 1 5	此时去3
$2°°°×7$	1 4 　° 　°	（10）

$2^{\circ\circ\circ}\times 8^{\circ}$	1 6 $^{\circ}$ $^{\circ}$ $^{\circ}$ $^{\circ}$	(11)
$2^{\circ\circ\circ}\times 1^{\circ\circ}$	2 $^{\circ}$ $^{\circ}$ $^{\circ}$ $^{\circ}$ $^{\circ}$	(12)
	4 3 8 5 1 5	此时去 2

即 $2345\times 187 = 438515$。

"隔位乘":系相隔一位互乘,如:

$$2345\times 187 \text{ 或 } 187\times 2345$$

2 3 4 5 × × ×   1 8 7

5×7	3 5	(1)
$3^{\circ\circ}\times 7$	2 1	(2)
$4^{\circ}\times 7$	2 8	(3)
$2^{\circ\circ\circ}\times 7$	1 4	(4)
	1 6 4 1 5	此时去 7

又

5×8	4 0	(5)
$3^{\circ\circ}\times 8$	2 4	(6)
$4^{\circ}\times 8$	3 2	(7)
$2^{\circ\circ\circ}\times 8$	1 6	(8)
	2 0 4 0 1 5	此时去 8

又

5×1	5	(9)
$3^{\circ\circ}\times 1$	3	(10)
$4^{\circ}\times 1$	4	(11)
$2^{\circ\circ\circ}\times 1$	2	(12)
	4 3 8 5 1 5	此时去 1

即 $2345\times 187 = 438515$。

珠算除法,据程大位《算法统宗》卷一(1592 年)称:"九归归除法者,单位者曰'归',位数多者曰'归除'。"

归法歌诀:《盘珠算法》(1573 年)用"归法总诀",《算法统宗》(1592 年)用"九归歌"。

现列《盘珠算法》"归法总诀"如下:

"〇归法总诀:

一归	一归不须归	其法故不立	
二归	二一添作五	逢二进一十	逢四进二十
	逢六进三十	逢八进四十	
三归	三一三十一	三二六十二	逢三进一十
	逢六进二十	逢九进三十	
四归	四一二十二	四二添作五	四三七十二
	逢四进一十	逢八进二十	
五归	五一倍作二	五二倍作四	五三倍作六
	五四倍作八	逢五进一十	
六归	六一下加四	六二三十二	六三添作五
	六四六十四	六五八十二	逢六进一十
七归	七一下加三	七二下加六	七三四十二
	七四五十五	七五七十一	七六八十四
	逢七进一十		
八归	八一下加二	八二下加四	八三下加六
	八四添作五	八五六十二	八六七十四
	八七八十六	逢八进一十	
九归	随身下位加一倍	逢九进一十。"	

这和《算学启蒙》(1299 年)内所记相同。

《盘珠算法》(1573 年)和《算法统宗》(1592 年)都记有"归除

法歌",即

　　　　　"归除法诀：

　　　　　惟有归除法更奇

　　　　　　　将身归了次除之

　　　　　有归若是无除数

　　　　　　　起一还将原数施

　　　　　或遇本归归不得

　　　　　　　撞归之法莫教迟

　　　　　若人识得中间意

　　　　　　　算学虽深可尽知。"

　　"归除法"曾参用"撞归法歌诀"，如：

　　　（一归）　　　见一无除作九一

　　　（二归）　　　见二无除作九二

　　　（三归）　　　见三无除作九三

　　　（四归）　　　见四无除作九四

　　　（五归）　　　见五无除作九五

　　　（六归）　　　见六无除作九六

　　　（七归）　　　见七无除作九七

　　　（八归）　　　见八无除作九八

　　　（九归）　　　见九无除作九九。

　　又"已有归而无除，用起一还原法。即是起一还将原数施。"如：

　　　（一归）　　　起一下还一本位起一，下位还一

　　　（二归）　　　起一下还二本位起一，下位还二

　　　（三归）　　　起一下还三本位起一，下位还三

　　　（四归）　　　起一下还四本位起一，下位还四

（五归）　　　起一下还五本位起一,下位还五

（六归）　　　起一下还六本位起一,下位还六

（七归）　　　起一下还七本位起一,下位还七

（八归）　　　起一下还八本位起一,下位还八

（九归）　　　起一下还九本位起一,下位还九。

例如:(甲)

$10765432 \div 8$ 是用归法。

先置实 10765432 于盘左,置法 8 于盘右,如:

$$10765432 \qquad 8$$

因首位为 1,首呼"九归歌"之"八一下加二",意即 $10 \div 8 = 1$ 余 2,故实首位 1 不动,于次位加 2,如:

$$\underline{1}2765432 \qquad 8$$

此时实第一位 1 为商数,2765432 为余实。次呼"八二下加四",即 $20 \div 8 = 2$ 余 4,应加 4 于次位,如:

$$\underline{1}2765432 \qquad 8$$
$$4$$

因 $4+7 = 4+(2+5) = (4+1)+1+(5) = 1+10$。按"九九八十一"歌诀呼"四下五除一",上式化为

$$(10)$$
$$\underline{1}2165432 \qquad 8$$

因(10)中有 8,次呼"逢八进一十",即 $80 \div 8 = 10$,余数 2 加 1 为 3,如:

$$\underline{1}3365432 \qquad 8$$

此时实第一、二位 13,为商数,365432 为余实,次呼"八三下加六",即 $30 \div 8$ 余 6,如:

$$\underline{13365432} \qquad 8$$

如前得
$$\begin{array}{r} 6 \\ \hline 13325432 \qquad 8 \end{array}$$

（10）

又呼"逢八进一十"，即 $80 \div 8 = 10$，余数 2 加 2 为 4，如；

$$\underline{13445432} \qquad 8$$

又呼"八四添作五"，即 $40 \div 8 = 5$，无余，如：

$$\underline{13455432} \qquad 8$$

又呼"八五六十二"，即 $50 \div 8 = 6$，余 2，如：

$$\underline{13456632} \qquad 8$$

又呼"八六七十四"，即 $60 \div 8 = 7$，余 4，如：

$$\underline{13456772} \qquad 8$$

又呼"八七八十六"，即 $70 \div 8 = 8$ 余 6，如：

$$\underline{13456788} \qquad 8$$

末呼"逢八进一十"，即 $80 \div 8 = 10$，得

$$\underline{1345679} \qquad \mathbf{8}$$

即
$$10765432 \div 8 = 1345679 。$$

按例（甲）步骤，亦可简略列式如下：

$$10765432 \div 8 = 1345679 。$$

$$
\begin{array}{ll}
1\ 0\ 7\ 6\ 5\ 4\ 3\ 2 & 8 \\
1 + \underline{2} & \text{八一下加二} \\
\quad 2\ 7 & \\
2 + \underline{4} & \text{八二下加四} \\
\quad 1\ 1 > 8 & \\
\underline{1} - \underline{8} = 8 \times 1 & \text{逢八进一十}
\end{array}
$$

$$3 \quad 36$$

$$3 \underline{+ 6} \qquad\qquad 八三下加六$$

$$1\,2 > 8$$

$$\underline{1 - 8} \qquad\qquad 逢八进一十$$

$$4 \quad 45$$

$$5 \quad 54 \qquad\qquad 八四添作五$$

$$6 \underline{+ 2} \qquad\qquad 八五六十二$$

$$6\,3$$

$$7 \underline{+ 4} \qquad\qquad 八六七十四$$

$$7\,2$$

$$8 \underline{+ 6} \qquad\qquad 八七八十六$$

$$8 = 8$$

$$\underline{1 - 8} = 8 \times 1 \qquad 逢八进一十$$

$$9 \quad 0$$

即 $\qquad\qquad 10765432 \div 8 = 1345679$。

又例如：（乙） $12996 \div 19$ 是用归除法。实第一位为 1，按撞归歌，呼"见一无除作九一"，意即 $10 \div 1 = 9$，余 1，此时假定的商为 9，而原式

$$12996 \qquad\qquad 19$$

应书为

$$92996 \qquad\qquad 19$$

加 $\qquad\qquad 1$

减 $9 \times 9 \qquad\qquad (81)$

但 $(29+10) < 9 \times 9 (=81)$ 不足减，知道商数 9 太大，拟改 9 为 6，因 $9-6=3$，因呼"无除起三下还三"，即

	92996	19
加	1	
减"无除起三"	−3	
加"下还三"	3	
得	66996	19

呼"六九除五十四",于实首位右"本位去五,右位去四",如:

	66996	19
减 6×9	−54	
	61596	19

此时 6 为第一商数,1596 为余实。次呼"见一无除作九一",如:

	69696	19

因 69<9×9(=81),又知假定第二商数 9 太大,退一位,改商数为 8,呼"无除起一下还一",上式:

	69696	19
减(无除起一)	−1	
加(下还一)	1	
	68796	19

次呼"八九除七十二",因 79>8×9(=72)可减,于实首二位右"本位去七,右位去二",如:

	68796	19
减 8×9	72	
	68076	19

此时 68 为第一、第二商数,076 为余实,次呼"逢四进四十",即于 7 内减 4,此时假定之第三商数为 4,如:

	68436	19

末呼"四九除三十六"恰尽。

$$68 \cancel{4} \cancel{3} 6 \qquad \cancel{1} \cancel{9}$$

即 $12996 \div 19 = 684$。

珠算商除法,据程大位《算法统宗》卷一称:"商除法者,商量法实多寡而除之,古法未有归除,故用之。不如归除最是捷径之法也,然开方法用之。"

其法实数置于盘中,法数置于盘右,商数置于盘左,只用"九九合数"歌诀。不用撞归起一歌诀,如:

$123456789 \div 43 = 2871088 \cdots$ 余 5。

珠算"商除法"和珠算"归法"步骤相同。归法是用单位除数除多位被除数,商除法是用多位除数除多位被除数,因此商除法先就多位除数的最高位数字约被除数得某商数后,再逐渐用此商数乘除数其余较低位数字,来减被除数其余低位数字。如上例:先就除数"43"的最高位数字"4"约被除数 10,得 2 余 2,即 $\frac{10}{4} = 2 + \frac{2}{4}$ 后,再以此商数 2 乘其余除数较低位数字,如此处"3"($2 \times 3 = 6$)。来减被除数其余低位数字,如此"43"($43 - 6 = 37$)即得第一次余数,余类推。列式如下:

商除法:

$$123456789 \div 43 = 2871088 \cdots 余 5$$

```
 1  2  3  4  5  6  7  8  9                43
 2  +  2                            四一二十二
       4  3
       − 6  =  2  ×  3
       3  7  4
```

7 + <u>2</u>　　　　　　　　　　四三七十二

　　9　4

　－　<u>2　1</u>　=　7　×　3

　　7　3　>　4　3

1　－　<u>4　3</u>

8　　3　0　5

　7 + <u>2</u>　　　　　　　　　四三七十二

　　2　5

　　－　<u>2　1</u>　=　7　×　3

　　4　6　>　4　3

　1　－　<u>4　3</u>

　　3　7　<　4　3

　0　　3　7　8

　　　7 + <u>2</u>　　　　　　　四三七十二

　　　9　8

　　　－　<u>2　1</u>　=　7　×　3

　　　7　7　>　4　3

　1　－　<u>4　3</u>

　8　　3　4　9

　　　7 + <u>2</u>　　　　　　　四三七十二

　　　6　9

　　　－　<u>2　1</u>　=　7　×　3

　　　4　8　>　4　3

　1　－　<u>4　3</u>

　8 … … 5

　　珠算归除法并如前例（乙）12996÷19＝684，应用撞归起一歌诀，一切步骤，实和筹算除法相同。[①]　如：

$$489885165 \div 35 = 13996719。$$

按例（乙）步骤，亦可简略列式如下：

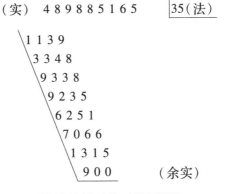

　　（实）　4 8 9 8 8 5 1 6 5　　　35（法）

　　　　　1 1 3 9
　　　　　3 3 4 8
　　　　　9 3 3 8
　　　　　9 2 3 5
　　　　　6 2 5 1
　　　　　7 0 6 6
　　　　　1 3 1 5
　　　　　9 0 0　　　　　（余实）

即　　　　　　$489885165 \div 35 = 13996719。$

　　珠算商除法、归除法之外，还有一项"飞归法"，即：法数二位，另立歌诀助算的除算法，最先记飞归法是宋杨辉。杨辉《算法通变本末》卷上（1274 年）称：

　　"穿除，又名飞归，不过就本位商除数而已。"

又杨辉《乘除通变算宝》卷中（1274 年）有八十三归歌诀，系根据 $p = tq_1 + r_1$ 的原则，即

$$100 = 1 \times 83 + 17$$

$$200 = 2 \times 83 + 34$$

$$300 = 3 \times 83 + 51$$

---

　　①　参看李俨：《中国数学大纲》上册，第 285～289 页，第三编，第三十三章："归法，归除，撞归法"。

$$400 = 4 \times 83 + 68$$

$$415 = 5 \times 83$$

$$83 = 1 \times 83 。$$

故设诀如：

"见一下十七

见二下三十四

见三下五十一

见四下六十八

见四·五作五

遇八十三成百

四一五为中，后四句不用亦可

见五下一百二

见六下百十九

见七下百三十六

见八下百五十三。"

（注）　古代原有用九九表帮助乘除的方法。至十数以上，亦有另立算表的。如宋赵彦卫《云麓漫钞》卷一（1206 年）记：

绍兴中（约 1150 年）李侍郎椿年行经界，有献其步田之法者：……既已得积步之数，欲捷于计亩，则一除二四，二除四八，三除七二，四除九六，五除一二，六除一四四，七除一六八，八除一九二，九除二一六。盖一亩者除二百四十也，二亩者除四百八十也，三亩者除七百二十也。推而上之，十亩除二千四百也，二十亩除四千八百也，三十亩除七千二百也。又推而上，一百亩者除二万四千也，二百亩者除四万八千也，三百亩者除七（万）二（千）也。

以后《事林广记》上卷（约 1300 年）算法类,亦有"省数归足"歌诀,至宋杨辉（1274 年）方演为"飞归"。

飞归法:

$$123456789 \div 43 = 2871088 \cdots 余 5。$$

	1	2	3	4	5	6	7	8	9	
2	+	1	4							一:二,加下十四
	3	7	4							
		6	+	4	2					三:六,加下四十二
		1	1	6						（>4 3）
		2	+	1	4					一:二,加下十四
		8		3	0	5				
			6	+	4	2				三:六,加下四十二
				4	7					（>4 3）
			1	−	4	3				逢四十三进一十
			7			4	6			
				1	−	4	3			逢四十三进一十
					3	7				（<4 3）
				0		3	7	8		三:六,加下四十二
					6	+	4	2		
					1	2	0			（>4 3） 一:二,加下十四
					2	+	1	4		
					8		3	4	9	三:六,加下四十二
						6	+	4	2	

$$9 \quad 1 \quad (>4\,3)$$

$$1 \quad - \quad \underline{4 \quad 3} \qquad\qquad 逢四十三进一十$$

$$4 \quad 8 \quad (>4\,3)$$

$$\underline{1} \quad - \quad 4 \quad \underline{3} \qquad\qquad 逢四十三进一十$$

$$8\cdots\cdots\cdots5$$

元朱世杰《算学启蒙》卷上(1299 年)"九归除法门"称:"求一、穿韬总不如。"①同时,《事林广记》、《丁巨算法》(1355 年)、贾亨《算法全能集》亦提到"飞归",却未列举歌诀。

明王文素《古今算学宝鉴》(1524 年)尚有六十七,七十三,八十七,九十三飞归歌诀之例。总之,如以二位法数除其实数,即用 11…99 除某实数,都可按:

$$p = tq_1 + r_1$$

原则,如杨辉之例,编成歌诀入算。

明末清初在珠算还广用此项歌诀,如:四归四除(即 44 除某数)称:

见一加一下一二　　即　　$100 = 44 \times (1+1) + 12$

见二加二下二四　　　　　$200 = 44 \times (2+2) + 24$

见三加三下三六　　　　　$300 = 44 \times (3+3) + 36$

见四加五隔加四　　　　　$400 = 44 \times (4+5) + 04$。

例如　13068÷44　用诀计算如下:

一:二下加十二　　　即　　见一下一百一十二

二:四下加二十四　　　即　　见二下二百二十四

① [日]建部贤弘:《算学启蒙谚解大全》(1690 年),以为:"穿韬即穿除",又《大成算经》(1683~1709)卷二"归除"条称:"穿除,一名飞归"。

三：六下加三十六　　即　见三下三百三十六

四：五下加零四　　　即　见四下五百零四

逢四十四进一十　　　即　遇四十四成百

逢八十八进二十　　　即　遇八十八成二百。

$$13068 \div 44 = 297。$$

$$\underline{1\ 1\ 2}$$

$$2\ 4\ 2\ 6$$

$$\underline{5\ 0\ 4}$$

$$9\ 3\ 0\ 8$$

$$\underline{3\ 3\ 6}$$

$$6\ 4\ 4\quad 或$$

$$7$$

第六章　珠算开方法

明徐心鲁订正《盘珠算法》(1573 年) 未曾列出珠算开平方法,开立方法。到程大位《算法统宗》(1592 年)、明刻本王肯堂《郁冈斋笔麈》第三册 (有 1602 年自序)[①] 和朱载堉《算学新说》(1603 年刻) 都是通过筹算开方法来计算,有详细记录。此项开方法,如求次商用约数来计算称作"商除开方法",又如求次商用归除撞归法来计算,称作"归除开方法"。

---

① 此书 1930 年北京图书馆有印本共四册,有万历壬寅 (1602 年) 金坛天肯堂宇泰甫序。

归除开方法,或开方归除法即"倍法"除"余实"不用商除,还参用十三、十四世纪民间流传的"撞归起一歌诀"来计算。

《算法统宗》(1592 年)卷一,在开平方法条称:"今新增归除开方,而法之易便矣。"又在开立方法条亦称:"今新增归除开立,故法之易便矣。"归除开方,是当时新增的方法。

在原则上,如:

$$N = (a+b+c+d+e+f+\cdots)^2$$

$$= a^2$$

$$+(2a+b)b$$

$$+[2(a+b)+c]c$$

$$+[2(a+b+c)+d]d$$

$$+[2(a+b+c+d)+e]e \qquad (\mathrm{I})$$

$$+\cdots \qquad\qquad 商除法用$$

$$= a^2$$

$$+2ab+b^2$$

$$+2(a+b)c+c^2$$

$$+2(a+b+c)d+d^2$$

$$+2(a+b+c+d)e+e^2 \qquad (\mathrm{II})$$

$$+\cdots \qquad\qquad 归除法用$$

以上并由

$$b = \frac{N_1}{2a} \qquad 约得 b, N_1 = N-a^2,$$

$$c = \frac{N_2}{2a+2b} \qquad 约得 c$$

$$\cdots\cdots\cdots\cdots\cdots\cdots\cdots$$

余类推。

如用商除开方法来算 $\sqrt[2]{207936}=456$，程大位《算法统宗》卷六称："今列开平方法，定分左、中、右式。"又略称：

置积（207936）为实，约初商（4°°）于左位，亦置初商（4°°）于右位，为方法，与上商（即初商 4°°）相呼（4°°）^{2} = 16°°°°除实，余实（47936）。就以方法（4°°）倍作（8°°）名曰廉法$\left(因\dfrac{47936}{8°°}=5°\right)$，又约次商（5°）于左，初商（4°°）之下，共得（45°），亦置（5°）于右，廉法（8°°）之下，为隅法，共（85°），皆与左次商（5°）呼除，余实（5436）。却以下法次商（5°）倍之，并廉（8°°）共得（90°），又为廉法$\left(又因\dfrac{5436}{90°}=6\right)$，又约再商（6），于左初次商之下，亦置再商（6）于廉（90°）为隅法，共（906），皆与左再商（6）呼除，恰尽。

商除开方法：

$$\sqrt{207936}=456，$$

（左：上商）	（中：实）	（右：下位）
（初商）4°°	207936（方法与上商相呼） $\dfrac{-16}{47936}=(4°°)^2$	（初商）= 4°°（= 方法） $\begin{array}{r}\times 2\\\hline 8°°\end{array}$ （倍法 = 廉法） $\left(因\dfrac{47936}{8°°}=5°\right)$
（次商）5°	（廉法与次商呼除） $\begin{array}{r}-40\quad=8°°\times 5°\\ \underline{-25}\quad（左次商与右次商呼除）\\ 5436=5°\times 5°\end{array}$ （廉法与再商呼除）	（次商）= 5°（ = 隅法） $\begin{array}{r}\times 2\\ 10°\\\hline 90°\end{array}$ （倍法 = 廉法） 与前相加得（共廉法） $\left(又因\dfrac{5436}{90°}=6\right)$ （再商）= 6 （= 隅法）

（左：上商）	（中：实）	（右：下位）
（再商）6	$-540 \quad =90°×6$	
	（左再商与右再商呼除）	
$\overline{456}$	$\dfrac{-36}{\ } =6×6$	

如用归除开方法来算 $\sqrt[2]{54756}=234$。程大位《算法统宗》卷六略称：置积（54756）为实，约初商（2°°）于左位，亦置初商（2°°）于右位，为方法，与上商（即初商 2°°）相呼（2°°）^{2} = 4°°°° 除实，余实（14756）。就以方法（2°°）倍作（4°°）名曰廉法（即倍法）得（4°°）"为法归除之"，（呼四一二十二，逢四进一十）得次商（3°）于左，初商（2°°）之下。左次商与右次商相呼除（3°×3°=9°°），余实（1856），却以下法次商（3°）倍之，并廉（4°°）共得46°，又为共廉法。得（46°）"为法归除之"，（呼四一二十二，逢八进二十）得再商（4）于左，初次商之下。亦置再商（4）于倍法（60）之下。左再商（4）与倍法（6°）和右再商（4）呼除，恰尽。

归除开方法：

$$\sqrt{54756}=234。$$

（左：上商）	（中：实）	（右：下位）
（初商）2°°	54756（方法与上商相呼）	（初商）= 2°°　（= 方法）
	$\dfrac{-4}{14756} \quad =(2°°)^2$	$\dfrac{×2}{4°°}$　（倍法 = 廉法）
	$\dfrac{2+2}{67}$ 呼（四一二十二）	为法归除之

续表

（左：上商）	（中：实）	（右：下位）
（次商）3°	$\dfrac{1\ -4}{3°\ 27}$ （逢四进一十） 得次商 3° （左次商与右次商呼除） $=3°\times3°$ $\dfrac{-9}{1856}$ $2\ \dfrac{-2}{10}$（呼）（四一二十二） $2\ \dfrac{-8}{4\ 256}$（逢八进二十） 得再商 4 （倍法与右再商呼除） $-24\quad=6°\times4$ （左再商与右再商呼除）	（次商）= 3°　　（=隔法） $\dfrac{\times2}{6°}$（倍法=廉法） 　与前相加得（共廉法） $\overline{46°}$　为法归除之 （再商=三商）= 4（=隔法）
（再商）4		
$\overline{234}$	$\dfrac{-16}{0}\quad=4\times4$	

以后朱载堉《算学新说》（1603 年）算：

$$\sqrt{2,00,00,00,00,00,00,00,00} = 141421356 \text{ 余实 } 67121264$$

步骤如下：

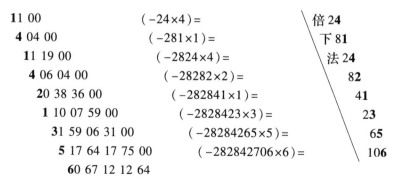

（实）20000000000000000　　　　　　　　　　　　　　**1**

11 00	（-24×4）=	倍 **24**
4 04 00	（-281×1）=	下 **81**
11 19 00	（-2824×4）=	法 **24**
4 06 04 00	（-28282×2）=	**82**
20 38 36 00	（-282841×1）=	**41**
1 10 07 59 00	（-2828423×3）=	**23**
31 59 06 31 00	（-28284265×5）=	**65**
5 17 64 17 75 00	（-282842706×6）=	**106**
60 67 12 12 64		

"归除开方算法"又见王肯堂《郁冈斋笔麈》第三册(1602年),称作新得归除开方法,全文如下:

"归除开方算法

算法至开方而稍称难矣。以其有实而无法,须用商除故也,新得归除开方法,著之,以便初学:

积一亿〇二百五十〇万三千二百三十二尺,问立方一面几何?

答:四百六十八尺。

法曰:置积为实,以七千万该商四百尺于左上,又置四百尺于右下,自乘得一十六万,相呼一四除四千万。又四六除二千四百万,余实三千八百五十〇万三千二百三十二尺。

却以右下一十六万尺以三乘之,得四十八万,为法归除之,呼四三七十二。少除,呼四归,起一下还四,呼六八除四十八。

另置初商四百尺,以次商六十尺乘之,得二万四千尺,以三因之得七万二千尺为廉法,加入次商六十尺,自乘得三千六百尺共七万五千六百尺。却以次商六十尺相呼除之,六七除四十二,又五六除三十,又六六除三十六余实五百一十六万七千二百三十二尺,以方法四十八万并入两个廉法七万二千,再并入隅法三个三千六百尺共得方法六十三万四千八百尺为法归除之。呼五六八十二,呼三三除二十四又呼四八除三十二,又八八除六十四,右下之法不用。再置所商共四百六十尺,以次商八尺乘之得三千六百八十尺,以三因之得一万一千〇四十尺并入再商八尺,自乘得六十四尺共一万一千一百〇四尺,又以次商八尺相呼除之,一八除八万又一八除八千,又一八除八百,又四八除三十二尺恰尽。"

珠算开立方法,也和开平方法一样,通过筹算开立方法来计算,并且也分成商除开立方法,如(Ⅰ)和(Ⅱ),和归除开立方法,如(Ⅲ)两项。

如：某数 $N=(a+b+c+d+e+f+\cdots)^3$

即　　　　　　　　　$(a+b+c+d+e+f+\cdots)^3=$

a^3+

$+3a^2b+3ab^2+b^3$　　　　　　　（即 $[P_1+Q_1+R_1=S_1(乙总)]b$）

$+3(a+b)^2c+3(a+b)c^2+c^3$

　　　　　　　　　　　　（即 $[P_2+Q_2+R_2=S_2(丙总)]c$）

$+3(a+b+c)^2d+3(a+b+c)d^2+d^3$

$+3(a+b+c+d)^2e+3(a+b+c+d)e^2+e^3$

$+3(a+b+c+d+e)^2f+3(a+b+c+d+e)f^2+f^3$

$+\cdots,$　　　　　　　　　　　　　　　　　　（Ⅰ）

或 $=a^3+\dfrac{3a}{(=方法)_1}\cdot\dfrac{(a+b)b}{(=廉法)_1}\dfrac{+b^3}{(=隅法)_1}$

　　　　　（即 $[(A)_1\cdot(B)_1=(C)_1]+(D)_1=(E)_1$）

　　$+\dfrac{3(a+b)}{(=方法)_2}\dfrac{(a+b+c)c}{(=廉法)_2}\cdot\dfrac{+c^3}{(=隅法)_2}$

　　　　　（即 $[(A)_2\cdot(B)_2=(C)_2]+(D)_2=(E)_2$）

　　$+\dfrac{3(a+b+c)}{(=方法)_3}\cdot\dfrac{(a+b+c+d)d}{(=廉法)_3}\dfrac{+d^3}{(=隅法)_3}$

　　　　　（即 $[(A)_3\cdot(B)_3=(C)_3]+(D)_3=(E)_3$）

　　$+\dfrac{3(a+b+c+d)}{(=方法)_4}\cdot\dfrac{(a+b+c+d+e)e}{(=廉法)_4}\dfrac{+e^3}{(=隅法)_4}$

　　　　　（即 $[(A)_4\cdot(B)_4=(C)_4]+(D)_4=(E)_4$）

　　$+\dfrac{3(a+b+c+d+e)}{(=方法)_5}\cdot\dfrac{(a+b+c+d+e+f)f}{(=廉法)_5}$

　　$+\dfrac{f^3}{(=隅法)_5}$

$$(即[(A)_5 \cdot (B)_5 = (C)_5] + (D)_5 = (E)_5)$$

$$+\cdots, \tag{II}$$

$$或 = a^3 + \frac{3a^2}{(=方法)_t} \cdot \frac{b + [3ab + +b^2]b}{(=廉法)_1 \quad (=隅法)_1}$$

$$(即 P_1 \cdot b + [Q_1 + R_1] \cdot b$$

其中 $P_1 + Q_1 + R_1 = S_1$，王文素（1524 年）称作"乙总"，余类推。）

$$+\frac{3(a+b)^2}{(=方法)_2}[=1(方法)_1 + 2(廉法)_2 + 3(隅法)_1]c$$

$$+\frac{[3(a+b)c + c^2]c}{(=廉法)_2 \quad (=隅法)_2}$$

$$(即 P_2[=P_1+2Q_1+3R_1]c + [Q_2+R_2]c)$$

$$+3(a+b+c)^2[=1(方法)_2 + 2(廉法)_2 + 3(隅法)_2]d$$

$$(=方法)_3$$

$$+\frac{[3(a+b+c)d + d^2]d}{(=廉法)_3 \quad (=隅法)_3}$$

$$(即 P_3[=P_2+2Q_2+3R_2]d + [Q_3+R_3]d)$$

$$+(方法)_4[=1(方法)_3 + 2(廉法)_3 + 3(隅法)_3]e$$

$$+\frac{[3(a+b+c+d)e + e^2]e}{(=廉法)_4 \quad (=隅法)_4}$$

$$(即 P_4[=P_3+2Q_3+3R_3]e + [Q_4+R_4]e)$$

$$+(方法)_5[=1(方法)_4 + 2(廉法)_4 + 3(隅法)_4]f$$

$$+\frac{[3(a+b+c+d+e)f + f^2]f}{(=廉法)_5 \quad (=隅法)_5}$$

$$(即 P_5[=P_4+2Q_4+3R_4]f + [Q_5+R_5]f)$$

$$+\cdots, \tag{III}$$

其中　$a=$ 初商；$b=$ 次商；$c=$ 再商（或三商）；

$d=$ 四商 $;e=$ 五商 $;f=$ 六商。

上面第(Ⅰ)式,即《九章算术》方法:

$$[P_1+Q_1+R_1=S_1(乙总)] \cdot b$$

$$[P_2+Q_2+R_2=S_2(丙总)] \cdot c$$

$$[P_3+Q_3+R_3=S_3(丁总)] \cdot d$$

$$\cdots\cdots\cdots\cdots\cdots\cdots\cdots\cdots\cdots\cdots ,$$

第(Ⅱ)式,即商除开立方法:

$$[(A)_1 \cdot (B)_1=(C)_1]+(D)_1=(E)_1$$

$$[(A)_2 \cdot (B)_2=(C)_2]+(D)_2=(E)_2$$

$$[(A)_3 \cdot (B)_3=(C)_3]+(D)_3=(E)_3$$

$$\cdots\cdots\cdots\cdots\cdots\cdots\cdots\cdots\cdots\cdots ,$$

第(Ⅲ)式,即归除开立方法:

$$b(P)_1+b(T)_1=b(P_1)+b[Q_1+R_1]$$

$$c(P)_2+c(T)_2=c(P_2)+c[Q_2+R_2]$$

$$d(P)_3+d(T)_3=d(P_3)+d[Q_3+R_3]$$

$$\cdots\cdots\cdots\cdots\cdots\cdots\cdots\cdots\cdots\cdots ,$$

其中 $\quad P_1=P_1$

$$P_2=P_1+2Q_1+3R_1$$

$$P_3=P_2+2Q_2+3R_2$$

$$P_4=P_3+2Q_3+3R_3$$

$$\cdots\cdots\cdots\cdots\cdots\cdots\cdots 。$$

开立方歌诀,见于记录。明吴敬《九章算法比类大全》(1450年),"乘除开方起例"内有

"开立方法

一千商十定无疑　　三万才为三十余

九十九万不离十　　百万方为一百推

下法自乘为隅法　　三乘隅法作方除

三乘上商为廉法　　退而除尽数才知"

的歌诀。

明严恭《通原算法》(1372年)，王文素《古今算学宝鉴》(1524年)继承《几章算术》步骤，如上面(Ⅰ)式写成：

$$N = a^3 (= a \times a^2 \text{"} = \text{甲隅"})$$

$$+ \underbrace{\{3a^2}_{(=\text{乙方})} + \underbrace{[3ab}_{(=\text{乙廉})} + \underbrace{b^2]}_{(=\text{乙隅})} \underbrace{(= P_1 + Q_1 + R_1 = S_1)b}_{(=\text{乙总})}$$

$$+ \underbrace{\{3(a+b)^2}_{(=\text{丙方})} [= 1(\text{乙总}) + 1(\text{乙廉}) + 2(\text{乙隅})]$$

$$+ \underbrace{[3(a+b)c}_{(=\text{丙廉})} + \underbrace{c^2]\}}_{(=\text{丙隅})} \underbrace{(= P_2 + Q_2 + R_2 = S_2)c}_{(=\text{丙总})}$$

$$+ \underbrace{\{3(a+b+c)^2}_{(=\text{丁方})} [= 1(\text{丙总}) + 1(\text{丙廉}) + 2(\text{丙隅})]$$

$$+ \underbrace{3[3(a+b+c)d}_{(=\text{丁廉})} + \underbrace{d^2]\}}_{(=\text{丁隅})} \underbrace{(= P_3 + Q_3 + R_3 = S_3)d}_{(=\text{丁总})}$$

$$+ \cdots,$$

并由以下各式，逐次约得：$b, c, d, \cdots$ 各商，即

$$b = \frac{N_1}{3a^2 + 3a} \text{式，约得次商 } b, N_1 = N - a^3,$$

$$c = \frac{N_2}{3(a+b)^2 + 3(a+b)} \text{式，约得再商(即三商)} c, N_2 = N_1 - S_1,$$

$$d = \frac{N_3}{3(a+b+c)^2 + 3(a+b+c)} \text{式，约得四商 } d, N_3 = N_2 - S_2,$$

程大位《算法统宗》卷六(1592年)有：

"开立方法歌自乘为平方,再乘为立方

自乘再乘除实积　　三因初商方另列

次商遍乘名为廉　　方法乘廉除次积

次商自再乘为隅　　依数除积方了毕

初次三因又为方　　三商遍乘仿此的。"

是说明珠算商除开立方法。

程大位《算法统宗》于"商除开方算法"用（Ⅱ）式,于"归除开方算法"用（Ⅲ）式,并由以下各式,逐次约得：$b,c,d,\cdots$各商,即

$b=\dfrac{N_1}{3a^2}$式,约得次商 b,$N_1=N-a^3$,

$c=\dfrac{N_2}{3(a+b)^2(=1P_1+2Q_1+3R_1)}$式,约得三商 c,$N_2=N_1-S_1$,

$d=\dfrac{N_3}{3(a+b+c)^2(=1P_2+2Q_2+3R_2)}$式,约得四商 d,$N_3=N_2-S_2$,

这比较王文素方式简单。

王文素《算学宝鉴》（1524 年）

"开立方"：

"积 244140625 尺,开为立方几何？答曰：625 尺。

草曰：置积 244140625 尺为实,从末位,超二位,约之,商甲 600,置于积上,另置 600 于积下,自乘得 360000 为甲隅。命上甲 600 除实 216°°°°°,余实 28140,625 尺。

3 因甲隅,得 1080000 为乙方；3 因甲得 1800 为廉；以方廉之数,约其余实。百万之上定一,千万之上定十,商乙得 20,续上甲后（即 620）,乙乘乙廉得 36000,乙自乘得 400 为乙隅,皆副入乙方,共 1116400 为乙总。命上乙（20）除实 22328000 尺,尚余实 5812625。

乃 1 因乙廉仍是 36000,2 因乙隅得 800,皆并入乙总共

1153200 为丙方,3 因甲乙得 1860 为丙廉,商丙 5 尺,续上甲乙之后（即 625）。以乘丙廉得 9300。

另置丙自乘得 25 为丙隅,皆并入丙方,共 1162525 为丙总。命丙 5 除余 5812625 适尽,得立方面 625 尺合问。"

并附有"开甲,乙,丙布位图"。

开甲布位图 （原积）= N 244,140,625			（甲）= a = 600 （甲隅）= a^2 $(6^{\circ\circ})^2$ = $36^{\circ\circ\circ\circ}$
开乙布位图 （余积）= N_1 28,140,625	（乙方）= $3a^2$ $3(6^{\circ\circ})^2$ = $108^{\circ\circ\circ\circ}$+	（乙廉）= $3ab$ $3×(6^{\circ\circ})×2^{\circ}$ = $36^{\circ\circ\circ}$ +	（乙隅）= b^2 $(2^{\circ})^2 = S_1$ $4^{\circ\circ}$ = 1116400 （乙总）
开丙布位图 （余积）= N_2 5,812,625	（丙方）= $3(a+b)^2$ = $S_1+3ab+2b^2$ = 1153200+	（丙廉）= $3(a+b)c$ $3×(62^{\circ})×5$ = 9300 +	（丙隅）= c^2 $5^2 = S_2$ 25 = 1,162,525 （丙总）

（开甲,乙,丙布位图）

此处的布位图,还是筹算方法的布位图。由直列改为横列,吴敬（1450 年）以来已是如此。

珠算商除开立方法,按上项（Ⅱ）式来计算,王文素（1524 年）已有说明,程大位（1592 年）再加演变。

程大位《算法统宗》卷六（1592 年）,引有 $\sqrt[3]{102503232}=468$ 一例,曾加说明,以后金坛王肯堂《郁冈斋笔庐》第三册（1602 年）,亦引此例记明商除开方算法,文句和程大位《算法统宗》相同,却未说明钞自《算法统宗》,总是当时民间流行的珠算商除开立方法。

朱载堉算:

$$\sqrt[3]{84089641525371454303\,1125}=94387431，余实$$

$7167351875447134$①

一例，也同样可用商除开立方法算出。如：

$$\sqrt[3]{102503232}=468，用（Ⅱ）式计算步骤如下：$$

```
  1  0  2  5  0  3  2  3  2
 -  6  4                           = 4³
  4  3  8 (5  0  3)
 -  3  3  3  3  6                  = (E)₁
     6  5  1  6  7 (2  3  2)
    -  5  1  6  7  2  3  2         = (E)₂
        8              0
```

其中　　$3×4×(10)=120(A)_1$

$\qquad ×46×\quad 6\ =276(B)_1=33120(C)_1$

$\qquad\qquad +6^3=\dfrac{(+)216}{33336}\ \begin{matrix}(D)_1\\(E)_1\end{matrix}$

又　　$3×46×(10)=1380(A)_2$

$\qquad ×469×\quad 8\ =3744(B)_2=5166720(C)_2$

$\qquad\qquad +8^3=\dfrac{(+)512}{5167232}\ \begin{matrix}(D)_2\\(E)_2\end{matrix}，$

其中$(A)_1$，$(A)_2$，…等此处称"方法"，　$(B)_1$，$(B)_2$，…等此处称"廉法"，

$\quad(D)_1$，$(D)_2$，…等此处称"隅法"。

---

①　或$=94387431\cdot 26816934966419134$。

朱载堉算：

$$\sqrt[3]{840896415253714543031125} = 94387431,\ \text{余实}\ 7167351875447134,$$

亦用此项商除开立方方法，即

$$\sqrt[3]{840\ 896\ 415\ 253\ 714\ 543\ 031\ 125} = 94\ 387\ 431\ \text{余实}\ 7\ 167\ 351\ 875\ 447\ 134_\circ$$

$$\frac{729}{\mathbf{9}111\,(896)} \qquad (E) = 9^3 = a^3$$

$$\frac{101\ 584}{\mathbf{410}\ 312\,(415)} \qquad (E_1) = 3\times9^0\times94\times4+4^3 = 3a(a+b)b+b^3$$

$$\frac{7\ 977\ 807}{\mathbf{32}\ 334\ 608\,(253)} \qquad (E_2) = 3\times94^0\times943\times3+3^3 = 3(a+b)(a+b+c)c+c^3$$

$$\frac{2\ 136\ 008\ 672}{\mathbf{8}\ 198\ 599\ 581\,(714)} \qquad (E_3) = 3\times943^0\times9438\times8+8^3 = 3(a+b+c)(a+b+c+d)d+d^3$$

$$\frac{187\ 073\ 146\ 603}{\mathbf{711}\ 526\ 435\ 111\,(543)} \qquad (E_4) = 3\times9438^0\times94387\times7+7^3 = 3(a+b+c+d)(a+b+c+d+e)e+e^3$$

$$\frac{10\ 690\ 732\ 228\ 624}{\mathbf{40}\ 835\ 702\ 882\ 919\,(031)} \qquad (E_5) = 3\times94387^0\times943874\times4+4^3 = 3(a+b+c+d+e)(a+b+c+d+e+f)f+f^3$$

$$\frac{801\ 808\ 569\ 934\ 407}{\mathbf{303}\ 389\ 431\ 298\ 4624\,(125)} \qquad (E_6) = 3\times943874^0\times9438743\times3+3^3 = 3(a+b+c+d+e+f)(a+b+c+d+e+f+g)g+g^2$$

$$\frac{2\ 672\ 696\ 110\ 9176\ 991}{\mathbf{1}\ 716\ 735\ 187\ 5447\ 134} \qquad (E_7) = 3\times9438743^0\times94387431\times1+1^3 = 3(a+b+c-d+e+f+g)(a+b+c+d+e+f+g+h)h+h^3$$

余实

$$9^3 = 729(E)$$

$3 \times 9 \times (10) = 270(A_1)$

$3 \times 4 = 12$

94×4 $= 376(B_1)$ $= 101520(C_1)$ $+64(D_1) = 101.584(E_1)$

$3 \times 94 \times (10) = 2820(A_2)$

$3 \times 3 = 9$

943×3 $= 2829(B_2)$ $= 7977780(C_2)$ $+27(D_2) = 7977807(E_2)$

$3 \times 943 \times (10) = 28290(A_3)$

$3 \times 8 = 24$

9438×8 $= 75504(B_3)$ $= 2136008160(C_3)$ $+512(D_3) = 2136008672(E_3)$

$3 \times 9438 \times (10) = 283140(A_4)$

$3 \times 7 = 21$

94387×7 $= 660709(B_4)$ $= 187073146260(C_4)$ $+343(D_4) = 187073146603(E_4)$

$3 \times 94387 \times (10) = 2831610(A_5)$

$3 \times 4 = 12$

943874×4 $= 3775496(B_5)$ $= 10690732228560(C_5)$ $+64(D_5) = 10690732228624(E_5)$

$3 \times 943874 \times (10) = 28316220(A_6)$

$3 \times 3 = 9$

9438743×3 $= 28316229(B_6)$ $= 80180856934380(C_6)$ $+27(D_6) = 80180856934407(E_6)$

$3 \times 9438743 \times (10) = 283162290(A_7)$

94387431×1 $= 94387431(B_7)$ $= 2672696110917690(C_7)$ $+1(D_7) = 2672696110917691(E_7)$

归除开立方法,计算步骤和商除开立方法相同。如:

$$\sqrt[3]{102503232} = 468,$$

或

$$\sqrt[3]{102832119125} = 4685。$$

约出次商,$b=6$;再商=三商,$c=8$;四商,$d=5$ 后,即以

$$6 \text{ 乘 } P_1 = 6P_1; \qquad 6 \text{ 乘 } T_1 = 6T_1;$$
$$8 \text{ 乘 } P_2 = 8P_2; \qquad 8 \text{ 乘 } T_2 = 8T_2;$$
$$5 \text{ 乘 } P_3 = 5P_3; \qquad 5 \text{ 乘 } T_3 = 5T_3。$$

各减余实:$N_1, N_2, N_3,$

其中

$$P_1 = 3a^2;$$
$$T_1 = Q_1 + R_1 = 3ab + b^2;$$
$$P_2 = P_1 + 2Q_1 + 3R_1 = 3a^2 + 6ab + 3b^2 = 3(a+b)^2;$$
$$T_2 = Q_2 + R_2 = 3(a+b)c + c^2;$$
$$P_3 = P_2 + 2Q_2 + 3R_2 = 3(a+b+c)^2;$$
$$T_3 = Q_3 + R_3 = 3(a+b+c)d + d^3;$$
$$\cdots\cdots\cdots\cdots\cdots\cdots\cdots\cdots\cdots.$$

如余实为 $N_1, N_2, N_3, \cdots,$

则用

$$\frac{N_1}{P_1} = \frac{N_1}{3a^2};$$

$$\frac{N_2}{P_2} = \frac{N_2}{3(a+b)^2};$$

$$\frac{N_3}{P_3} = \frac{N_3}{3(a+b+c)^2};求 b, c, d 各商约数。$$

$\sqrt[3]{840\,896\,415\,253\,714\,543\,031\,125} = 943\,8743\,1$ 余实 $716\,735\,187\,544\,7134$。

9 $\overline{111(896)}$
729

$-97\,200$ $=4P_1$
$14\,696$ $=4T_1$
$\underline{-4\,384}$
4 $10\,312(415)$

$-7\,952\,400$ $=3P_2$
$2\,360\,015$ $=3T_2$
$\underline{-25\,407}$
3 $2\,334\,608(253)$

$-2\,134\,197\,600$ $=8P_3$
$200\,410\,853$ $=8T_3$
$\underline{-1\,811\,072}$
8 $198\,599\,581(714)$

$-187\,059\,272\,400$ $=7P_4$
$11\,540\,309\,314$ $=7T_4$
$\underline{-13\,874\,203}$
7 $11\,526\,435\,111(543)$

$-10\,690\,686\,922\,800$ $=4P_5$
$83\,574\,8188\,743$ $=4T_5$
$\underline{-45\,305\,824}$
4 $83\,570\,288\,2919(031)$

$-80\,180\,8315\,088\,400$ $=3P_6$
$3\,389\,4567\,830\,631$ $=3T_6$
$\underline{-254\,846\,007}$
3 $338\,9431\,298\,4624(125)$

$-267\,2696\,082\,6014\,700$ $=1P_7$
$716\,735\,215\,8609\,425$ $=1T_7$
$\underline{-28\,3162\,291}$
$1\,716\,735\,187\,544\,7134$

9

	(方法)	(廉法)	(隅法)
$81°°(=9°)^2 \times 3$	$243°° $	$=(P_1)$	

$$[(3\times 9°\times 4)=\cdots\cdots 1080(Q_1)+(4^2)=16(R_1)]=1096(T_1)$$
$$4\times 1096=4384$$

$4\times 243°°=$
$(972°°°)$

$2\times 1080=\cdots\cdots$	2160	$=2Q_1$	
$3\times 16=\cdots\cdots$	48	$=3R_1$	
	$\overline{26508°°}$	$=\overline{(P_2)}$	

$$[(3\times 94°\times 3)=\cdots\cdots 8460(Q_2)+(3^2)=9(R_2)]=8469(T_2)$$
$$3\times 8469=25407$$

$3\times 26508°°°=$
$(79524°°)$

$2\times 8460=\cdots\cdots$	16920	$=2Q_2$	
$3\times 9=\cdots\cdots$	27	$=3R_2$	
	$\overline{2667747°°}$	$=\overline{(P_3)}$	

$$[(3\times 943°\times 8)=\cdots\cdots 226320(Q_3)+(8^2)=64(R_3)]=226384(T_3)$$
$$8\times 226384=1811072$$

$8\times 2667747°°=$
$(21341976°°)$

$2\times 226320=\cdots\cdots$	452640	$=2Q_3$	
$3\times 64=\cdots\cdots$	192	$=3R_3$	
	$\overline{267227532°°}$	$=\overline{(P_4)}$	

$$[(3\times 9438°\times 7)=\cdots 1981980(Q_4)+(7^2)=49(R_4)]=1982029(T_4)$$
$$7\times 1982029=13874203$$

$7\times 267227532°°=$
$(1870592724°°)$

| $2\times 1981980=\cdots\cdots$ | 3963960 | $=2Q_4$ | |

	（方法）	（廉法）	（隅法）

9

$3 \times 49 = \cdots\cdots$ 　147　 $= 3R_4$

$\overline{26726717307°°} \quad = \overline{(P_5)}$

$4 \times 26726717307°° =$ 　$[(3 \times 94387° \times 4) = 11326440(Q_5) + (4^2) = 16(R_5)] = 11326456(T_5)$

$(106906869228°°)$

$2 \times 11326440 = \cdots\cdots 22652880 \quad = 2Q_5 \qquad\qquad\qquad\qquad 4 \times 11326456 = 45305824$

$3 \times 16 = \cdots\cdots 48 \quad = 3R_5$

$\overline{26726943628°°} \quad = \overline{(P_6)}$

$3 \times 26726943628°° =$ 　$[(3 \times 943874° \times 3) = 84948660(Q_6) + (3^2) = 9(R_6)] = 84948669(T_6)$

$(80180831150884°°)$

$2 \times 84948660 = \cdots\cdots 169897320 \quad = 2Q_6 \qquad\qquad\qquad 3 \times 84948669 = 254846007$

$3 \times 9 = \cdots\cdots 27 \quad = 3R_6$

$\overline{26726960826O147°°} \quad = \overline{(P_7)}$

$1 \times 26726960826O147°° =$ 　$[(3 \times 9438743° \times 1) = 283162290(Q_7) + (1_2) = 1(R_7)] = 283162291(T_7)$

$(26726960876O147°°)$

$\qquad\qquad\qquad\qquad\qquad\qquad\qquad\qquad\qquad 1 \times 283162291 = 283162291$

（实）

$$\sqrt[3]{102,832,119,125}=4\,6\,8\,5$$

第一商数 **4** $\dfrac{6\,4}{3\,8\,(8\,3\,2)=N_1^{①}}$ $=a^3$

第二商数 **6** $\dfrac{2\,8\,8}{1\,0\,0\,3\,2\,(1\,1\,9)}$ $=6P_1=3a^2b$

第二余实 $\dfrac{4\,5\,3\,6}{5\,4\,9\,6\,(1\,1\,9)}$ $\begin{aligned}&=6T_1=3ab^2+b^3\\&-N_2^{②}\end{aligned}$

第三商数 **8** $\dfrac{5\,0\,7\,8\,4}{4\,1\,7\,7\,1\,9\,(1\,2\,5)}$ $=8P_2=3(a+b)^2c$

第三余实 $\dfrac{8\,8\,8\,3\,2}{3\,2\,8\,8\,8\,7\,(1\,2\,5)}$ $\begin{aligned}&=8T_2=3(a+b)c^2+c^3\\&=N_3^{③}\end{aligned}$

第四商数 **5** $\dfrac{3\,2\,8\,5\,3\,6\,0}{3\,5\,1\,1\,2\,5}$ $=5P_3=3(a+b+c)^2d$

第四余实 $\dfrac{3\,5\,1\,1\,2\,5}{0}$ $\begin{aligned}&=5T_3=3(a+b+c)d^2+d^3\\&=N_4\end{aligned}$

---

① 此处 $\dfrac{N_1}{P_1}=\dfrac{N_1}{3a^2}=\dfrac{38832}{48^{\circ\circ}}\approx\dfrac{388}{48}\approx6\,(=b)$，用归除歌诀。

② 此处 $\dfrac{N_2}{P_2}=\dfrac{N_2}{3(a+b)^2}=\dfrac{5496119}{6348^{\circ\circ}}\approx\dfrac{549}{63}\approx8\,(=c)$，用归除歌诀。

③ 此处 $\dfrac{N_3}{P_3}=\dfrac{N_3}{3(a+b+c)^2}=\dfrac{328887125}{657072^{\circ\circ}}\approx\dfrac{328}{65}\approx5\,(=d)$，用归除歌诀。

（方法）	（廉法）	（隅）
$(4°)=$	$4°$	$a=4$　初商
$16°°$	$\dfrac{×6}{24°}=b$	$b=6$　次商
$P_1=\dfrac{×3}{48°°}=3a^2$	$Q_1=\dfrac{×3}{72°}=3ab$	
$2Q_1=144°=6ab$		
$3R_1=108=3b^2$	$\begin{array}{l}R_1=\overline{36}=\dfrac{b^2}{}\\T_1=\overline{756}=\overline{3ab+b^2}\end{array}$	
$P_2=\overline{6348°°}=\overline{3(a+b)^2}$		
	$46°$	
	$\dfrac{×8}{368°}=c$	$c=8$　次商或三商
$2Q_2=22080=6(a+b)c$	$Q_2=\dfrac{×3}{11040}=3(a\div b)c$	
$3R_2=192=3c^2$	$R_2=64=c^2$	
$P_3=\overline{657072}=\overline{3(a+b+c)^2}$	$T_2=\overline{11104}=\underline{3(a+b)c+c^2}$	
	$468°$	
	$\dfrac{×5}{234°}=d$	$d=5$　四商
	$Q_3=\dfrac{×3}{70200}=3(a+b+c)d$	
	$R_3=25=d^2$	
	$T_3=\overline{70225}=\overline{3(a+b+c)d+d^2}$	

并在求 b,c,d 各商约数的阶段,用着珠算归除法。

如上例 $\sqrt[3]{102832119125}$。

除初商 $4^3=64$ 后,余实 $N_1=38(832)$。

用 $P_1=3a^2=48°°$ 来约次商,

即

$$\frac{N_1}{P_1} = \frac{N_1}{3a^2} = \frac{38(832)}{48^{\circ\circ}} = \frac{388}{48} = 6,$$

此处 $38(832) \div 48^{\circ\circ}$（为法归除之）。

（四归三）		$3\,8\,(8\,3\,2)$	
（呼四三七十二）	7	$+\ 2$	$3\,0 \div 4 = 7$ 余 2
（少除呼四归）	-1	$+\ 4$	
（起一下还四）	$\underline{\underline{6}}$	$\overline{1\,4\,8\,3\,2}$	
（呼六八除四十八）		$-\ 4\,8$	$4\,8 = 6 \times 8$
		$\overline{1\,0\,0\,3\,2}$	

又 $10032(119)$ 除次商 6 乘 P_1 和 T_1 后，余实 $N_2 = 5496(119)$。

又用 $P_2 = 3(a+b)^2 = 6348^{\circ\circ}$ 或 63 来约三商，

即

$$\frac{N_2}{P_2} = \frac{N_2}{3(a+b)^2} = \frac{5,496,(119)}{6348^{\circ\circ}} = \frac{549}{63} = 8,$$

此处 $5496(119) \div 6348^{\circ\circ}$（为法归除之）。

（六归五）		$5496(119)$	
（呼六五八十二）	$\underline{\underline{8}}$	$+2$	$50 \div 6 = 8$ 余 2
		$\overline{69}$	
（呼三八除二十四）		-24	$24 = 3 \times 8$
		$\overline{456}$	
（又呼四八除三十二）		-32	$32 = 4 \times 8$
		$\overline{4241}$	
（又呼八八除六十四）		-64	$64 = 8 \times 8$
		$\overline{417719}$	

又 417719(125)除再商 8 乘 P_2 和 T_2 后,余实 $N_3 = 328887(125)$,

用 $P_3 = 3(a+b+c)^2 = 657072$ 或 65 来约四商,

即

$$\frac{N_3}{P_3} = \frac{N_3}{3(a+b+c)^2} = \frac{328887(125)}{657072^{\circ\circ}} = \frac{328}{65} = 5,$$

此处 $328887(125) \div 657072^{\circ\circ}$(为法归除之)。

（六归三）		328887125	
（呼六三添作五）	5	$\dfrac{0}{28}$	
（呼五五除二十五）		$-\dfrac{25}{38}$	$25 = 5\times5$
（呼七五除三十五）		$-\dfrac{35}{38}$	$35 = 7\times5$
（呼零五除零）		$-\dfrac{0}{387}$	$0 = 0\times5$
（呼七五除三十五）		$-\dfrac{35}{3521}$	$35 = 7\times5$
（呼二五除一十）		$-\dfrac{10}{351125}$	$10 = 2\times5$

（注）珠算术于十五、十六世纪在中国风行之后,世界亦十分注意,十九世纪西人

J. Goschkewitsch(1858 年)；　　R. Van Name(1875 年)；

L. Rodet(1880 年)；　　　　　　De La Couperie(1883 年)；

Cargill G. Knott(1885 年)；　　A. Vissiére(1892 年)

都有说述。其中 Cargill G. knott 比较有研究,曾就珠算开平方,开立方术加以分析,并附自己的见解,如:

关于开平方,因

$$(a+b+c+d+\cdots)^2$$

$$=a^2$$

$$+2\left[\left(a+\frac{b}{2}\right)b\right]$$

$$+2\left[(a+b)\frac{c}{2}\right]c$$

$$+2\left[(a+b+c)+\frac{d}{2}\right]d$$

$$+\cdots,$$

而举出数例,

（例一）　　　　$\sqrt{1\ 5\ 2\ 1}=39$。

　　　　　　　　　$1\ 5\ 2\ 1$

$-3^2(=a^2)$ …………… $6(2\ 1)$	①	$=N_1$
$\div 2$ ………………………… $3\ 1\ 0$	·5	
$-3°\times 9(=b)$ …………… $4\ 0$	·5	
$-\dfrac{9^2}{2}\left(=\dfrac{b^2}{2}\right)$ …………… 0		$=N_2$

（例二）　　　$\sqrt{4\ 1\ 8\ 6\ 0\ 9}=647$。

　　　　　　　　$4\ 1\ 8\ 6\ 0\ 9$

$-6^2(=a^3)$ ………… $5(8\ 6)0\ 9$	②	$=N_1$
$\div 2$ ………………… $2(9\ 3)0\ 4$	·5	
$-6°\times 4(=b)$ ………… $5\ 3\ 0\ 4$	·5	

---

　　① 在珠算实际计算时,点线右边的"小数"和"分数"项,可如筹算"寄母"的方法,将它另寄在右边或左边。

　　② 在珠算实际计算时,点线右边的"小数"和"分数"项,可如筹算"寄母"的方法,将它另寄在右边或左边。

$$-\frac{4^2}{2}\left(=\frac{b^2}{2}\right) \cdots\cdots\cdots\cdots\quad 4\ 5(0\ 4)\quad\Big|\quad \cdot 5\qquad\qquad =N_2$$

$$-64°×7(=c)\quad\cdots\cdots\cdots\cdots\quad 2\ 4\quad\Big|\quad \cdot 5$$

$$-\frac{7^2}{2}\left(=\frac{c^2}{2}\right)\quad\cdots\cdots\cdots\cdots\cdots\quad 0\quad\Big|\qquad\qquad\qquad =N_3$$

关于开立方，因

$$(a+b+c+d+e+f+\cdots)^3$$

$$=a^3$$

$$+b^3+3ab^2+2a^2b$$

$$+c^3+3(a+b)c^2+3(a+b)^2c$$

$$+d^3+3(a+b+c)d^2+3(a+b+c)^2d$$

$$+e^3+3(a+b+c+d)e^2+3(a+b+c+d)^2e$$

$$+\cdots$$

$$=a^3$$

$$+3a(a+b)b+b^3$$

$$+3(a+b)(a+b+c)c+c^3$$

$$+3(a+b+c)(a+b+c+d)d+d^3$$

$$+3(a+b+c+d)(a+b+c+d+e)e+e^3$$

$$+\cdots$$

$$=a^3$$

$$+3a\left[(a+b)b+\frac{b^3}{3a}\right]$$

$$+3(a+b)\left[(a+b+c)c+\frac{c^3}{3(a+b)}\right]$$

$$+3(a+b+c)\left[(a+b+c+d)d+\frac{d^3}{3(a+b+c)}\right]$$

$$+3(a+b+c+d)\left[(a+b+c+d+e)e+\frac{e^3}{3(a+b+c+d)}\right]$$

$$+\cdots,$$

亦举出数例。

（例一） $\sqrt[3]{1\,2\,1\,6\,7}=2\,3$。

	1 2 1 6 7		
$-2^3(=a^3)$	4（1 6 7）	①	$=N_1$
$\div2(=a)$	2 0 8 3	$\dfrac{1}{2}$	
$\div3$	6 9 4	$\dfrac{1\frac{1}{2}}{3}$	
$-23^\circ\times3(=b)$	4	$\dfrac{1\frac{1}{2}}{3}$	
$\times3$	1 3	$\dfrac{1}{2}$	
$\times2(=a)$	2 7		
$-3^3(=b^3)$	0		$=N_2$

---

① 在珠算实际计算时,点线右边的"分数"或"小数"项,可如筹算"寄母"的方法,将它另寄在右边或左边。

（例二）　　$\sqrt[3]{2\,0\,5\,3\,7\,9}=5\,9$。

$$2\,0\,5\,3\,7\,9$$

-5^3	$8\,0\,(3\,7\,9)$	①
$\div5$	$1\,6\ 0\,7\,5$	$\cdot\,8$
$\div3$	$5\ 3\,8\,8$	$\cdot\,6$
$-59°\times9$	$4\,8$	$\cdot\,6$
$\times3$	$1\,4\,5$	$\cdot\,8$
$\times5$	$7\,2\,9$	
-9^3	0	

---

① 在珠算实际计算时,点线右边的"分数"或"小数"项,可如筹算"寄母"的方法,将它另寄在右边或左边。

421

（例三）　　　$\sqrt[3]{1\,0\,2\,5\,0\,3\,2\,3\,2} = 4\,6\,8$。

$$1\,0\,2\,5\,0\,3\,2\,3\,2$$

-4^3	$3\,8\,(5\,0\,3)$	$= N_1$
$\div 4$ ·················· $9\,6\,2\,5$		$\dfrac{3}{4}$
$\div 3$ ·················· $3\,2\,0\,8$		$\dfrac{1\,\frac{3}{4}}{3}$
$-46° \times 6$ ·················· $4\,4\,8$		$\dfrac{1\,\frac{3}{4}}{3}$
$\times 3$ ·················· $1\,3\,4\,5$		$\dfrac{3}{4}$
$\times 4$ ·················· $5\,3\,8\,3$		
-6^3	$5\,1\,6\,7\,(2\,3\,2)$	$= N_2$
$\div 46$	$1\,1\,2\,3\,3\,1$	$\dfrac{6}{46}$
$\div 3$	$3\,7\,4\,4\,3$	$\dfrac{2\,\frac{6}{46}}{3}$
$-468° \times 8$	3	$\dfrac{2\,\frac{6}{46}}{3}$
$\times 3$	$1\,1$	$\dfrac{6}{46}$
$\times 46$	$5\,1\,2$	
-8^3	0	$= N_3$

（例四）　　$\sqrt[3]{19\ 356\ 769\ 125}=2\ 6\ 8\ 5\ 。$

　　　　　　　　1 9　3 5 6　7 6 9　1 2 5

-2^3 ……………… 1 1 (3 5 6)　　　　$=N_1$

$\div2$ …………… 5　6 7 8

$\div3$ …………… 1　8 9 2　　　$\dfrac{2}{3}$

$-26°\times6$ ………… 3 3 2　　　$\dfrac{2}{3}$

$\times3$ ………………… 9 9 8

$\times2$ ………………… 1　9 9 6

-6^3 ……………… 1　7 8 0 (7 6 9)　　　$=N_2$

$\div26$ ……………… 　6 8　4 9 1　　$\dfrac{3}{26}$

$\div3$ ………………… 2 2　8 3 0　　$1\dfrac{\dfrac{3}{26}}{3}$

$-268°\times8$ …………… 　1　3 9 0　　$1\dfrac{\dfrac{3}{26}}{3}$

$\times3$ ………………… 　4　1 7 1　　$\dfrac{3}{26}$

$\times26$ …………………1 0 8　4 4 9

-8^3 …………………1 0 7　9 3 7 (1 2 5)　　　$=N_3$

$\div268$ ………………… 　4 0 2　7 5 0　　$\dfrac{125}{268}$

$\div3$ ………………… 1 3 4　2 5 0　　$\dfrac{\dfrac{125}{268}}{3}$

$-2685°\times5$ ……………………………　$\dfrac{\dfrac{125}{268}}{3}$

$\times3$　　　　　　　　　　　　　　$\dfrac{125}{268}$

$\times268$ ……………………………… 1 2 5

-5^3 ………………………………… 0

以上参看:(日本)山崎与右卫门编《东西算盘文献集》,第1~59页,译自:Cargill G. Knott, *The Abacus, in its Historic and Scientific Aspects*(Read December 16th, 1885), *Transactions of the Asiatic Society of Japan*, Vol. XIV, 1886 年.

吴敬《九章详注比类还源开方算法大全》卷第十还介绍"开三乘方法"。

法曰:置积若干为实,另置一算,名曰下法,常超三位,一乘超一位,二乘超二位,三乘超三位。万下定十。亿下定百。约实下法,定亿。商置第一位,得若干。下法亦置上商。为若干。再自乘,得若干。为隅法。与上商若干除实若干,余实若干,乃四乘隅法得若干为方法下法。再置上商,为若干。副置二位,第一位自乘得若干,又以六乘得若干为上廉,第二位以四乘得若干为下廉。乃方法一退得若干,上廉再退,得若干。下廉三退,下法四退。得若干。

第七章 明末清初珠算说明书(一)

公元十五、十六世纪珠算术出现之后,即需要说明书。此项珠算说明书,流传最广的,当推程大位《算法统宗》(1592 年)。此书还流传到日本,被作为研究珠算术的范本。在《算法统宗》(1592年)出现前后,即明末清初还有些珠算说明书,流行在市上。此项算书多辗转钞集,亦有不记撰人姓氏,不记撰述、修订和刊刻年月的。为了说明当时珠算流传情况,采择数种说述如下:

(一)《新镌九龙易诀算法》二卷。

（二）《盘珠算法》二卷（1573 年），徐心鲁订正。

（三）《数学通轨》四卷（1578 年），柯尚迁撰。

（四）《算学新说》二卷（约 1584 年），朱载堉撰。

（五）《铜陵算法》二卷。

（六）《算法统宗》十七卷（1592 年），程大位撰。

（一）《新镌九龙易诀算法》二卷

此书未记撰人姓名和撰刻年月。日本内阁文库现藏本只有卷一，一卷题："联捷堂兑行"。其中序文全采"纂图增新群书类要"：《事林广记》辛集上卷"算法源流"。又卷一"算至极数"等项，先采《事林广记》辛集所记的。《事林广记》癸集曾记有至元三十年（1293 年），元贞元年（1295 年），大德三年（1299 年）事项，是元人著作。

此书"算至极数"以后，另介绍"上法念九九数"、"退法总念"各歌诀，又记有"珠算算盘图式"。全书各诀，又和《盘珠算法》卷之一（1573 年）各诀相同。可对照如下：

《盘珠算法》卷之一（1573 年）	《九龙易诀算法》卷一
隶首上诀	上法念九九歌
退法要诀	退法总念
归法总诀	归法总念
乘法	乘法诀
归除法诀	归除法歌

其中乘法诀、归除法诀二歌诀，不独正文和《盘珠算法》（1573 年）相同，即注文也是相同。此书至迟是明末珠算说明书之一。

《新镌九龙易诀算法》卷之一，序文称：

夫算法者,伏羲始书八卦,周公叙述《九章》。至于玄元益
古知精如积细草,其旨渊异(奥)₁,难可寻绎。初学者无所措
手。其加减、因折、乘除之法,所以上揆星躔,下营地理₂,巨无
不揽,细无不规。其间谷帛买卖,赋物(役)均输,罔弗备具。
至于修筑积垛,浅深₃广远,高厚长短,于纵横之间,举一至万,
如示诸掌。苟能通此,其求一、驱怯、飞归之₄法,自解之矣,算
者详之₅①

又记有:

　　"算至极数

十一曰十	十十曰百	十百曰千	十千曰万
十万曰亿	十亿曰兆	十兆曰京	十京曰垓
十垓曰秭	十秭曰穰	十穰曰沟	十沟曰涧
十涧曰正	十正曰载	十载曰极。"	

《纂图增新群书类要》:《事林广记》

辛集上卷

算法类　算附一尺法,内记,

　　"算法源流

夫算法者,伏羲始书八卦,周公叙述《九章》。至于玄元益古,
如积细草,其旨渊奥,难可寻绎。初学者无所措手。其加减、因折、
乘除之法,所以上揆星躔,下营地理,巨无不揽,细无不规。其间谷
帛买卖,赋役均输,罔弗备具。至于修筑积垛浅深广远,高厚长短,

---

　　①　此序和《纂图增新群书类要》—《事林广记》辛集上卷,算法类"算法源流"相同(按《事林广记》癸集记有 1293,1295,1299 各条)。

于纵横之间,举一至万,如示诸掌。苟能通此,其求一、驱怯、飞归
之法,自解矣。

　　算至极数

……　……

　　累算数法

……　……

　　足数展省

一加三　二加六　……　　　　　　　　　　　十与一同

　　省数归足

一:七七　　　二:一五四　　　三:二卅一

四:三小八　　　五:三八五　　　六:四六二

七:五卅九　　　八:六一六　　　九:六九三　　十与一同①

　　九九算法

……　……

　　亥字算法

……　……

　　置位加减因折

横千竖百　　　卧十立一　　　五不单张　　　六不积聚

因从上因　　　折从下折　　　加从下加　　　减从下减。"

　　(二)《盘珠算法》二卷(1573 年)

　　《盘珠算法》全名作:

_____

　　①　这是"七十七省陌"计算歌诀,《古今图书集成》历法典第 137 卷,数目部:
"九陌线"条引称:"唐昭宗末,京师用钱每百才八十五,河南府以八十为百,五代钱
出入皆以八十为陌,汉三司使王章始令入者八十,出者七十七谓之省陌。"

"新刻订正家传秘诀《盘珠算法》士民利用"卷之一,卷之二;书
前有:

"闽建｜徐氏心鲁订正

书林｜熊氏台南刊行"。

书末有:

"万历新岁仲夏₁

月熊台南刊行₂"

各二行。原书日本内阁文库藏。

《盘珠算法》附图

此书由徐心鲁订正,万历元年(1573 年)刊行共二卷,是在程大位《算法统宗》(1592 年)之前。目录如下:

《盘珠算法》二卷

第一卷　目录

隶首上诀　退法要诀

归法总诀　乘法　归除法诀　归除乘法式　金蝉脱壳

诀法　二字奇法　狮子滚球法　铺地锦

算垛物诀法　田中算稻歌诀　算圆束木法　算方束木歌

法　度影量木歌法

圆仓　堆尖　指明歌诀方仓、外角、倚壁、内角、员窖

算孕妇生男女诀法　断人生死诀法　初学累算数法

算钱两法式　钱两分数图　算米麦法式图　算匹帛法格

图　一掌金手图。

第二卷　目录

算丈量田法　田形歌诀　又诀法　方圆规矩　田形之

图　假分田地歌　算舡法式　算斤斗数法。

《盘珠算法》

第一卷上栏,记:

第一上法　　第一退法　　第二上法　　第二退法

第三上法　　第三退法　　…………　　…………

第九上法　　第九退法。

还原用乘法

二因法　　二归法　　三因法式　　三归法式

………　　………　　九因法式　　九归法式

算至极数法　　小名数法　　论粮数起粟法

论斤两起于黍　　论尺寸起于忽。

第二卷上栏，记：

二归式	二因还成式	三因法式	三归还原式
四归法式	四因法式	五因法式	五归法式
六归法式	六因法式	七因法式	七归法式
八归法式	八因法式	九因法式	九归法式

算麻歌法　　杂法。

第二卷上栏，最后记：

马子暗数

壹，贰，叁，肆，伍，陆，柒，捌，玖，拾；

｜，‖，‖，乂，子，⊥，⊥，≜，文，｜；

鸡，犬，猪，羊，牛，马，人，谷，麻，粟。

前此王文素《算学宝鉴》（1524 年）尚作：

壹，贰，叁，肆，伍，陆，柒，捌，玖，拾；零或空

｜，‖，‖，乂，〇，⊥，⊥，≜，文，一；　〇

（三）《数学通轨》四卷（1578 年）

《数学通轨》四卷，万历六年（1578 年）柯尚迁撰。柯尚迁，柯时偕弟，明福建长乐下屿人。字乔可，自号阳石山人，嘉靖二十八年（1549 年）由贡生官邢台县丞。[①] 又《长乐县志》（1869 年）卷十八艺文，第三页，称：

"明柯尚迁《周礼全经释原》十二卷，又附录十二卷，《曲礼全

---

① 参看《数学通轨》原书，同治己巳（1869 年）重修本，《长乐县志》卷十一下，选举下，第五页。

经》十五卷。

案《旧志》作《三礼全经》亦无卷数,今从《续通志》。"

现在江苏省立《国学图书馆总目》(1936 年)卷四,第三页,善本书内有:

> 明柯尚迁《周礼全经释原》十四卷,又附《周礼通论》一卷,《周礼传叙伦》一卷,隆庆年(1567~1572)刊。

未录有《数学通轨》。

现在日本三重县,宇治山田市的神宫文库藏有明万历六年(1578 年)长乐柯尚迁《曲礼外集》,补《学礼六艺》,有附录《数学通轨》集之十五,一册。卷末记明:

天明四年(1784 年)甲辰八月吉旦奉纳₁

皇太神宫林崎文库,以期不朽₂,

京都勤思堂村井,古巖,敬义拜₃

三行。[1]

此书有"初定算盘图式",[2]和程大位《算法统宗》(1592 年)卷前所记相同,可是时代较前,是明末的珠算说明书。

(四)《算学新说》二卷

《算学新说》二卷朱载堉(1536~1610?)撰。此书万历三十一

---

① 《东洋学报》第二十卷,昭和七年(1931 年),第 230 页;又藤原松三郎(? ~ 1946):《和算史》研究,I,"和算卜支那数学卜,交涉",《东北数学杂志》,Vol. 46, 1939 年,第 130 页。

② 据李俨传钞本《数学通轨》一册。

年(1603 年)刻完。可是万历十二年(1584 年)朱载堉著的《律学新说》,已经提到《算学新说》。至迟是和《算学新说》同时撰出。此书卷首有:"初学凡例",和"大数,小数,平方积,立方积"各数。并详细介绍如何用十七位(即十七档),七珠的珠盘,和应用珠算上法,退法,归除法,撞归法的歌诀,来演算开平方,开立方的实例。

(五)《铜陵算法》

此书未详著书人姓名。日本村濑义益《算学勿惮改》(1673 年)序文曾称:"《桐陵九章捷径算法》,《算法启蒙》,《直指统宗》,为异朝之书"。又日本关孝和《括要算法》(1709 年),和水户彰考馆天文历算总目录,都提到《铜陵算法》。

(六)《算法统宗》十七卷(1592 年)

《算法统宗》十七卷,万历壬辰(1592 年)程大位撰。

最先刻本此书卷前题"三桂堂王振华梓",卷末题有:

"万历壬辰(1592 年)五月

宾渠旅舍梓行"

二行,有万历壬辰(1592 年)夏五月甲子程大位序文,共十七卷。

全书序文和目录,如下:

书直指算法统宗后:

数居六艺之一,其来尚矣。盖自虑戏宰世[1],龙马负图,而数肇端,轩后纪历,隶首作算[2],而法始衍。故圣人继天立极,所以齐度量[3],而立民信者,不外黄钟九寸之管,所以定[4]四时而成岁功者,不外周天三百六十五[5]度之数。以至远而天地之高广,近而山川[6]之浩衍,大而[7]朝廷军国之需,小而民生日用之

《铜陵算法》第九页

费，皆莫[8]能外，数讵不重已哉。予幼耽习是学，弱冠[9]商游吴
楚，遍访明师，绎其文义，审其成法[10]归而覃思于率水之上，余
二十年，一旦恍[11]然，若有所得。遂于是乎参会诸家之法，附[12]
以一得之愚，纂集成编。诸凡前法之未发[13]者明之，未备者补
之，繁芜者删之，疏略者[14]详之。而又为之订其讹谬，别其序
次，清其[15]句读，俾上智见解于筌蹄之外而成学，亦[16]可缘是以
获鱼兔，岂敢曰立我[17]明一代算数之宗，聊以启后学之成式尔[18]

《算法统宗》,"师生问难"图

已。虽然图以列陈,而以图陈者不尽兵之[19]法。书以传御,而以书御者不尽马之情。则今日算数之编,亦图陈书御算(耳),要以缘[20]尺度以求窾系(綮?),得神理而忘数象,则必有[21]比类旁通,如孙吴之兵,王良造父之御在。[22]不然,累寸者至尺必差,积铢者至两必谬。[23]即一一按之成法,其何能周天下无穷之[24]变,而亦岂吾锓梓以传之意也哉。周漆园[25]吏有言:迹,履之所出,而迹岂履哉,吾于是[26]法亦云[27]。

万历壬辰夏五甲子新安后学程大位识[28]。

《算法统宗》十七卷

目录

第八章　明末清初珠算说明书（二）

十六世纪末叶程大位《算法统宗》（1592 年）流传之后到十七

世纪初叶,民间算数家还计划收集前世纪的珠算说明书,加以修订作为己有,或不记撰人姓氏,不记撰述、修订和刊刻年月的,如:

(一)《算法全书》四卷,(1675 年)蒋守诚撰;

(二)《指明算法》二卷,(约 1684 年)王相订;

(三)《算法指掌》五卷或《指掌算法》五卷;

(四)《简捷易明算法》四卷,沈士桂撰;

(五)祖述算经三卷,俞笃培辑(1722 年),王相题;

各书。

(一)《算法全书》四卷

《算法全书》四卷,蒋守诚撰,书前有康熙十四年(1675 年)自序,[1]蒋守诚又撰有《绘意云笺》四册,书前有康熙十六年(1677 年)自序。[2]

《算法全书》是清初珠算说明书之一。

(二)《指明算法》二卷

现有《指明算法》二卷,书面题:

---

[1] 朝鲜总督府藏有蒋守诚《算法全书》四卷残本,缺卷三,卷四。李俨藏有蒋守诚《算法全书》四卷,书前有乾隆四年(1739 年)自序。其中"乾隆四年"(1739 年)四字,当是复刊时挖改的;另参看藤原松三郎:"支那数学史の研究",IV,《东北数学杂志》第四十八卷(1941 年);李俨:《中算史论丛》第二集,第 269 页。

[2] 北大图书馆藏《绘意云笺》四册(1677),题:

"义兴蒋守诚正先编辑。

临川王相晋升参订。"

又第四卷,题:"琅琊王相,晋升汇选。"

临川:明为江西省抚州府治,清因之。

义兴:今安徽霍山县地。

琅琊:在安徽滁县西南十里琅琊山中。

　　"汪讱庵先生订

　　《指明算法》

　　集新堂藏版"。

书前有"讱庵王相晋升题"序。[1]

　　《指明算法》序

　　　　古者生子能言,即教之以数目方名。及夫八岁皆入小学[1],
教之以洒扫应对进退之节,礼乐射御书数之文。数之列[2]于六
艺,其犹五常之于信乎。即礼之等威,品节,乐之音节,宫律,射御之行
耦,轨范,书画之声义,纵横,莫不准之于数也。古有九章之法,以教数
学,其[3]法虽湮,其名具在,学者循名求迹,而算法兴焉。于以上
稽乾象,下度坤舆。大而国储,小而家计。非数莫稽,非算莫明,非法莫备,总
不越盈缩乘除之术而已。旧有铜陵总龟诸家算法,非不精详。奈何刊者恒有
鱼鲁之讹。友人俞笃培氏谓他书之讹或可证诸学者。惟算学一[4]书,真所
谓毫厘之差千里之谬,胡可不正。于是重订《指明算法》[5]行
世,详晰而精微,简易而洞彻。术无不该,字无不正,使学[6]者
一览了然,诚数学之津梁,钧衡之秘宝也。识者鉴诸[7]。

　　　　　　　　　　　　　　　　讱庵王相晋升题。

----

　　① 　王相字晋升,号讱庵,临川或琅邪人,亦误作汪讱庵。曾参订蒋守诚《绘意
云笺》(1677 年)。又自撰卜筮书:《增补玉匣记通书》(1684 年),题"康熙甲子
(1684 年)嘉平琅邪王相,晋升议"(参看藤原松三郎:"支那数学史の研究",Ⅳ,《东
北数学杂志》第四十八卷,1941 年)。
　　现在《指明算法》二卷有集新堂藏版本,即福州集新堂藏版本,题"戊戌(1718
年)瓜月重写新镌"(日本小仓金之助收藏)。
　　又有"新镌校正,《指明算法》二卷,金陵郑元美校正,以文居藏版",未记撰述和
刊刻年月(日本冈本则录收藏)。

《新镌校正指明算法》目录

集新堂梓行

卷上：

算盘定式　　九九上法　　九九退法　　九归歌　　九因合数　九归歌　　乘除加减倍折总诀　　算至极数法大数　　小数　　丈尺　粮数　斤两　田亩　变算口诀　　算学节要　　分别法实左右图　　九归算法,九因还原法　　乘法　　归除法　　撞归法　起一还原法　　便蒙法实总诀　　混归法歌诀　　分别物价乘除法　　实歌诀　　斤两法歌　　截两成斤歌　　倾煎论色。

卷下：

丈量田地法并图式歌诀　　田亩科粮带耗法　　田中算稻法　盘算仓窖法并图式歌诀　盐场散推量算引法　　算土方法　　算量船载米法　　垛物法　　度影量木歌　　方圆三　　棱束法并图式歌诀　　堆垛法总歌　　半堆歌差分法　　异乘同除法　　同乘导除法　　异乘同乘法　　异除同除法　　同乘同除法　　贵贱差分法　　盈朒法　　难法歌　　定身减法加法　　金蝉脱壳法即蠡子数　　加一除原法　　加双除倍法　　铺地锦歌并图式歌诀掌中定位法并图式歌诀　　一掌金法。

(三)《算法指掌》五卷

现另有《算法指掌》五卷,书面题：

"新镌校正《指掌算法》"

"文富堂藏版。"

此书未记撰人姓氏,撰述或修订和刊刻年月。惟体例和《指明算法》,《算法指明》大体相同,因附记目录。此书是清初珠算说明书之一。光绪九年(1883 年)还有印本。

其中一归一除至九归九除,是飞归的全部歌诀,即由 11 除到 99 除的歌诀。

《算法指掌》卷一,"初学盘式"图

《新镌校正指掌算法》目录

文富堂藏版

卷一:

九九上法　　九九退法　　九归歌　　乘除加减,倍折总诀
算至极数法　　变算口诀　　算学节要　　九归算法,九因还
原法。

卷二：

一归一除至三归九除。

卷三：

四归一除至六归九除。

卷四：

七归一除至九归九除。

卷五：

斤两法歌　　截两成斤歌　　粮仓方圆歌

铺地锦　　　定位掌图。

(四)《简捷易明算法》四卷

《简捷易明算法》四卷,沈士桂撰。士桂,字丹甫,武林人,或作西陵人。此书未著撰著年月。较早刊印年月在康熙四十六年(1707 年),[①]是清初珠算说明书之一。

---

① 此书有数种传刻本,参看李俨:《中算史论丛》第二集,第 151 页:"近代中算著述记",又有 1805,1829,1848 各年刻本。

第六编　西洋历算之输入(一)

第一章　利玛窦之东来

　　十六世纪西洋天主教徒东来活动,最为显著。但在万历十年
(1582 年)以前,此项教徒多附葡萄牙和西班牙商人香料等货船东
来,未曾深入内地。对于中国,在科学上也无所贡献。[①] 自利玛窦
来华,方开展西洋历算输入的新纪元。先是元明历算,为回回教徒
所主持,至此已成弩末,遂逐渐由天主教徒,取而代之。

　　利玛窦(Matteo Ricci),字西泰,意大利国人,1552 年(明嘉靖
三十一年)10 月 6 日生于安柯那边界(la marche d'Ancône)玛塞拉
搭城(Macerata)。十余岁时其父送他到罗马入学三年(1567 ~
1571),又入显修会,在神学校(Collegio Romano)研习科学(1572 ~
1577),从名师丁先生(Clavius)学习数学。1577 年(万历五年)请
愿东来传教,航行五年,在 1582 年(万历十年)到达广东香山墺。

---

　　① 　见裴化行(H. Bernard)著,萧濬华译:《天主教十六世纪在华传教志》(*Aux
Portes de la Chine*, *Les Missionnaires du XVI*ᵉ *Siècle*, 1514 ~ 1588),上海,商务印书馆
1936 年版。

先学中国语言文字,次年(1583 年)和罗明坚(Michel Ruggievi,1543～1607)同入广东省城端州(肇庆府),万历十一年(1583 年)福建莆田人郭应聘以右都御史,兼兵部侍郎,任广东制台,和肇庆府王泮,都和利玛窦相好,筑室给他居住。万历十六年(1588 年)灵璧人刘继文以兵部侍郎兼佥都御史,任端州府。主张放逐耶稣会士。十七年(1589 年)因由韶州经南雄到南京。利玛窦在肇庆、韶州识瞿汝夔,在南雄识王应麟,二十三年(1595 年)北行到南京又折回南昌。利玛窦在南京识徐光启。至万历二十六年(1598年),随新补礼部尚书广东南海人王弘海等到北京,二十七年(1599年)被遣回居南京。利玛窦既然广交当时知名人士,因于万历二十八年(1600 年)谋再到北京。[①] 明神宗万历二十八年(1600 年)十二月甲戌(五日)《实录》卷三五四,称:"天津税监马堂,奏:远夷利玛窦所贡方物,暨随身行李,译审已明,封记题知,上令方物解进,(利)玛窦伴送入京,仍下部译审。"又万历二十九年(1601 年)二月庚午朔《实录》卷三五六称:"天津河御用监少监马堂解进大西洋利玛窦进贡土物并行李。"据《正教奉褒》内,万历二十八年十二月二十四日利玛窦贡表,知其所贡的,有天主图像一幅,天主母图像二

① 见:H. Bernard, E. C. Werner trad., *Matteo Ricci's Scientific Contribution to China*, 1935, Henri Vetch, Peiping.

L. Pfister, S. j., *Notices biographigues et bibliographigues sur les Jésuites de L'ancienne mission de Chine*, 1552～1773, Tome I, 1932 Imprimerie de la mission Catholigues, Chang-hai.

冯承钧译,《入华耶稣会士列传》(1938 年),上海,商务印书馆出版。

张维华:《明史佛郎机吕宋和兰意大里亚四传注释》,1934 年,燕京大学出版。

《禹贡半月刊》第五卷第三四合期(利玛窦世界地图专号),(1936 年 4 月出版)内:洪煨莲撰,"考利玛窦的世界地图",及中村久次郎撰,周一良译,"利玛窦传"二文。

幅,天主经一本,珍珠镶嵌十字架一座,报时自鸣钟二架,《万国图志》一册,西琴一张。《明史》称:"帝嘉其远来,假馆授粲,结赐优厚。"在北京日和徐光启共译《几何原本》,和李之藻共译《同文算指》等书。是为西洋历算输入中国之始。利玛窦不久去世。《正教奉褒》又称:"利玛窦于万历三十八年闰三月十八日(即 1610 年 5 月 11 日)卒。时北京阜成门外二里沟有籍没私创佛寺三十八间地基二十亩,奉旨付窦茔葬。"现在北京阜成门外马尾沟有"耶稣会士利公之墓"的墓志,记着:

　　利先生讳玛窦,号西泰,大西洋意大里西国人,自幼入会真修。明万历壬午(1583 年)航海入中华行教,万历庚子年(1600 年)来都,万历庚戌年(1610 年)卒,在世五十九年(1552～1610),在会四十二年。

的志文。

第二章　利玛窦译著各书

利玛窦来华后,译著各书计有:

《天主实义》二卷,于万历二十三年(1595 年)刻于南昌,有明燕贻堂刻本(南京国学图书馆有藏本)。书前有万历三十一年(1603 年)利玛窦自序,及李之藻(1565～1630)、冯应京序,此外又有顾凤翔引,汪汝淳跋。

《辩学遗牍》一卷,有明习是斋刻本,附《天主实义》后(南京国学图书馆有藏本）。

《交友论》一卷，以万历二十三年（1595 年）著，二十九年（1601年）冯应京刻于南昌，现有合校本。

《西国记法》，以万历二十三年（1595 年）刻于南昌，《宝颜堂秘笈》及《说郛》有复刻本。

《万国舆图》，始译于万历十二年（1584 年），时在肇庆，万历二十六年（1598 年）刻于南京。

《二十五言》一卷，万历三十二年（1604 年）刻于北京，有冯应京序，徐光启跋。

《西字奇迹》一卷，万历三十三年（1605 年）刻于北京，《宝颜堂秘笈》和《说郛》有复刻本。

《乾坤体义》三卷，利玛窦撰，万历三十三年（1605 年）刻于北京。入清著录于《四库全书》（1781 年）。明万历间余永宁以此书与《法界标旨》合刻。

《测量法义》一卷，附《测量异同》一卷，利玛窦口译，徐光启笔受，刻入《天学初函》。

《勾股义》一卷，题徐光启撰，亦出于利玛窦，刻入《天学初函》。

《浑盖通宪图说》二卷，约万历三十二年编，有万历三十五年（1607 年）漳南郑怀魁刻本（浙江省立图书馆藏）。

《几何原本》前六卷，徐光启、利玛窦共译，万历三十五年（1607年）译成，有万历三十九年（1611 年）刻本。

《畸人十篇》二卷，明刊本（南京国学图书馆藏），有万历三十六年（1608 年）李之藻序，及刘胤昌、周炳谟、王家植、凉庵居士、汪汝淳序。

《同文算指前编》二卷，《通编》八卷，《别编》一卷，利玛窦、李

之藻共译,有万历四十一年(1613 年)李之藻序,万历四十二年
(1614 年)徐光启序。其《前编》二卷,《通编》八卷,有明刻本
(1614 年),藏故宫图书馆及浙江图书馆;《别编》一卷有钞本,藏巴
黎国立图书馆。

《圜容较义》一卷,利玛窦授,李之藻演,有万历四十二年(1614
年)李之藻序,称:此书成于万历三十六年(1608 年)十一月。

利玛窦所译各书,以《几何原本》,及《同文算指》为最著。叶向
高以为:毋论其他学,即译《几何原本》一书,便宜赐葬地矣。《同文
算指》系译自 Clavius,*Epitome arithmeticae practicae*,因版本不同,章
节也有不同之处。① 日人小仓金之助据公元 1592 年本,将原目及
汉译本比较如下。

Clavius *Epitome*	《同文算指》
(Cologne,1592)	
Capt.	《前　编》
(1)numeratio	(1)定位第一
(2)additio	(2)加法第二
(3)subtractio	(3)减法第三
(4)multiplicatio	(4)乘法第四
(5)divisio	(5)除法第五
(6)numeratio fractorum	(6)奇零约法第六
(7)aestimatio fractorum	(7)奇零并母子法第七

---

① Clavius,*Epitome arithmeticae practicae*,1585 年本,旧北京北堂图书馆藏;1592
年本,日本小仓金之助藏;1607 年本,长沙章用藏;此外尚有 1583 年本一种。

（8）fractiones fractorum

（9）reductio fractorum

（10）reductio fractorum

（11）additio fractorum

（12）subtractio fractorum

（13）multiplicatio fractorum

（14）divisio fractorum

（15）insitio fractorum

（16）quaestiunculae

（8）奇零垒析约法第八

（9）化法第九

（10）奇零加法第十

（11）奇零减法第十一

（12）奇零乘法第十二

（13）奇零除法第十三

（14）重零除尽法第十四

（15）通问第十五

《通　编》

	问题数		问题数
（17）regula trium	10	（1）三率准测法第一，	20
			［补8条］
（18）regula trium	5	（2）变测法第二，	11
			［补5条］
eversa			
（19）regula rium	20	（3）重准测法第三，	35
composita			［补14条］
（20）regula societatum	26	（4上）合数差分法第四上，	47
			［补26条］
［无］		（4下）合数差分法第四下，	13
			［补15条］
（21）regula alligationes	7	（5）和较三率法第五，	12
			［补3条］

（22）regula falsi

simplicis positionis　14

（23）regula falsi

duplicis positionis　24

　　　　〔无〕

　　　　〔无〕

（24）progressiones

　　　arithmeticae

（25）progressiones

　　　geometricae

　　　　〔无〕

（26）extractio radicis

　　　quadratae

（27）appropinquatio

　　　radicum

　　　　〔无〕

　　　　〔无〕

（28）extractio radicis

（6）借衰互征法第六，　　19

　　　　　　〔补3条〕

（7）叠借互征法第七，　　28

　　　　　　〔补3条〕

〔又补：

盈朒10条,叠数盈朒8条〕

（8）杂和较乘法第八，

　　　　　　　　〔俱补〕

（9）递加法第九，

　　　　　　〔补例12条〕

（10）倍加法第十，

（11）测量三率法第十一，

　　〔补勾股略15条,总论〕

（12）开平方法第十二，

（13）开平奇零法第十三，

（14）积较和相求,开平方诸法

第十四,〔俱补凡7则〕

（15）带纵诸变开平方法,第十

五,〔俱补凡11则〕

（16）开立方法第十六，

cubicae	（17）广诸乘方法第十七，
［无］	［一乘至七乘寻原］
（29）Appropinquatio	（18）奇零诸乘第十八
radicum in numeris	
non cubis	（《通编》完）

李之藻《同义算指前编》序称："荟辑所闻，厘为三种：《前编》举要，则思已过半；《通编》稍演其例，以通俚俗，间取《九章》补缀，而卒不出原书之范围；《别编》则测圜诸术，存之以俟同志。"即说明其编译之例。至《几何原本》前六卷，译自 Clavius, *Euclidis elementorum libri XV*。[①] 又《圜容较义》译自 Clavius, *Trattato della figura isoperimetre*,[②] 丁先生（Clavius）在当时有"十六世纪之欧几里得之目"，利玛窦、徐光启、李之藻译文又极明显，故其译著各书在当日影响甚大。

第三章　和利玛窦先后来华教士

和利玛窦先后来华教士，计有：

罗明坚·复初（Michel Ruggieri，1543～1607），依大理亚国人，于万历八年（1580 年）来华，见《大西利先生行迹》。

---

① Clavius, *Euclidis elementorum libri XV*，有 1574 年，1589 年，1591 年各种印本。
② 见 Venturi 编《利玛窦中国书信录》, *Opere storiche del P. Matteo Ricci S. I.*, Vol. II, *Le lettere dalla Cina*（1913 年出版）内附录。

麦安东·立修(Antonio d'Almeida,1556～1591),玻耳尔都嘉国(即葡萄牙)人,于万历十三年(1585年)来华,见《大西利先生行迹》。

石芳栖·镇予(François de Petris,1563～1593),依国人,于万历十八年(1590年)来华,见《大西利先生行迹》。

郭居静·仰凤(Lazarus Cattaneo,1560～1640),依国人,于万历二十二年(1594年)来华,见《大西利先生行迹》。

苏如汉·赡清(Jean Soerio,1566～1607)玻国人,于万历二十三年(1595年)来华,见《大西利先生行迹》。

龙华民·精华(Nicolaus Longobardi,1559～1654),依国人,于万历二十五年(1597年)来华,见《大西利先生行迹》。

罗如望·怀中(Jean de Rocha,1566～1623),玻国人,于万历二十六年(1598年)来华,见《大西利先生行迹》。

庞迪峨·顺阳(Didace de Pantoja,1571～1618),依西把尼亚国,Séville人,于万历二十七年(1599年)来华,见沈淮《参远夷疏》及《明史》。

费奇观(一作规)·揆一(Gaspard Ferreira,1571～1649),玻国人,于万历三十二年(1604年)来华,见《南宫署牍》。

王丰肃·则圣(Alphonse Vagnoni,1566～1640),依国人,于万历三十三年(1605年)来华,见黄贞《破邪集》卷一,及《南宫署牍》。后改名高一志·则圣。

林斐理·如泉(Félicien Da Sílva,1578～1614),玻国人,于万历三十三年(1605年)来华,见《南宫署牍》。

熊三拔·有纲(Sabathin de Ursis,1575～1620),依国人,于万历三十四年(1606年)来华,见沈淮,《参远夷疏》。

明季徐光启利玛窦二公小像

（据《格致汇编》）

阳玛诺·演西（Emmanuel Diaz，1574～1659），玻而都瓦尔国（即葡萄牙）人，于万历三十八年（1610 年）来华，见《南宫署牍》及《明史》。

金尼阁·四表（Nicolas Trigault，1577～1628），法兰西国人，于万历三十八年（1610 年）来华，见《代疑篇》。金著有《大明景教流行中国记》（*De Christiana Expeditione apud Sinas Suscepta a Soc. Jesu*

ex P. M. Ricci Commentariis libri，V，
1605）。

毕 方 济 · 今 梁 （François
Sambiasi，1582 ~ 1649），依国人，于
万历四十一年(1613 年)来华。

艾 儒 略 · 思 及 （ Juies Aleni，
1582 ~ 1649)，依国人，于万历四十
一年(1613 年)来华，见《艾先生行
述》及《西海艾先生行述》。

李之藻(1565 ~ 1630)在他自
己卒去之前，曾编印有《天学初函》
共二十种，分成理编，器编；每编十
种，详目如下：

利玛窦(1552 ~ 1610)造像

理编十种：

（一）艾儒略，《西学凡》一卷；

（二）利玛窦，《畸人十篇》二卷；

（三）利玛窦，《交友论》一卷；

（四）利玛窦，《二十五言》一卷；

（五）利玛窦，《天主实义》二卷；

（六）利玛窦，《辩学遗牍》一卷；

（七）庞迪我，《七克》七卷；

（八）毕方济，徐光启，《灵言蠡勺》二卷；

（九）艾儒略，《职方外纪》五卷；

（十）李之藻，《唐景教碑书后》。

器编十种：

（一）熊三拔，徐光启，《泰西水法》六卷；

（二）利玛窦，《浑盖通宪图说》二卷；

（三）利玛窦，徐光启，《几何原本》六卷；

（四）熊三拔，《表度说》一卷；

（五）阳玛诺，《天问略》一卷；

（六）熊三拔，《简平仪说》一卷；

（七）利玛窦，李之藻，《同文算指》二卷，《通编》八卷；

（八）利玛窦，《圜容较义》一卷；

（九）利玛窦，《测量法义》一卷，《测量异同》一卷；

（十）利玛窦，《勾股义》一卷。

其中利玛窦译著各书，除《西国记法》《万国舆图》《西字奇迹》《乾坤体义》四书外，余都收入李之藻所编《天学初函》之内，此书明末流传极广。清《四库全书》（1781年）曾收器编内数种。以后《四库全书存目》子部杂家之内收有李之藻编《天学初函》五十二卷。①

第四章　丁先生传略

利玛窦于《几何原本》序称："至今世又复崛起一名士，为窦所从学《几何》之本师，曰丁先生，开廓此道，益多著述。窦昔游西海，所过名邦，每过颛门名家，辄言后世不可知，若今世以前，则丁先生

---

① 据徐宗泽：《明清间耶稣会士译著提要》，第285～287页，1949年，上海。

之于几何无两也。先生于此书覃精已久,既为之集解,又复推求续补凡二卷,与元书都为十五卷。"丁先生(P. Christophus Clavius, 1537 ~ 1612),1537 年生于 Bamberg,1555 年入显修会,由罗马派至葡萄牙留学,回罗马后,续修神学,并著数学教科书多种,闻名于世。并任教神学校(Collegio Romano),所著书由明末天主教士赍来,现在多数尚藏于旧北京北堂图书馆的,计有:

(1)1296①, Clavius, *Epitome arithmeticae practicae*, (Rome, 1585 年),此书利玛窦,李之藻共译为《同文算指》。

(2)1297 ~ 1298, Clavius, *Euclidis elementorum libri*, *XV* (Rome 1591 年,1603 年),此书利玛窦,徐光启共译为《几何原本》。

(3)1301, Clavius, *Gnomonices libri VIII*,1581.

(4)1291, Clavius, *Astrolabium* (Rome 1593),此书李之藻据以译撰成《浑盖通宪图说》。

(5)1300, Clavius, *Geometrica practicae*,1640.

(6)1299, Clavius, *Fabrica et vsvs instrumenti ad horologiorvm descriptionem peropportvni*,1586.

(7) 1308 ~ 1311, Clavius, *In sphaeram Ioannis de Sacro Bosco Commentarivs*,1585,1602,1606,1607,此书利玛窦据以编撰《乾坤体义》。

此外尚有:

(8)1302, Clavius, *Horologiorum nova descriptio*, Rome,1599.

(9)1304, Clavius, *Novi Calendarii Romani apologia* (Rome,

---

① 此项号码,系据北京《北堂图书馆书目》。

1588）.

（10）1306, Clavius, *Romani Calendarii à Gregorio XIII*（Rome, 1595 年初版）,1609.

（11）1290, Clavius, *Algebra*（Rome,1608）,1609.

（12）Clavius, *Sphoerap*,1585.

（13）Clavius, *Trattato della figura isoperimetre.* 此书利玛窦据以编撰《圜容较义》。

其中（4）,（5）,（6）,（7）,（13）五种合刻为丁氏《数学论丛》, 即 1288, Clavius, *Opera mathematica*,5 Vol. Moguntiae,1612.

在 1582 年,丁先生曾协助教皇格奇利第十三世,修治历法。

第五章　明廷初议改历

元明以来,应用回回历法,至明季已成弩末,故利玛窦深感天文学修养不足,因写信给欧洲耶稣会请派天文学家来华,其与利玛窦先后来华者,有:罗明坚,麦安东,石芳栖,郭居静,苏如汉,龙华民,罗如望,庞迪峨,费奇观,王丰肃,林斐理,熊三拔,阳玛诺,金尼阁,毕方济,艾儒略,郭纳爵诸人。而,龙华民,庞迪峨,熊三拔,艾儒略都精通历算,因徐、李之荐,助修法,《明史》称:万历庚戌（三十八年,1610 年）十一月朔日食,历官推算多谬,朝议将修改,明年五官正周子愚言大西洋归化人庞迪峨,熊三拔等深明历法,其所携历书,有中国载籍所未及者,当令译上,以资采择。礼部侍郎翁正春等,因请仿洪武初设回回历之例,令（庞）迪峨等同测验,从之。《明史记事本末》,称:"万历四十一年（1613 年）,李之藻奏上西洋

天文学说十四事,又请亟开馆局,翻译西法。"万历四十四年(1616
年)礼部郎中徐如珂,侍郎沈潅,给事中晏文辉,余懋孳交章议逐。
徐有"处西人王丰肃议",见《乾坤正义集》卷二十九内《徐念阳公
集》。沈有"参远夷疏",见《破邪集》卷一,内《南宫署牍》。《野获
编》称:"万历四十四年得旨(王)丰肃等送广东抚按,督令西归,其
庞迪峨等晓知历法,礼部请与各官,推演七政,且系向化西来,亦令
归还本国。"时朝廷虽有放逐之义,而推行不力,且西洋历法之精,
已深入人心,至崇祯朝又实行由西人助修历法。

第六章　《崇祯历书》之编纂

十七世纪西士继续来华的,还有邓玉函,汤若望,罗雅谷各人。

邓玉函·涵璞(Jean Terrenz,1576～1630),瑞士国人,明天启
元年(1621年)来华。在野与陕西王征(1571～1644)共译《奇器图
说》三卷。(1627年),刻于扬州,为明季西书七千部流入中国之最
先译汉者。[①]

王征,父应选,亦通算数,著有《算数歌诀》《浒北山翁训子歌》
各一卷。[②]

汤若望·道味(Jean Adam Schall Von Bell,1591～1666)德国

---

① 见方豪:"明季西书七千部流入中国考",《文史杂志》,第三卷,第一、二期合
刊,第47～51页(1944年1月),中华。

② 见陈垣:"泾阳王征传",《国立北平图书馆馆刊》,第八卷,第六号,第13～
14页(1934年11,12月)。

人,天启二年(1622 年)来华。

罗雅谷·味韶(Jacques Rho,1593~1638)依国人,天启四年(1624 年)来华。

《西洋新法历书》称:崇祯二年(1629 年)五月初一日日食,礼部于四月二十九日揭三家预算日食。三家者:《大统历》,《回回历》,新法也,至期验之,光启推算为合。至七月十四日以徐光启督修历法。并起用李之藻。徐举龙华民、邓玉函、汤若望、罗雅谷诸人,入历局修历。历局设在宣武门内天主堂东侧。①

崇祯四年(1631 年)正月二十八,徐光启(1562~1633)第一次进历书一套共六卷,内:

《历书总目》一卷;

《日躔历指》一卷;

《测天约说》二卷;

《大测》二卷。

《历表》一套,共一十八卷,内:

《日躔表》二卷;

《割圆八线表》六卷;

《黄道升度表》七卷;

《黄赤道距度表》一卷;

《通率表》二卷,

前后共二十四卷。

崇祯四年(1631 年)八月初一日徐光启第二次进《历书》二十

---

① 见徐宗泽:《明清间耶稣会士译著提要》。

卷,并一折,内:

《测量全义》十卷;

《恒星历指》三卷;

《恒星历表》四卷;

《恒星总图》一折;

《恒星图像》一卷;

《揆日解订讹》一卷;

《比例规解》一卷。

崇祯五年(1632年)四月初四日徐光启第三次进《历书》三十卷,内:

《月离历指》四卷;

《月离历表》六卷(以上系罗雅谷译撰);

《交食历指》四卷;

《交食历表》二卷(以上系汤若望译撰);

《南北高弧表》一十二卷;

《诸方半书分表》一卷;

《诸方晨昏分表》一卷(以上系罗雅谷,汤若望指授,监局官生推算)。

崇祯七年(1634年)七月十九日,李天经(1579～1659)第四次进《历书》二十九卷,一架,内:

《五纬总论》一卷;

《日躔增》一卷;

《五星图》一卷;

《日躔表》一卷;

《火木土二百恒年表》并《周岁时刻表》共三卷(以上系罗雅谷

译撰）；

《交食历指》三卷；

《交食诸表用法》二卷；

《交食表》四卷（以上系汤若望译撰）；

《黄平象限表》共七卷；

《木土加减表》二卷；

《交食简法表》二卷；

《方根表》二卷（以上系罗雅谷，汤若望指授，监局官生推算）；

恒星屏障一架（系汤若望制）。

崇祯七年（1634 年）十二月二日，李天经第五次进《历书》三十二卷，内；

《五纬历指》共八卷；

《五纬用法》一卷；

《日躔考》共二卷；

《夜中测时》一卷（以上系罗雅谷译撰）；

《交食蒙求》一卷；

《古今交食考》一卷；

《恒星出没表》共二卷（以上系汤若望译撰）；

《高弧表》五卷；

《五纬诸表》共九卷；

《甲戌乙亥日躔细行》二卷（以上系罗雅谷，汤若望指授，监局官生推算）。

以上前后五次所进共一百三十七卷（内有一折、一架亦称卷，所以作一百三十七卷）。《崇祯历书)至是告成。①

此时也有一派人士反对新法。《明史》卷三十一，称:"是(崇祯)七年(1634年)魏文魁上言历官所推交食,节气皆非是,于是命魏文魁入京测验,立西洋为西局,文魁为东局。合《大统》,《回回》凡四家。"又称:"(崇祯)十六年(1643年)三月乙丑朔日食,(西法)测又独验。八月诏西法果密,即改大统历法,通行天下,未几国变,竟未施行。"

此期著作关于数学的:

熊三拔,有《简平仪说》一卷。

艾儒略,有《几何要法》四卷(1631年)。

邓玉函,有《大测》二卷,《割圜八线表》六卷,《测天约说》二卷。以上在崇祯四年(1631年)第一次进呈《崇祯历书》之内。

汤若望,有《浑天仪说》五卷,共译《各图八线表》六卷,并藏法国巴黎国立图书馆。又《筹算指》一卷,在《新法历书》中。

罗雅谷,有《测量全义》②十卷,《比例规解》一卷,以上在崇祯四年(1631年)第二次进呈《崇祯历书》之内。又《筹算》一卷,在《新法历书》中。

入清则历法由汤若望继续办理,奉旨钦天监印信着汤若望掌管。顺治二年(1645年)修正旧有《崇祯历书》成《西洋新法历书》。收入《四库全书》时,改名《新法算书》,共一百卷,目录如下:

①　见《西洋新法历书》,"题疏"第58~59,61~62,80~81,126,157~158页;《四库全书》本《新法算书》卷一,缘起一;卷二,缘起二;卷三,缘起三;卷四,缘起四;卷四,缘起四之内。

②　《测量全义》是译 Archimedis Opeva Omnia Cnm Commentarlls Enfocll, Iterum Edidir, J. L. Heiberg 内 Dimenslo Circnei 的一部分。

《四库全书》本

新法算书

卷 1 ~ 8	缘起共八卷
卷 9,10	大测二卷
卷 11,12	测天约说二卷
卷 13,14	测食略二卷
卷 15	学算小辩一卷
卷 16 ~ 20	浑天仪说五卷
卷 21	比例规解一卷
卷 22	筹算一卷
卷 23	远镜说一卷
卷 24	日躔历指一卷
卷 25,26	日躔表二卷
卷 27	黄赤正球
	黄道交极圈角表说
	黄道交极圈内角表,共一卷
卷 28 ~ 31	月离历指四卷
卷 32 ~ 35	月离表四卷
卷 36 ~ 44	五纬历指九卷
卷 45 ~ 55	五纬表十一卷
卷 56 ~ 58	恒星历指三卷
卷 59,60	恒星表二卷
卷 61	恒星图说一卷
卷 62,63	恒星出没表二卷
卷 64 ~ 70	交食历指七卷

卷 71　　　　古今交食考一卷

卷 72～80　　交食表九卷

卷 81,82　　　八线表二卷

卷 83～86　　几何要法四卷

卷 87～96　　测量全义十卷

卷 97　　　　新法历引一卷

卷 98　　　　历法西传一卷

卷 99,100　　新法表异二卷

明末清初另有一些耶稣会士,未曾入历局修历,可是也介绍西洋科学来中国。有的还编有类似百科全书的丛书,最有名的是穆尼阁(Jean Nicolas Smogolenski,1646 年来华,1611～1656)。

穆尼阁字如德,波兰国人,顺治三年(1646 年)到中国后,即在南京传教,薛凤祚(?～1680)从穆尼阁学科学,所以薛在顺治五年(1648 年)著有《天步真原》。顺治四年到八年(1647～1651)穆尼阁到福建传教,顺治九年(1652 年)回南京,薛凤祚、方中通(1633～1698)都从学习。穆尼阁顺治十三年(1656 年)卒于肇庆。薛凤祚曾为撰集一部《历学会通》,共分正集,续集,外集。其中最早序文在顺治九年(1652 年),较晚序文在康熙三年(1664 年)。最重要的介绍是:

《比例四线新表》一卷,

《比例对数表》一卷。

《历学会通》详目如下:

《历学会通》

　　北海薛凤祚撰辑

　　　康熙年(约 1664 年)刊。

目录：

《参订条议》一卷（即卷首）

正集　法数部：

《正弦》一卷,《四线》一卷（又题作《比例四线新表》）。

太阳太阴部：

《太阳太阴经纬法原》一卷。

经纬部：

《五星经纬法原》一卷；

《交食法原》一卷；

《中历（表）》一卷；

《（求岁实）太阳太阴（并四余）》一卷；

《五星立成》一卷；

《交食（立成）表》二卷。

经星部：

《经星经纬性情》（即中经中星）一卷；

《辩诸法异同》一卷；

《（比例）对数表》一卷；

《日食诸法异同》一卷；

《日食诸法异同图》一卷；

《日食原理》一卷。

续集　致用部：

《三角算法》一卷；

《乐律》（即律吕）一卷。

五运六气部：

《医药》（即运气精或炁化迁流）存卷七、卷八,二卷。

古法占验部：

《占验》（即古法一卷，又中法三卷）共四卷；

《中法选择》二卷。

人命部：

《中法命理》（即天步真原，人命部）三卷（1664 年）；

《中外命理部》一卷（1664 年）存序目。

中外水法部：

《中外水法》一卷（1664 年）。

中外火法部：

《火法》一卷（附有割圆切线小表）。

中外重法部：

《重学》一卷（1664 年）。

中外师学部：

《中外师学》（即师城一卷，1664 年，师营一卷）共二卷。

外集　考征部：

《天步真原》，《日月食原理》一卷；

《天步真原》，《历法部》一卷。

立成部：

《旧中法选要》（即古今律历一卷又五卷）共六卷，薛凤祚撰（1664 年）；

《新中法选要》（即另局历法）一卷，玉山魏南冈撰（1628 年）。

西域部：

《西域回回历》一卷附表；

《历年甲子》一卷；

《新西法选要》（题天学会通）三卷；

《时宪》和《蒙求》一卷；

附《表》一卷；

《天步真原》，序引一卷。

选择部：

《天步真原》，《表蒙求》三卷；

《世界部》一卷；

《经星性情》(即《新西法选要》，《七政性情》)一卷；

《恒星性情》一卷。

以上目录系据北京图书馆现藏刻本《历学会通》和清姚觐元编，《清代禁毁书目(补遗)》排比①。

现在收入《四库全书》(1781 年)的有：

《天步真原》一卷，薛凤祚撰又有《指海》刻本；

《天学会通》一卷，薛凤祚撰。

另有：

《天步真原》三卷，穆尼阁撰，又有《守山阁丛书》刻本。

第七章　近世数学家小传（二）

明：14. 李之藻　15. 徐光启　16. 李天经

14. 李之藻(1565~1630)　字振之，又字我存，号凉庵，仁和

---

① 见［清］姚觐元编：《清代禁毁书目(补遗)》；孙殿起：《清代禁书知见录》，《外编》，第 65~66 页，上海，商务印书馆 1957 年 8 月版。

人。故居在杭之龙井。① 万历二十六年(1598 年)进士,官南京工部员外郎。尝从利玛窦游,共译成《浑盖通宪图说》二卷,万历三十五年(1607 年)刻于北京。又《圜容较义》一卷,万历三十六年(1608 年)译成。《同文算指前编》二卷,《通编》八卷,《别编》一卷,万历四十一年(1613 年)译成。徐光启因李之藻通晓历法,曾荐于朝。万历四十一年(1613 年)李之藻以南京太仆少卿奏上西洋天文学说十四事,又请亟开馆局。崇祯二年(1629 年)诏与徐光启同修历法。② 崇祯三年卒,年六十五。子次彪曾序刻《名理探》十卷。③

李之藻(1565～1630)造像
(据《燕京开教略》)

徐光启(1562～1633)造像

① 见 1942 年 2 月 7 日《益世报》,"文史副刊"第一期,方豪,"李之藻故居",文内引《涵芬楼秘笈》二集本:"黄尊素说略"。
② 《四库全书》(1781 年)子部,杂家存目,有:李之藻编《天学初函》五十二卷,二十种,分理、器两编。内器十种是数学书。
③ 见方豪:《李我存研究》(1937 年),并据范行准,明本《名理探》跋,和《皇明经世文编》内"姓氏爵里"。

15. 徐光启（1562～1633） 字子先,上海人。万历二十五年（1597 年）举人,三十二年（1604 年）进士。由庶吉士历赞善,尝从利玛窦学天文推步。共译《几何原本》前六卷。在万历三十五年（1607 年）译成,又《测量法义》一卷,附《测量异同》,《勾股义》一卷,并未题年月。天启三年（1623 年）授为礼部右侍郎,崇祯二年（1629 年）根据光启呈请,开局修历,应用西法。崇祯二年九月即由徐光启督修历法。到崇祯五年（1632 年）先后进呈历书,将及百卷。崇祯六年（1633 年）光启卒。以山东参政李天经,继续徐光启任务。徐光启著作,据光启子骥（1582～1669）在《文定公行实》内称:"尚有《读书算》、《九章算法》藏于家。"光启孙尔默（1610～1669）于康熙二年（1663 年）则称"已佚"。藏于家者尚有:"三校《几何原本》。"其中有光启万历三十九年（1611 年）以后点窜笔迹。① 又有《定位开方算术》抄本一册共 57 页,北图藏。

16. 李天经（1579～1659） 字仁常,一字性参,赵州吴桥定原乡人。万历四十一年（1613 年）进士。历任河南陕西藩臬。崇祯五年（1632）徐光启荐修历法。崇祯六年（1633 年）光启病卒。李天经继修历法。进呈历书二次,连前光启三次所进的共一百三十七卷,内有一折一架亦称卷,称为《崇祯历书》,时在崇祯七年（1634 年）。因于崇祯十一年（1638 年）升光禄寺正卿,又荫子寿祺入监读书。明末以战乱还籍。清顺治元年（1644）诏求遗老之在籍者。李天经应召入见,未几固辞致仕。顺治十六年（1659 年）卒,年八

---

① 见《圣教杂志》第二十二年,第十一期（1933 年）"徐上海特刊",第 61,87,88,93,94 页,引"《文定君行实》",和《徐氏宗谱》;参看方豪,徐光启（1944 年,重庆）。

十一。自著有《浑天仪说》四卷。①

第八章　新旧斗争

清初西教士，主持历法，甚得朝廷信任，优礼有加，旧派群起反
对。自顺治十四年（1657 年）迄康熙八年（1669 年）中经十二年。
是时来华西教士，除前述诸人外，尚有：利类思，安文思，南怀仁，恩
理格，闵明我，都在此时在历局工作。

利类思·再可（Louis Buglio，1606～1682），西西里（Sicile）人，
崇祯十年（1637 年）来华。

安文思·景明（Gabriel de Magalhaens，1609～1677），哥应巴府
（Coïmbre）人，崇祯十三年（1640 年）来华。

南怀仁·敦伯（Ferdinard Verbiest，1623～1688），比国人，顺治
十六年（1659 年）来华。

恩理格·性涵（Christian Herdtricht，1624～1684），奥国人，顺
治十七年（1660 年）来华。

闵明我·德先（Philippe-Marie Grimaldi，1639～1712），依国人，
康熙八年（1669 年）来华。

《大清会典事例》卷八百三十，称："顺治十四年（1657 年）议准
回回科推算虚妄，革去不用，止存三科。"即东局，西局，并大统。顺

---

① 见康熙十二年（1673 年），《吴桥县志》第六，雍正十一年（1733 年）《畿辅通
志》卷一百七十，《明史》，《西洋新法算书》；《畴人传》卷第三十三，"明五，李天经"
传。据《明史》本传、历志，《新法算书》称："李天经，字长德，赵州人。"

治十六年(1659年)杨光先(1597~?)作《辟邪论》,反对天主教徒主持历法,文见《不得已》上卷。至康熙三年(1664年)南怀仁入京佐历。① 是年因杨光先之诉,八月初六日会审汤若望等一日,是年冬汤若望、南怀仁、利类思、安文思并羁絏入狱。据《东华录》康熙五,称:康熙四年(1665年)三月因杨光先叩阍进《摘谬论》具言汤若望新法十谬;又《选择论》一篇,摘汤若望选择之误,部拟将汤若望、杜如预、杨宏量、李祖白、宋可成、宋发、朱光显、刘有泰凌迟处死;刘必远、贾文郁、宋哲、李实、潘尽孝(汤若望义子)斩立决,得旨汤、杜、杨免死。四月李祖白、宋可成、宋发、朱光显、刘有泰处斩。其余流徙又赦免。是役遣送广东之西士凡二十五人。②

杨光先因知天文衙门一切事务。③ 汤若望于康熙五年(1666年)卒去后,康熙七年(1668年)以南怀仁治理历法。④ 是年十二月治理历法南怀仁劾监副吴明烜推算历日种种差误;康熙八年(1669年)二月,命大臣二十员赴观象台测验。南怀仁所言逐款皆符。吴明烜所言逐款皆错。得旨杨光先革职。⑤ 因令西洋人治理时宪书法,并定汉监正用西洋人,名曰监修。⑥ 康熙九年(1670年)十二月部议奏准康熙四年(1665年)间杨光先诬陷案内,遣送广东之西士

① 见徐日升(寅公,Thomas Pereira,1645~1708,玻耳尔都嘉国人,康熙十一年(1672年)来华),安多(平施,Antoine Thomas,1644~1709,比国人,康熙二十四年(1685年)来华):《南先生行述》(1688年),巴黎,国立图书馆藏,中文本,3033号。
② 见《正教奉褒》,康熙九年条及《崇正必辩》后附题疏。
③ 见《不得已》下卷。
④ 见《正教奉褒》,康熙五年条,及《南先生行述》(1688年)。
⑤ 见《东华录》"康熙八","康熙九",及《熙朝定案》一至七新页。
⑥ 见《大清会典事例》卷八百三十,及《皇朝文献通考》,卷八十三。

二十余人内有通晓历法者,起送来京,结果以恩理格、闵明我二人送京。[1] 此役之后,清朝历法,即由西人执掌。康熙十七年(1678年)之《康熙永年历法》三十三册,即由南怀仁立法,闵明我订。[2] 新旧之争的文献,有:

杨光先,《不得已》二卷,有(1929年)中社石印本。

利类思,《不得已辩》(1665年),安文思,南怀仁订,有(1847年)刊本。

南怀仁,《历法不得已辩》一卷(1669年),巴黎国立图书馆藏,

南怀仁康熙十一年测勘河道图

(据《熙朝定案》,巴黎国立图书馆藏)

---

① 见《正教奉褒》康熙九年,康熙十年条。
② 见(日本宫内省)《图书寮汉籍善本书目》卷三,第四十至四十一页。

中文本,4990 号。

南怀仁,《妄占辩》(1669 年),有粤东大原堂重梓本,巴黎国立图书馆,中文本,4998 号。

南怀仁,《妄择辩》,巴黎国立图书馆藏,中文本,4994 号。

南怀仁,《妄推吉凶辩》,巴黎国立图书馆藏,中文本,4997 号。

何世贞,《崇正必辩》前集四卷,后集三卷(1672 年),有利类思序,巴黎国立图书馆藏,中文本,5002 号。

南怀仁,《熙朝定案》三卷,巴黎国立图书馆藏,中文本,1329,1330,1331 号。

黄伯禄,《正教奉褒》,有 1883 年印本。

此期重要工作,当推南怀仁之制造新仪。《会典事例》卷八百三十称:"康熙十二年(1673 年)新制仪器告成。一为天体仪,一为黄道经纬仪,一为赤道经纬仪,一为地平纬仪,一为纪限仪,安设观象台上。旧仪移置台下别室。"南怀仁并精通满文,曾将徐光启、利玛窦共译之《几何原本》前六卷,译成满文云。[①]

---

① 见:Pelliot,*T'oung-Pao*,1928,p. 192.

第七编　西洋历算之输入（二）

第一章　《西洋新法历书》之修纂

利玛窦、南怀仁各人东
来后在明代编纂《崇祯历
书》，于崇祯四年、五年、七年
（1631、1632、1634 年）先后
进书五次，共一百三十七卷，
内有一折一架亦称卷，是称
《崇祯历书》。

明亡（1644 年）后，清顺
治元年（1644 年）即命用西
洋历法，是年十一月汤若望
修改《崇祯历书》，称为《西
洋新法历书》，于顺治二年
（1645 年）成书。

《崇祯历书》在崇祯年
（1631～1635）陆续进呈，陆

明季西人汤若望（1591～1666）小像
（据《格致汇编》及 P Kirche,
China Monumentis,1667）

续付刻。现在明刻本《崇祯历书》题有"明工部虞衡清吏司郎中杨惟一梓"字样，就是《崇祯历书》的崇祯刻本。不过在崇祯时此项历书也未曾完全付梓。所印若干卷，现在无书目可考。到清顺治二年（1645年）汤若望曾将《崇祯历书》改编成《西洋新法历书》。汤若望在顺治二年（1645年）十一月十九日有新历告成《奏疏》称：

> 臣阅历寒暑，昼夜审视，著为《西洋新法历书》一百余卷，……臣谨捐资剞劂修补全书，恭进御览。

《奏疏》末又称：

> 计开进《西洋新法历书》一百卷，拾叁套。

等语。

汤若望所刻《崇祯历书》和《西洋新法历书》又有小板和大板二种。据顺治元年（1644年）十月十五日，汤若望奏称：

> 臣于前朝修历以来，著有历法书表百十余卷，虽经刻有小版，聊备教授后学，并推算之用，况遭流寇残毁，缺略颇多，合无请旨敕下臣局再加详订，将阐发新法奥义历指，并推布七政躔度立成诸表，约成数十卷，用官样大字格式刊刻，进呈，藏之内府。（见汤若望《奏疏》，第四九页。）

同年十一月十一日《奏疏》中，汤若望又称：

472

修政历法远臣汤(若望)为敬陈本局应行紧要新法事宜等事。该本局奏前事奉有礼部并看了来说之旨,本月初九日准贵司手本称奉堂谕即将历法书表,所刻小板,送部查阅,如果愈坏,缺略不堪,另行翻译大字,所需板片,刷印,刊刻工价,纸张并浑天星球等三器,合用物料造作工价,一一开报,以凭入奏,无烦再请,等因,到司,移会到局,查照得本局前疏称:将新法奥义历指,并推七政立成诸表,约成数十卷,再加详订用官样大字格式,刊刻进呈,藏之内府。以成一代鸿谟之意。非以原刻,聊备教授推算之小板,漫为进藏,而亵钜典也。其小板原系远人自行刊刻,所有缺略不堪者,远人自能修补,可以仍供推算之用,亦不因其愈坏,始议另行翻译,以湎珍藏。况充栋之板,未易搬送查阅,即欲另刊官样大字板片,去繁就简,约有一千余块,仅将小样书表,刷印数叶,附览便知其详。(见汤若望《奏疏》五九和六〇页。)

又同年十一月十五日疏中称:

谨按拟紧要应刊官样大字,进呈历指书表板片一千余块,随传刊字匠问其价若干。言:板每块约五分,每板两面字约八百余个,刻字工价每百约银六分,总共约银五百五十余两。(见汤若望《奏疏》六一页。)

《崇祯历书》和《西洋新法历书》现在流传的有一百零三卷,和顺治三年(1646年)补刊的一百零三册,以及康熙十七年(1678

年)的补刊本。①

第二章　清帝爱新觉罗·玄烨学习西算

历法新旧争论之后,清帝爱新觉罗·玄烨(1654～1722)自己研治西洋算法,初由南怀仁将《几何原本》译成满文。康熙二十四年(1685年)法皇路易第十四对中国采取积极传道方针,用以对抗葡萄牙,以扩张法国势力。特遣塔沙尔,洪若翰,白晋,李明,张诚,刘应等来华。

洪若翰·时登(Jean de Fontaney,1643～1710),法国人,康熙二十六年(1687年)来华。

白晋·明远(Joachim Bouvet,1656～1730)法国人,康熙二十六年(1687年)来华。

李明·复初(Louis Le Comte,1655～1728),法国人,康熙二十六年(1687年)来华。

张诚·实齐(Jean-François Gerbillon,1654～1707),法国人,康熙二十六年(1687年)来华。

---

① 《故宫普通书目》记有:

(一)《西洋新法历书》一百三卷,[明]徐光启等撰,崇祯年刊。

(二)同上顺治三年(1646年)补刊本一百三册。

(三)同上九十七卷本,崇祯年刊。

(四)同上康熙十七年(1678年)补刊本,三十八册。

(五)同上又一部,存十八册。

其中(三)、(四)两部有"《康熙永年表》",卷首有康熙十七年(1678年)南怀仁序,因称康熙十七年补刊本。

刘应·声闻(Clande de Visdelou,1656~1737),法国人,康熙二十六年(1687 年)来华。

其中除塔沙尔(Guy Tachard)一人留暹罗外,余都来到中国。时在康熙二十六年(1687 年)。洪若翰等五人并通算学,以南怀仁之斡旋,得准入京。次年(1688 年)到达北京。南怀仁已卒去,乃由徐日升带领引见。白晋,张诚以善算供奉内廷。《正教奉褒》康熙二十八条称:"康熙二十八年(1689 年)十二月二十五日上召徐日升,张诚、白进(即白晋)、安多等至内廷,谕以自后每日轮班,至养心殿,以清语授量法等西学。上万几之暇,专心学问,好量法、测算、天文、形性、格致诸学。自是即或临幸畅春园(在西直门外十二里),及巡行省府,必谕张诚等随行,或每日或间日授讲西学。并谕日进内廷将授讲之学,翻译成清文成帙,上派精通清文二员,襄助缮稿,并派善书二员誊写,张诚等每住宿畅春园……张诚等讲授数年,上每劳之。"张诚报告亦称:"每朝四时至内廷侍上,直至日没时还,不准归寓,每日午前二时间,及午后二时间,在帝侧讲《欧几里几何学》或理学及天文学等,并历法炮术之实地演习的说明。归寓后,再准备明日的工作。直至深更入寝,时以为常。"[①]

康熙三十二年(1693 年)玄烨使白晋回欧并赠法皇路易第十四图书四十九册。归途与巴多明同来,同时善算教士来华者,尚有杜德美。

巴多明·克安(Dominique Parrenin,1665~1741),Besançon 人,康熙三十七年(1698 年)来华。

---

① 见刘玉衡译:"张诚与尼布楚条约",《国闻周报》第十三卷,十一期(1936年),三月二十三日。

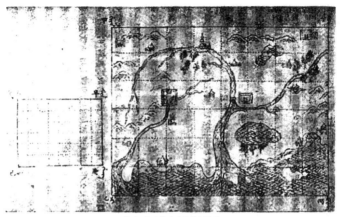

满文《几何原本》插图

（据北京故宫博物院图书馆藏本）

杜德美·嘉平（Pierre Jartoux，1668～1720），Evreux 人，康熙四十年（1701 年）来华。

巴多明亦善科学。康熙四十七年（1708 年）后，杜德美与张诚等共同从事测地，而割圆术中之杜术即出于杜德美。是时法国教士之善算，而在清帝玄烨左右和在北京的，计有白晋、张诚、巴多明、杜德美诸人及葡人徐日升、比利时人安多等人。其中西方算学书，译成中文及编为讲义，后由清廷加以润色者，计有：

（一）满文"御制《三角形推算法论》"。

（二）满文《几何原本》七卷（今藏北京故宫博物院图书馆）与《数理精蕴》之十二卷，体例相符。如卷七附图，即《数理精蕴》本《几何原本》卷十二第十八之书地理图。又两书分卷及条款亦有出入之处。①

（三）《几何原本》七卷附《算法（原本）》一卷，书前有序称：
《几何原本》数原之谓，利玛窦所译，因文法不明，后先难解，故另译**按陈厚耀**
尚另有抄本《算法原本》一卷。据《文贞公（李光地）年谱》称：（康
熙四十二年）癸未（1703 年）二月公蒙赐《几何原本》、《算法原本》
二书，则此二书撰成当在康熙四十二年（1703 年）之前。又有：

（四）《几何原本》七卷一种，无序。其次，则有：

（五）《几何原本》七卷一种，为孔继涵（1739～1784）旧藏本，
现藏北京图书馆。

以上三种七卷本《几何原本》文句互有异同，即以满汉文《几何
原本》七卷和《数理精蕴》本《几何原本》十二卷本比较，亦有互异
之处。如满汉文本之第六卷即《数理精蕴》本之第六卷至第十卷。
然《数理精蕴》本第六卷至第十卷为六十四条，而满汉文本之第六
卷，则为九十条，又满文本第一卷卷首序论，亦不载《数理精蕴》本
中。因译文是几经校勘，其同为孔继涵藏本的，尚有：

（六）《测量高远仪器用法》，二十三页，一卷。

（七）《比例规解》二十六页，一卷。

（八）《八线表根》六页一卷，以上共一册。又有：

（九）《勾股相求之法》四十四页一卷一册。

（十）《借根方算法节要》二卷，一册。②

---

① 见：Louis Pfister, *Notices Biographiques et Bibliographiques*, p. 449, 引：Halde,
Description de la Chine, Tome Ⅳ, Paris(1735), p. 245 et p. 228.

② （六）（七）（八）（九）（十）（十三）各书，北京图书馆藏，其中（八）《八线表
根》，即《求正弦法》一卷。

按孔继涵藏本,尚有:

(十一)《算法纂要总纲》十五卷,曾引及《算法原本》及《借根方算法》卷中第十节。则

(十二)《借根方算法》,原书当为三卷,其

(十三)《借根方算法》八卷一种又《节要》二卷,不著撰人姓氏,今藏故宫博物院图书馆中。

此馆中又有:

(十四)《算法纂要总纲》二卷,《数表》一卷,《数表用法》一卷,不著撰人姓名。

清代写本,其同名别出的,又有下列二书:

(十五)《算法纂要总纲》二卷,不著撰人姓名,袖珍写本二册,李俨藏。

(十六)《算法纂要总纲》十五卷节本一种,为汪喜孙(1786~1847)旧藏书。

当时所流传的,复有:

(十七)《西镜录》一书,梅文鼎(1633~1721),李锐(1773~1817),焦循(1763~1820)曾见到。焦循手抄本《西镜录》初由李盛铎藏,现归北京大学图书馆。以上诸书都在《律历渊源》出版(1723年)之前。

按白晋曾以《几何原本》(*Elementa Geometriae*)译成满汉文,用以教授清帝玄烨。此外张诚亦以:

1. *Eléments de Géométrie* tirés d'Euclide et d'Archimède,

2. *Géometrie pratique et théorique*, tirés en partie du P. Pardies. I. G. (1636~1673)

译成汉满文。前书于康熙二十八年(1689年)由玄烨改编,后书于

康熙二十九年（1690 年）在北京出版。[①]

第三章　清初学者学习西算

　　清初以风气所趋，国内学者亦有努力学习西算的，其中最著名的是黄宗羲（1610～1695）、王锡阐（1628～1682）、梅文鼎（1633～1721）诸人。在梅文鼎前后较有成就和著作的，则：

　　方中通于顺治十八年（1661 年）始作《数度衍》二十四卷，附一卷，有康熙年胡氏继声堂刻本。

　　李子金于康熙十五年（1676 年）著《算法通义》五卷，其后续成《几何易简录》四卷（1679 年），和《天弧象限表》二卷（1683 年）。

　　杜知耕于康熙二十年（1681 年）著《数学钥》六卷，有康熙二十年（1681 年）柘城杜氏式好堂刻本，其后续成《几何论约》七卷（1700 年），有康熙三十九年（1700 年）刻本。

　　年希尧著《测算刀圭》三卷（1718 年），有康熙五十七年（1718年）自刻本，计：《对数广运》一卷，《对数表》一卷，《三角法摘要》一卷，其后续成《面体比例便览》一卷。

　　李长茂有《算法说详》九卷（1659 年），有康熙元年（1662 年）刻本。

　　陈厚耀（1648～1722）有《续增新法比例》四十卷，《勾股图解》

---

　　① 据：Halde，1735，*Description de la Chine*，Tome IV，Paris.

二册。①

毛宗旦(1668～?)有《九章蠡测》十卷(1716年),《勾股蠡测》一卷,日本静嘉堂文库藏写本七册,上海历史文献图书馆藏抄本九册。

陈讦(1650～1722)有《勾股述》二卷(1683年),《勾股引蒙》十卷,有康熙六十一年(1722年)刻本。

陈世明有《数学举要》十四卷,康熙五十三年(1714年)自序。

居文漪有《九章录要》十二卷。

何梦瑶有《算迪》八卷。

陈鹤龄有《算法正宗》四卷(1756年)。

江永(1681～1762)有《数学》八卷。

庄亨阳(1686～1746)有《庄氏算学》八卷。

王元启(1714～1786)有《勾股衍》《角度衍》《九章杂论》。

谈泰有《明算津梁》四卷,《天元释例》四卷,《平方立方表》六卷,《周径说》一卷,《畴人传》三卷。

程禄有《西洋算法大全》四卷(1733年刻)。

谭文有《数学寻源》十卷(1750)。

而当日官书所收的,则雍正年《古今图书集成》历象汇编,历法典收:《周髀算经》,《数术记遗》,《谢察微算经》内大数,《梦溪笔谈》内算法,《算法统宗》,《比例规解》,《几何要法》七种。

乾隆三十八年(1773年)开四库全书馆《四库全书》(1781年)天文算法类算书之属,则于《九章算术》九卷迄《弧矢算术》一卷,

---

① 《勾股图解》引有:方中通《数度衍》(1661年),和《勾股义》,《同文算指》(1613年)。

后收有明末清初算书如后：

　　（一）《同文算指前编》二卷,《通编》八卷。

　　（二）《几何原本》六卷。

　　（三）《数理精蕴》五十三卷(1714年)。

　　（四）杜知耕,《几何论约》七卷(1700年)。

　　（五）杜知耕,《数学钥》六卷(1681年)。

　　（六）方中通《数度衍》二十四卷附一卷(1661年)。

　　（七）陈讦(1650~1722)《勾股引蒙》五卷(1683年)。

　　（八）黄百家《勾股矩测解原》二卷。

　　（九）陈世仁(1676~1722)《少广补遗》一卷。

　　（十）庄亨阳(1686~1746)《庄氏算学》八卷。

　　（十一）屠文漪《九章录要》十二卷。

此期著作,十九都是介绍西洋算法,自己没有发明。

第四章　清初数学教育制度

　　清帝玄烨于自己学习西洋算法之余,也还注重数学教育,清《文献通考》称:康熙九年(1670年)(清帝)谕:"'天文关系重大。必选择得人,令其专心习学,方能通晓精微。可选取官学生,与汉天文生一同学习,有精通者,俟钦天监员缺,考取补用'。寻议于官学生内,每旗选取十名,交钦天监分科学习,有精通者,俟满汉博士缺补用。"至康熙五十二年(1713年)始正式设立算学馆。《会典事例》卷八百二十九,"国子监,算学"条,称:"雍正三年(1725年)奏准康熙五十二年(1713年)设算学馆于畅春园之蒙养斋。简大臣官员精于数学者,司其事,特命皇子亲王董之选八旗世家子弟学习算法。又简满汉大臣,翰林官,纂修《数理精蕴》,《历象考成》及《律吕正义》诸书,至雍正元年(1723年)告成。御制序文镌版颁行。自明季司天失职,过差罕稽,至此而推步测验,罔不协应,际此理数大备之时,正当渊源传授,垂诸亿万斯年,应于八旗官学增设算学,教习十六人,教授官学生算法,每旗择资质明敏者三十余人,定以未时起,申时止,学习算法。"其制度则嘉庆二十三年(1818年)续修《大清会典》卷六十一,称:"算学:管理大臣,满洲一人,教习汉二人,掌教算法。额设算学生,满洲十二人,蒙古六人,月给银一两六钱;汉军六人,月给银一两;汉六人,月给银一两五钱。凡线、面,体三部各限一年通晓。七政共限二年通晓。每季小试,岁终大试,会同钦天监考试,五年期满,管算学大臣会同钦天监考取。凡满洲,蒙古,汉军充补各旗天文生。汉人若举人引见,以博士用。贡监生童,亦以天文生补用。其通习经史者,照官学生例,俟考取监生时,咨送国子监,一例考验。文理明通者,即为监生。"至乾隆三年(1738年)停止教授八旗官学算法,专设算学;清初算学制度在当日虽无多贡献,其制度迄清之中叶,尚未全废。嘉庆四年(1799年)十月阮元《畴人传序》尚题:"经筵讲官,南书房行走,户部左侍郎兼管国子监算学扬州阮元撰。"又道光三年(1823年)季拱辰任钦天监正,尚兼管国子监算学馆,就是例子。①

---

① 参看李俨:《中算史论丛》第四集,第281~287页,"清初数学教育制度(上),(下)"内引文。

第五章　西洋输入算法举要

西洋输入算法,在明末清初有(一)笔算,(二)写算和筹算,(三)代数学,(四)对数术,(五)几何学,(六)平面三角术和三角函数表,(七)割圆术,(八)球面三角术,(九)圆锥曲线说等各项。现分述如下:

(一)笔算

《同文算指前编》(1613～1614)最先介绍笔算,该书卷上,称:
"兹以书代珠,始于一,究于九,随其所得,而书识之。"

《同文算指前编》,介绍笔算之外,又举实例,该书卷上,记有(一)定位第一,(二)加法第二,(三)减法第三,(四)乘法第四,(五)除法第五等四则算法。

另举有数例,如:

加法:　　　　　　6008

5009

4009

308

239

108

108

309

4128

3009

209

308
———
（并总得数）　　23752。

减法：　　27158　（原数）

4023　（减数）
———
23135。

又　　4000134　（原数）

67823　（减数）
————
3932311。

乘法：　　3069　（原数）

45　（乘数）
———
15345

12276
————
138105。

以后《西洋新法历书》内罗雅谷《筹算》（1645 年）举赖用赖法
（凡三条）。

（一）加法：

91761

82078

4520

90654
————
（并总得数）　　269013。

（二）减法：

10153249
————
30017634　（原数）

29864385 (减数)。

(三)命分二法

用法(凡四条)内:

(1)乘法 (2)除法 (3)开平方法 (4)开立方法。

除法和开方,都用帆船法(galley method),如《同文算指前编》卷上(1613~1614),除法第五,$1832487 \div 469 = 3907\frac{104}{469}$,列式如下:

```
            1
          6 3 1
        4 2 1 5 0
        6 5 5 3 6 4
      1 8 3 2 4 8 7   (3907 104/469
      4 6 9 9 9 9
        4 6 6 6
          4 4
```

（$3907\frac{104}{469}$

是称帆船法,以其形似帆船。十六世纪以前,欧洲最通行的算法。其计算次序如下:

(1)

```
1 8 3 2 4 8 7
  4 6 9
```

(2)

```
        6
      ―
    1 8 3 2 4 8 7   (3
      4 6 9
```

(3)

```
      4
    ―
    6 5
  ―
1 8 3 2 4 8 7   (3
  4 6 9
```

(4)

```
      4 2
    ― ―
    6 5 5
  ― ―
1 8 3 2 4 8 7   (3
  4 6 9
```

同理：

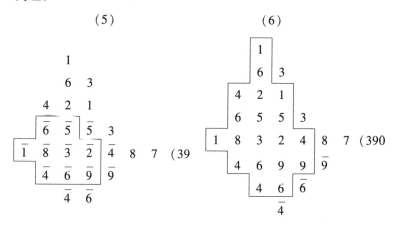

（5）　　　　　　（6）

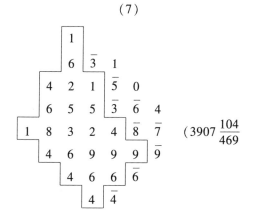

（7）

即　1832487÷469＝3907 余 104。

《同文算指通编》卷六（1613～1614），开平方法第十二，

$\sqrt{456789012}=21372$ 余 26628，列式如下：

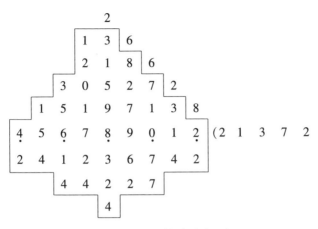

是亦帆船法(galley method),其计算次序如下:

(1)

$\overline{4}$　5　$\overset{.}{6}$　7　$\overset{.}{8}$　9　$\overset{.}{0}$　1　$\overset{.}{2}$　(2

2

(2)

　　　　1　5

$\begin{array}{|c|}\overset{.}{4}\\\overset{.}{2}\end{array}$　$\overline{5}$　$\overline{\overset{.}{6}}$　7　$\overset{.}{8}$　9　$\overset{.}{0}$　1　$\overset{.}{2}$　(2　1

　　　4　1

(3)

　　　　3　0

　　　$\overline{1}$　$\overline{5}$　$\overline{1}$　9

$\begin{array}{|ccc|}\overset{.}{4}&5&\overset{.}{6}\\2&4&1\end{array}$　$\overline{7}$　$\overline{\overset{.}{8}}$　9　$\overset{.}{0}$　1　$\overset{.}{2}$　(2　1　3

　　　　　2　3

　　　　4

（4）

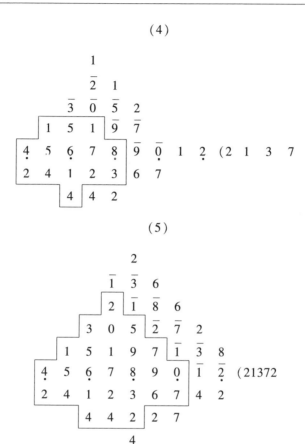

（5）

即 $\sqrt{456789012}=21372$ 余 26628。《同文算指通编》卷六（1613～1614），开平方奇零法第十三，称：

$$\sqrt{a^2+r}=a+\frac{r}{2a},\tag{1}$$

或

$$\sqrt{a^2+r}=a+\frac{r}{2a+1}。\tag{2}$$

由此二式所得之根，或太大，或太少，令太大之根为 x，太少之根为 y；而所大之值为 s，所少之值为 t，则可以下之二式

$$\sqrt{a^2+r} = x - \frac{s}{2x}, \tag{1}_1$$

或

$$\sqrt{a^2+r} = y + \frac{t}{y+a+1}, \tag{2}_1$$

递求得较密之平方根。

例如：
$$\sqrt{20} = 4\frac{5473}{11592}。$$

因先令

$$\sqrt{20} = 4\frac{1}{2}，而\left(4\frac{1}{2}\right)^2 = 20\frac{1}{4} > 20；$$

其中

$$\sqrt{a_1^2+r_1} = x_1 = 4\frac{1}{2} - \frac{\frac{1}{4}}{2\left(4\frac{1}{2}\right)} = 4\frac{17}{36},$$

其中

$$\left(4\frac{17}{36}\right)^2 = 20\frac{1}{1296} > 20；$$

$$\sqrt{a_2^2+r_2} = x_2 = 4\frac{17}{36} - \frac{\frac{1}{1296}}{2\left(4\frac{17}{36}\right)} = 4\frac{5473}{11592},$$

其中

$$\left(4\frac{5473}{11592}\right)^2 = 20\frac{1}{134374464} \approx 20,$$

故

$$\sqrt{20}=4\,\frac{5473}{11592}。$$

又罗雅谷《筹算》(1645 年)另记有:

$$\sqrt{a^2+r}=a+\frac{r}{2a+1}$$

和

$$\sqrt[3]{9,159,899}=209\,\frac{233}{1000}$$

二例。

至《算法纂要总纲》和《数理精蕴》(1723 年)论除法及开方,与前稍异,如:《算法纂要总纲》"第五,除法",$13873\div256=54\,\frac{49}{256}$,列式为:

```
              5 4
          2 5 6
      ─────────────
      1 3 8 7 3
      1 2 8 0
      ─────────────
        1 0 7 3
        1 0 2 4
      ─────────────
              4 9
```

又《算法纂要总纲》"第十一,开平方法",$\sqrt{682276}=826$。列式为

```
            8   2   6
      6 │ 8 2 2 7 6
          6 4
    1 6 2 │ 4 2 2
            3 2 4
    1 6 4 6 │ 9 8 7 6
              9 8 7 6
            ─────────────
              0 0 0 0
```

《数理精蕴》卷二十三,$\sqrt[3]{14734}=24.51$ 余 9.860149,列式为:

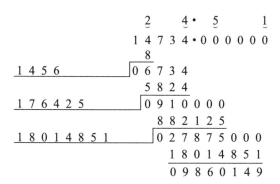

(二) 写算和筹算

明吴敬《九章算法比类大全》(1450 年) 首先介绍"写算"。以后程大位《算法统宗》(1592 年) 也说明"写算即铺地锦",都和明末清初西洋输入的"筹算"相同。

明吴敬《九章算法比类大全》(1450 年)"写算",列在卷首"乘除开方起例"项目之内,如:

"写算　先要书置格眼,将实数于上横写;法数于右直写,法实相呼,填写格内,得数从下小数起,遇十进上,合问。"

又有歌诀,如:

"写算先须仔细看,物钱多少在毫端,

　就填图内依书数,加减乘除总不难。"①

又举二例如:

_____

① 见吴敬:《九章详注比类算法大全》起例第 30 页,明刻本;又李俨:《中算史论丛》第五集,第 70 ~ 71 页,"写算铺地锦"条,仅指《算法统宗》(1592 年) 引用,实际《九章比类》(1450 年) 已开始引用。

（例一）306984×260375 = 79930959000。

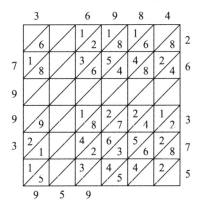

（例二）13567.95×12500 = 1356795×125 = 169599375。

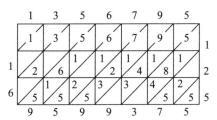

　　明程大位《算法统宗》（1592 年）"写算"列在卷十七"杂法"之内,如:

"写算即铺地锦

歌:

写算铺地锦为奇　不用算盘数可知

法实相呼小九数　格行写数莫差池

记零十进于前位　逐位数上亦如之

照式书图代乘法　厘毫丝忽不须疑"。

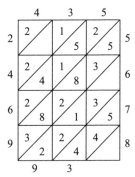

例如:435×5678 = 2469930。

　　"筹算"明末清初即十七世纪输入之"筹算",实际是阿拉伯旧有的"筹算"。此项"筹算"十四、十五世纪在阿拉伯、欧洲流行过。
阿罗弥(Al-kashi,? ～1447)《算术钥》(1427年)一书,记明

$$123×2507 = 308361$$

的例子。

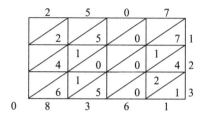

又1478年意大利北边一个城市Treviso,印行一本最早的印本算术
书①内有一例:

$$56789×1234 = 70077626。$$

写着:

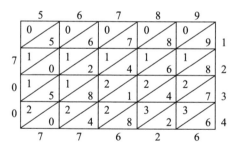

此项"筹算",十六世纪流行到印度,印度算家在1595年著书中有
一例:

$$135×12 = 1620。$$

写着:

---

① 参看:F. Cajori,*A History of Mathematical Notations*,Vol. I,p. 99,1928年.

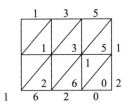

以上所记,都和吴敬《九章比类》(1450 年)卷首,程大位《算法统宗》(1592 年)卷十七,所记完全相同。

到 1617 年讷白尔撰成此项算筹,因称作讷白尔筹。

《西洋新法历书》(1645 年)也添有《筹算》一卷,题罗雅谷(1593 ~ 1638)撰,汤若望(1591 ~ 1666)订,又《筹算指》一卷,题汤若望撰,所说筹算,即讷白尔筹。此说输入中国后,学界多乐用这筹。方中通(1633 ~ 1698)《数度衍》(1661 年)称作"铺地锦法",说明此项"筹算"和程大位《算法统宗》(1592 年)"写算"完全相同。以后梅文鼎(1633 ~ 1721)、戴震(1724 ~ 1777)也介绍这筹。

(三)代数学

代数学于清初输入,称为"西洋借根法",译作"阿尔热巴拉",《东华录》作"阿尔朱巴尔",《赤水遗珍》作"阿尔热八达",都是异译。又有"东来法"之称,因欧洲此学亦传自阿拉伯。阿拉伯算家亚鲁·科瓦利米(Al-Khowârîzmî)约于公元 825 年著书论代数,书名 *Aljabr W'al-Muqâbalah*,其后流传欧洲,为代数学之祖。故有"东来法"之称,"阿尔热巴拉"等是 Aljabr 之译音。《数理精蕴》(1723 年)卷三十一至三十六论借根方比例,其称借根方:谓假借根数、方数以求实数之法。

如：$x^3+x^2-20x=33152$，则书为：

$$\boxed{\text{一立方}+\text{一平方}-\text{二〇根}=\text{三三一五二}}$$

其论带纵立方，计分九类，即：

$$x^3\pm bx=k, \qquad x^3\pm ax^2=k,$$

$$x^3\pm ax^2+bx=k, \qquad -x^3+ax^2=k,$$

其解法是用牛顿(Newton)之法(1669年)。

(四)对数术

对数术输入中国，开始在顺治十年(1653年)，穆尼阁将这方法传授给薛凤祚。有《比例对数表》(一作《比例数表》)一卷，题南海穆尼阁著，北海薛凤祚纂。书前有1653年薛凤祚叙，计：解法四页，表四十二页，序二页。原数自一数至二万数对比例算。一对位零"0"，是最初输入的小数六位的常对数表。

比例对数表（比例数表）

原 数	比 例 数	原 数	比 例 数
1	0.000000	41	1.622784
2	0.301030	42	1.623249
3	0.477121	43	1.633468
4	0.602060	44	1.643453
5	0.698970	45	1.653212
6	0.778151	46	1.662758
7	0.845098	47	1.672098
8	0.903090	48	1.681341
9	0.954242	49	1.690196
10	1.000000	50	1.698970
11	1.041393	51	1.707570
12	1.079181	52	1.716003
13	1.113943	53	1.724276
14	1.146128	54	1.732394
15	1.176091	55	1.740363
16	1.204120	56	1.748188
17	1.230449	57	1.755875
18	1.255272	58	1.763428
19	1.278754	59	1.770852
20	1.301030	60	1.778151
21	1.322229	61	1.785230
22	1.342423	62	1.792392
23	1.361728	63	1.799340
24	1.380211	64	1.806180
25	1.397940	65	1.812913
26	1.414973	66	1.819744
27	1.431369	67	1.826075
28	1.447158	68	1.832509
29	1.462398	69	1.838849
30	1.477121	70	1.845098
31	1.491362	71	1.851258
32	1.505150	72	1.857332
33	1.518514	73	1.863323
34	1.531479	74	1.869232
35	1.544068	75	1.875061
36	1.556302	76	1.880813
37	1.568202	77	1.886491
38	1.579783	78	1.892095
39	1.591065	79	1.897637
40	1.602060	80	1.903090

《历学会通》正集卷十二,《比例对数表》一卷(1653 年)序称:

> 夫不知其原,则不能通变诸法。此其要在勾股。奈三角勾股,病检取不易。穆先生出,而改为对数。今有对数表,则省乘除。而况开方、立方、三、四、五方等法,皆比原法工力,十省六七,且无舛错之患。此实为穆先生改历立法第一功。

穆尼阁是输入对数术到中国的第一人。①

穆尼阁解释对数之大意,谓:"愚今授以新法,变乘除为加减,……,解此别有专书,今特略明其理。如下二表,二同余算,不论从 1,2,3,4 起,或从 5,7,9,11 起。但同余之内,中三连度数,可取第四。"

比例算	1	2	4	8	16	32	64	128	256	512	1024	2048
同余算(a)	1	2	3	4	5	6	7	8	9	10	11	12
同余算(b)	5	7	9	11	13	15	17	19	21	23	25	27

如"同余算(a)"内之 6,7,8,9;有 9 = (7+8) −6 之关系,则"比例算"内之 16,32,64,128,有 128 = (32×64)÷16 之关系。

又"同余算(b)"内之 5,7,9,11;有 11 = (7+9) −5 之关系,则"比例算"内之 1,2,4,8,有 8 = (2×4)÷1 之关系。

以后《数理精蕴》(1723 年)也介绍对数。《数理精蕴》"对数比例"中称:"对数比例,乃西士若往・讷白尔(John Napier,1550 ~ 1617)所作,以借数与真数对列成表,故名《对数表》。又有恩利

---

① 见:Louis Vanhée, *Première Mention des Logarithmes en Chine*, T'oung-Pao.

格·巴理知斯（Henry Briggs,1556? ~1630）复加增修（1624年），行之数十年,始至中国。"《数理精蕴》未出版之前,是借钞本传世。北京故宫博物院所藏御制《对数阐微》十卷五册,和《数理精蕴》本校,则卷前多"一至一万内数根"九叶,前无序,后无90001至99991的表。

（五）几何学

几何学之输入,开始于《几何原本》之翻译。丁先生所编《几何原本》共十五卷（即:Clavius: Euclidis elementorum libri XV ,有1591, 1603年各版本）。

徐光启（1562~1633）和利玛窦（1552~1610）共译《几何原本》六卷,于万历三十五年（1607年）译成,有万历三十九年（1611年）刻本,余卷未译。《崇祯历书》内《测量全义》十卷（1631年）和《大测》二卷（1631年）都说到几何原则。在明代即有同类几何著作,如孙元化（? ~1632）《几何体论》一卷,《几何用法》一卷（1608年）。又《崇祯历书》之内另有《几何要法》四卷（1631年）系补充《几何原本》的几何书,①列有圆内容五角形作法,又《崇祯历书》内《测量全义》（1631）和《大测》（1631）各书,亦时时引到《几何原本》六卷以外《几何原本》九卷,十三卷各题问。又清帝爱新觉罗·玄烨学习几何时有《几何原本》七卷的讲义,又《数理精蕴》内另编有《几何原本》十二卷。

---

① 据裴化行考证:《几何要法》或译自 Euclidis elementorum libri XV, Jo. Magniensis, Cologue, 1592;见李俨:《中算史论丛》第三集,第34页。

《几何要法》说明"圆内容五等边形作法"如下：

"如有 ABC 圆，心为 D，先作 AC 过心线，次作 BD 垂线，次平分 CD 线于 E。作 BE 线。次取 BE 度，移于径线为 EF，次作 BF 直线。盖 BF 为 ABC 圆五分之一，以此为度可作内切圆五边形，DF 度可作内切圆十边形"。

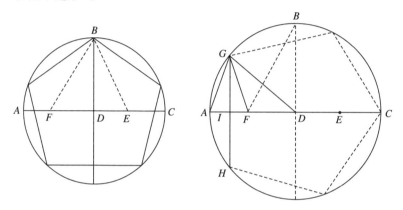

《大测》"宗率五"引《几何原本》卷十三，第十题："圆内容五等边形，其一边之正方，等于本圆所容六等边形，十等边形各一边之二正方和"，[①]未有证明。《数理精蕴》(1723 年)曾作证明。

《数理精蕴》(1723 年)证明：

"圆内容五等边形，其一边之正方，等于本圆所容六等边形，十等边形各一边之二正方和。"

如图：

　　AD＝圆半径；

　　AG＝圆内容十等边形之一边；

---

① 　此处用李善兰所译旧文，并参看《几何原本》卷四，第十一题，作法。

GH = 圆内容五等边形之一边。

AD，GH 相直垂。又作 $IF=AI$。

因 $GD^2 = AD^2$

$\qquad = (DF+AF)^2$

$\qquad = DF^2 + 2AF \times DF + AF^2$

$\qquad = AG^2 + 2(AD-AF)AF + AF^2$

$\qquad = AG^2 + 2AD \times AF(=AG^2) - 2AF^2 + AF^2$

$\qquad = 3AG^2 - AF^2$

$\qquad = 3AG^2 - 4AI^2$，

故　　$GD^2 + AG^2 = 4AG^2 - 4AI^2 = (2GI)^2 = GH^2$，

即　　$AD^2 + AG^2 = GH^2$。　　　　　　　　　　（证讫）

《大测》上下卷（1631 年）所称"六宗"是说明求圆内容 3，4，5，6，10，15 各等边形之一边的作法。

《数理精蕴》（1723 年）所称"六宗"，则于《大测》求圆内容 3，4，5，6，10，15 各等边形之一边的作法以外，"新增"求圆内容 7，9，14，18 各等边形之一边的作法。

《数理精蕴》（1723 年）说明：求圆内容 18 等边形之一边。

如图作 AB 半径。

又作一个三角形 ABD 和两个连比例三角形 BCE，CED。可使

$$AB:BC = BC:CE = CE:ED，$$

其中　　　　　　　　　　$AB = 3BC - ED$。

因如图，如 $\angle BAC = 20°$，令 $\angle CBE = \angle BAC = 20°$

则 $\angle BAG = 60°$，得 $AB = BG = 3BC - ED$　　　（证讫）

既得　　　　　　　　$AB:BC = BC:CE = CE:ED，$

$$1 = AB = 3BC - ED。$$

如比例式，令 $BC=x$，则 $CE=x^2$，$ED=x^3$，

$1:x=x:CE$，又 $x:CE=CE:ED$

$(3x-ED)CE=x^2$，即 $3x-3x^3=1$，

或 $x^3-3x+1=0$。

求得 $x=0.34729$ 即圆半径 $=1$ 时

圆内容 18 等边形一边之值。并可得圆内容 9 等边形一边之值。①

《数理精蕴》卷十六，求圆内容 14 等边形之一边，如图：

14 等边形的每个角度即：

$$\angle BAC=\frac{360°}{14}=25\frac{5}{7}°$$

如 $\triangle_s ABC,BCE,CED$ 为同式三角形，

其中 $\triangle_s BEC=EIJ=AKI$，

$\triangle_s CDE=IKJ$。

又 $\angle EBI=\angle DCB=\angle EIK=\angle AIJ$

$$=2\times25\frac{5}{7}°$$

$\angle CBE=\angle ECD=\angle KEI$

$$=\angle JIK=\angle JAI=25\frac{5}{7}°$$

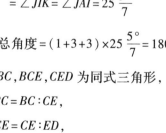

各三角形总角度 $=(1+3+3)\times25\frac{5}{7}°=180°$

因 $\triangle_n ABC,BCE,CED$ 为同式三角形，

$AB:BC=BC:CE$，

$BC:CE=CE:ED$，

---

① 参看李俨:《中算史论丛》第三集,第 501~505 页。

其中　　$AB=1$。

令　　$BC=x=$ 圆内容 14 等边形之一边，

则　　$AB=2BC+CE-DE$

　　　　　　$=AK+JE+CE-KJ$，

即　　$1=2x+CE-CE$

如　　$BC=x$，

　　　$CE=x^2$，

　　　$DE=x^3$，

即得　　$x^3-x^2-2x+1=0$。

解此方程　　$x=0.44504$。

即为圆内容 14 等边形之一边，

又可得圆内容 7 等边形之一边。

（注）《数理精蕴》此处"求圆内容 14 等边形之一边"的方法，系参照中世纪阿拉伯数学家应用连比例三角形"求圆内容 18 等边形之一边"的算法。

参看 M. Cantor: *Vorlesungen Über Geschichte der Mathematik*, Vol. I, p. 759 ~ 760, 1922, Berlin.

现将"求圆内容 10, 14, 18 等边形之一边"的方法，统一介绍如下：

（一）"求圆内容 10 等边形之一边"

如图：

$\angle BAC=\dfrac{1}{5}\times180°$，余类推。

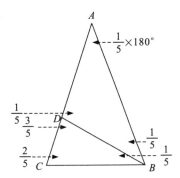

又　　$BC=BD=AD$。

令　　$AB=1$；$BC=x_1$；

　　　$AB=BC+BC^2$，

或　　$x_1^2+x_1-1=0$。

得　x_1 为圆内容 10 等边形之一边。

（二）"求圆内容 14 等边形之一边"

如图：

$$\angle BAC = \frac{1}{7} \times 180°，余类推。$$

又　$BC = BE = EF = EH = AG = AF$，

$$ED = HG。$$

令　$AB = 1；BC = x_2$；

$$AB = 2BC + CE - ED，$$

或　$x_2^3 - x_2^2 - 2x_2 + 1 = 0$，得　x_2 为圆内容 14
等边形之一边。

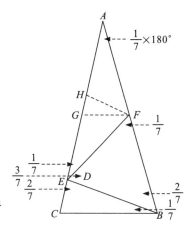

（三）"求圆内容 18 等边形之一边"

如图：

$$\angle BAC = \frac{1}{9} \times 180°，余类推。$$

又　$BC = BE = EF = FG =$

$$= FI = AH = AG，$$

$$ED = HI。$$

令　$AB = 1；BC = x_3$；

$$AB = 3BC - ED，$$

或　$x_3^3 - 3x_3 + 1 = 0$。

得　x_3 为圆内容 18 等边形之一边。

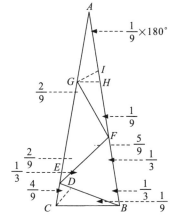

　　古代希腊数学家曾提出三个有名问题：即（一）某角三等分问题；（二）作两个立方体等形问题；（三）作一个圆和平方形等积问题。其中第（三）问题中世西洋数学家曾试作计划。《几何要法》亦加介绍。即

　　在任意正方形上，先作 BAD 的 $\frac{1}{4}$ 圆周形。将此 $\frac{1}{4}$ 圆周形分为

九分,又将正方形之 AB,CD 边亦分为九分,相交点联成曲线,其弦线如 AE(为所求相等圆的半径)。则在 4 个 ABCD 方形内,AE 为相等圆之半径,再作 AE 之平行线 GF……等等。则 4 个 BG^2 方形内,GF 为其相等圆之半径。

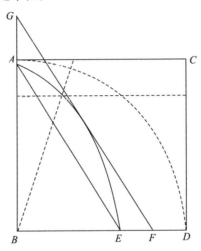

此项计划是错误的。可是直到十九世纪德国 Lindemann(1882年)方证实此项试作是不合理,亦不可能。可是当时教士尚无所知,所以《几何要法》,亦盲目加以介绍。

(六)平面三角术和三角函数表

明末清初介绍平面三角术,球面三角术的有:徐光启进呈《崇祯历书》内《大测》二卷(1631 年),《割圆八线表》六卷(1631 年),《测量全义》十卷(1631 年)和李天经序,汤若望撰,《浑天仪说》四卷(1636 年)。同时穆尼阁、薛凤祚《天步真原》,《三角算法》(1653 年)以及《数理精蕴》卷十六(1722 年)都有记录。

《测量全义》第七卷（1631 年）称：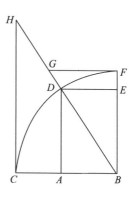
"每弧，每角有八种线。曰：正弦（AD）；曰：
正切线（CH）；曰：正割线（BH）；曰：正矢
（AC）；曰：余弦（DE）；曰：余切线（GF）；
曰：余割线（BG）；曰：余矢（EF），并全数
（即通弦或半径，BC 或 BF）为九种。"
列有附图。同时《割圆八线表》（1631 年），
列有"八线表全图"，穆尼阁，薛凤祚《天步
真原》亦列有"八线图"，未记余矢，以后《数理精蕴》卷十六（1722
年）也有同样记载。

平面三角术的基础定义和公式，《测量全义》十卷记录较详（附
见他书的，另作附记），如：

$$\sin\alpha \cdot \mathrm{cosec}\,\alpha = 1 ; \cos\alpha \cdot \sec\alpha = 1 ;$$

$$\mathrm{tg}\,\alpha \cdot \mathrm{ctg}\,\alpha = 1 ;$$

$$\mathrm{tg}\,\alpha = \frac{\sin\alpha}{\cos\alpha} ;$$

$$\mathrm{ctg}\,\alpha = \frac{\cos\alpha}{\sin\alpha} ;$$

又　　　　$\sin^2\alpha + \cos^2\alpha = 1 ;$

$$\mathrm{tg}^2\alpha + 1 = \sec^2\alpha ;$$

$$\mathrm{ctg}^2\alpha + 1 = \mathrm{cosec}^2\alpha \qquad （《大测》简法一，1631 年）。$$

又　$\sin\alpha = \sin(60°+\alpha) - \sin(60°-\alpha)$（《数理精蕴》简法二，1722
年）。

如图：$\angle EAC = 60°$，$\angle DKE = \angle FKE = \alpha$，

$$DJ = DG - FH。$$

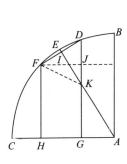
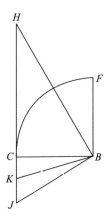

又 $$\sec\alpha = \mathrm{tg}\alpha + \mathrm{tg}\left(\frac{90°-\alpha}{2}\right)$$

（《大测》,简法二,1631 年;《数理精蕴》,八线相求,1722 年）。

如图：$\angle FBC = \angle HBJ = 90°$，$\angle HBC = \alpha$，

$$HB = HC + CK。$$

$\sin(\alpha \pm \beta) = \sin\alpha\cos\beta \pm \cos\alpha\sin\beta$ （《大测》,简法二,1631 年）。

$\cos(\alpha \pm \beta) = \cos\alpha\cos\beta \mp \sin\alpha\sin\beta$（《数理精蕴》,简法一,1722 年）。

$$\mathrm{tg}(\alpha \pm \beta) = \frac{\mathrm{tg}\alpha \pm \mathrm{tg}\beta}{1 \mp \mathrm{tg}\alpha \cdot \mathrm{tg}\beta};$$

$$\sin 2\alpha = 2\sin\alpha\cos\alpha$$ （《大测》,要法二）。

$$\cos 2\alpha = \cos^2\alpha - \sin^2\alpha;$$

$$\mathrm{tg}2\alpha = \frac{2\mathrm{tg}\alpha}{1 - \mathrm{tg}^2\alpha};$$

$$\sin\frac{\alpha}{2} = \pm\sqrt{\frac{1-\cos\alpha}{2}}$$ （《大测》,要法三）。

$$\cos\frac{\alpha}{2} = \pm\sqrt{\frac{1+\cos\alpha}{2}};$$

$$\mathrm{tg}\alpha = \pm\sqrt{\frac{1-\cos\alpha}{1+\cos\alpha}}。$$

$$\sin\alpha+\sin\beta = 2\sin\frac{\alpha+\beta}{2}\cos\frac{\alpha-\beta}{2};$$

$$\sin\alpha-\sin\beta = 2\cos\frac{\alpha+\beta}{2}\sin\frac{\alpha-\beta}{2};$$

$$\cos\alpha+\cos\beta = 2\cos\frac{\alpha+\beta}{2}\cos\frac{\alpha-\beta}{2};$$

$$\cos\alpha-\cos\beta = -2\sin\frac{\alpha+\beta}{2}\sin\frac{\alpha-\beta}{2}。$$

斜三角形解法公式,《测量全义》十卷也记录较详(附见他书的,另作附记)。如:

Ⅰ. 正弦定理:

$$\frac{a}{\sin A} = \frac{b}{\sin B} = \frac{c}{\sin C} = 2r \quad (《大测》,根法一)。$$

Ⅱ. 余弦定理:

$$a^2 = b^2+c^2-2bc\cos A;$$

$$b^2 = c^2+a^2-2ca\cos B;$$

$$c^2 = a^2+b^2-2ab\cos C。$$

Ⅲ. 正切定理:

$$\frac{a+b}{a-b} = \frac{\mathrm{tg}\dfrac{A+B}{2}}{\mathrm{tg}\dfrac{A-B}{2}} \qquad (《大测》,根法三)。$$

半角定理:

$$\sin\frac{A}{2} = \sqrt{\frac{(s-b)(s-c)}{bc}};$$

507

$$\cos\frac{A}{2}=\sqrt{\frac{s(s-a)}{bc}};$$

$$\operatorname{tg}\frac{A}{2}=\sqrt{\frac{(s-b)(s-c)}{s(s-a)}},$$

或

$$\operatorname{tg}\frac{A}{2}=\frac{1}{s-a}\sqrt{\frac{(s-a)(s-b)(s-c)}{s}};$$

$$\operatorname{tg}\frac{B}{2}=\frac{1}{s\ b}\sqrt{\frac{(s-a)(s-b)(s-c)}{s}};$$

$$\operatorname{tg}\frac{C}{2}=\frac{1}{s-c}\sqrt{\frac{(s-a)(s-b)(s-c)}{s}},$$

其中 $$s=\frac{1}{2}(a+b+c);$$

$$r=\sqrt{\frac{(s-a)(s-b)(s-c)}{s}};$$

又 $r=$ 斜三角形内容圆半径。

薛凤祚《三角算法》（1653 年）叙述"正线钝角三角法"内，也介绍"正弦定理"，"余弦定理"，"正切定理"和"半角定理"。其中"正弦定理"，"正切定理"和"半角定理"则配合对数来计算。有下列各式：

$\log b=\log a+\log\sin\beta-\log\sin\alpha$ （正弦定理）。

$\log\operatorname{tg}\dfrac{\alpha-\beta}{2}=\log\dfrac{a-b}{2}=\log\tan\dfrac{180°-r}{2}-\log\dfrac{a+b}{2}$ （正切定理）。

$\log\operatorname{tg}\dfrac{\alpha}{2}=\dfrac{1}{2}\{[\log(s-b)+\log(s-c)]-[\log s+\log(s-a)]\}$

（半角定理）。

又其中"余弦定理"则由 $b^2-(b\cos A)^2=a^2-(c-b\cos A)^2$ 算出

$$a^2 = b^2 + c^2 - 2bc\cos A \text{。}$$

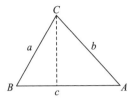

三角函数表也是明末输入。《测量全义》卷三之内，有《测圜八线小表》，为正弦，切线，割线及其余线之函数表，小数四位，每十五分有数，如附表（1）。

而《崇祯历书》中，崇祯四年（1631 年）呈进之《割圆八线表》六卷，小数五位，每分有数，秒以下以比例得之。其次序：先正弦线，次正切线，次正割线，次余弦，次余切线，次余割线，如附表（2）。

入清则薛凤祚、穆尼阁共译之《比例四线新表》小数六位，度以下析为百分。四线即正弦、余弦、切线、余切线等四线。

《比例四线新表》是正弦、余弦、正切、余切四线的对数表。表前有康熙元年（1662 年）薛凤祚序。书题"薛凤祚纂著"，实际是由穆尼阁得来。穆尼阁又是传达恩利格·巴理知斯（Henry Briggs，1556？~1630）的方法。此表令通弦对数为 10,000000，度以下析百分，每分有数，小数六位。

清梅文鼎《勿庵历算书目》称：

薛仪甫（凤祚）又有四线新比例，用四线，即正线或正弦，余线或余弦，正切或正切线，余切或余切线。同，惟度析百分从古率也，穆有《天步真原》，薛有《天学会通》，并依此立算。

即指此事。

度	分	正弦（sin）	切线（tan）	割线（sec）
0°	0′	——	——	——
	15′	. 0043	. 0043	1. 0000
	30′	. 0087	. 0087	1. 0000
	45′	. 0130	. 0130	1. 0001
1°	0′	. 0174	. 0174	1. 0001
	15′	. 0218	. 0218	1. 0002
	30′	. 0261	. 0262	1. 0003
	45′	. 0305	. 0305	1. 0005
2°	0′	. 0349	. 0349	1. 0006
	15′	. 0392	. 0393	1. 0007
	30′	. 0436	. 0437	1. 0009
	45′	. 0480	. 0480	1. 0011
3°	0′	. 0523	. 0524	1. 0013
	15′	. 0567	. 0568	1. 0016
	30′	. 0610	. 0612	1. 0018
	45′	. 0654	. 0655	1. 0021
4°	0′	. 0697	. 0699	1. 0024
	15′	. 0741	. 0743	1. 0027
	30′	. 0784	. 0787	1. 0030
	45′	. 0828	. 0831	1. 0034
5°	0′	. 0871	. 0875	1. 0038

（1）

510

0°	正弦 （sin）	正切线 （tan）	正割线 （sec）	余弦 （cos）	余切线 （cot）	余割线 （csc）	
0′	.00000	.00000	1.00000	1.00000	0000.00000	0000.00000	60′
1′	.00029	.00029	1.00000	.99999	3437.74667	3437.74682	59′
2′	.00058	.00058	1.00000	.99999	1718.87319	1718.87348	58′
3′	.00087	.00087	1.00000	.99999	1145.91530	1145.91574	57′
4′	.00116	.00116	1.00000	.99999	859.43630	859.43689	56′
5′	.00145	.00145	1.00000	.99999	687.54887	687.54960	55′
6′	.00175	.00175	1.00000	.99999	572.95721	572.95809	54′
7′	.00204	.00204	1.00000	.99999	491.10600	491.10702	53′
8′	.00233	.00233	1.00000	.99999	429.71757	429.71873	52′
9′	.00262	.00262	1.00000	.99999	381.97099	381.97230	51′
10′	.00291	.00291	1.00000	.99999	343.77371	343.77516	50′
11′	.00320	.00320	1.00001	.99999	312.52137	312.52297	49′
12′	.00349	.00349	1.00001	.99999	286.47773	286.47948	48′
13′	.00378	.00378	1.00001	.99999	264.44080	264.44269	47′
14′	.00407	.00407	1.00001	.99999	245.55198	245.55402	46′
15′	.00436	.00436	1.00001	.99999	229.18166	229.18385	45′
16′	.00465	.00465	1.00001	.99999	214.85762	214.85995	44′
17′	.00494	.00494	1.00001	.99999	202.21875	202.22122	43′
18′	.00524	.00524	1.00001	.99999	190.98419	190.98680	42′
19′	.00553	.00553	1.00002	.99998	180.93220	180.93496	41′
20′	.00582	.00582	1.00002	.99998	171.88540	171.88831	40′
21′	.00611	.00611	1.00002	.99998	163.70019	163.70325	39′
22′	.00640	.00640	1.00002	.99998	156.25908	156.26228	38′
23′	.00669	.00669	1.00002	.99998	149.46502	149.46837	37′
24′	.00698	.00698	1.00002	.99998	143.23712	143.24061	36′
25′	.00727	.00727	1.00003	.99997	137.50745	137.51108	35′
26′	.00756	.00756	1.00003	.99997	133.21851	133.22229	34′
27′	.00785	.00785	1.00003	.99997	127.32134	127.32526	33′
28′	.00815	.00815	1.00003	.99997	122.77396	122.77803	32′
29′	.00844	.00844	1.00003	.99996	118.54018	118.54440	31′
30′	.00873	.00873	1.00003	.99996	114.58865	114.59301	30′
	（cos）	（cot）	（csc）	（sin）	（tan）	（sec）	89°

（2）

511

比例四线新表（假数表）

度　分	正　线（sin）假　数	余　线（cos）	正　切（tan）	余　切（cot）	
0° 1′	6.343346	10.000000	6.343346	13.421444	9′
2′	6.492721	10.000000	6.492722	13.330871	8′
3′	6.642096	10.000000	6.242096	13.240298	7′
4′	6.791472	10.000000	6.791472	13.149725	6′
5′	6.940847	9.999999	6.940847	13.059152	5′
6′	7.000903	9.999999	7.000903	12.998946	4′
7′	7.060959	9.999998	7.060959	12.938740	3′
8′	7.121015	9.999998	7.121015	12.878534	2′
9′	7.181071	9.999998	7.181071	12.818228	1′
10′	7.241877	9.999998	7.241878	12.758122	90′
1′	7.277095	9.999998	7.277095	12.722903	9′
2′	7.312313	9.999998	7.312313	12.687185	8′
3′	7.347531	9.999998	7.347531	12.652466	7′
4′	7.382749	9.999998	7.382749	12.617248	6′
5′	7.417968	9.999998	7.417968	12.582030	5′
6′	7.442955	9.999998	7.442957	12.557042	4′
7′	7.467943	9.999998	7.467945	12.532054	3′
8′	7.492930	9.999998	7.492931	12.507068	2′
9′	7.517918	9.999997	7.517919	12.482078	1′
20′	7.542906	9.999997	7.542909	12.457091	80′
1′	7.562288	9.999997	7.562290	12.437708	9′
2′	7.581670	9.999997	7.581675	12.418316	8′
3′	7.601052	9.999996	7.601056	12.398944	7′
4′	7.620434	9.999996	7.600438	12.379562	6′
5′	7.639816	9.999996	7.639820	12.360180	5′
6′	7.655652	9.999996	7.655653	12.344302	4′
7′	7.671488	9.999995	7.671490	12.328416	3′
8′	7.687324	9.999995	7.687327	12.312550	2′
9′	7.703160	9.999995	7.703164	12.296673	1′
30′	7.718996	9.999994	7.719200	12.280797	70′
90′					10′
1′	8.199997	9.999954	9.200852	11.99147	9′
2′	8.203893	9.999944	8.205549	11.94450	8′
3′	8.207189	9.999924	8.210246	11.89753	7′
4′	8.211685	9.999914	8.214943	11.85056	6′
5′	8.215581	9.999940	8.219641	11.80359	5′
6′	8.220835	9.999939	8.224097	11.75902	4′
7′	8.226090	9.999937	8.228553	11.71446	3′
8′	8.231245	9.999936	8.233009	11.66990	2′
9′	8.236600	9.999935	8.237465	11.62534	1′
100′	8.241855	9.999934	8.241921	11.78078	89° 0′
	余　线（cos）	正　线（sin）	余　切（cot）	正　切（tan）	度　分

(七)割圆术

(甲)割圆术和亚奇默德《圜书》

割圆术于明末由西士输入。《测量全义》(1631 年)卷五"圆面求积"引亚奇默德(Archimedes,前 287?～前 212 年)《圜书》(*Measurement of the Circle*)内三题,并附图说明。

第一题:"圆形之半径,偕其周作勾股形,其容与圆形之积等。"

"解曰:如图,*CDEF* 圆形,中心 *B*,其半径 *BC*,即以为股,(圆)形之周为勾,成 *QST* 勾股形,题言两形之容等。

论曰:设有言不等,必云大或小。云圆形为大,勾股形小者,其较为 *V* 形。即于圆内作 *CDEF* 正方形,又作 *CGDHEIFJ* 八角直线形,从心至八角形之各边作 *AB* 等中垂线。试于圆形内,减其大半;所余,又减其大半;末所余,以比较形 *V*,必能为小矣。[《几何》X,1]。如先减 *CDEF* 方形,次减 *CJF* 等三角形四,末余 *CG*……,*CJ*……等三角杂形八,必小于 *V* 形也。次作 *QRU* 三边形,与 *CGD*……八角形等,必小于 *QST* 三边形,何者? *QR* = *AB* < *BG*(= *r*)。先设 *QRU* 三边形,及 *V* 较形,始与圆形。今 *QRU* 三边形,及八三角

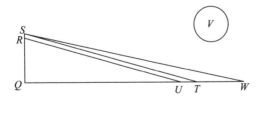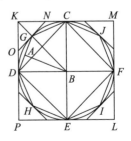

(1)

杂形适与圆等。夫 △QST 大于 △QRU,V 形大于八三角杂形,是合两大形 QST 及 V 始与圆形;复谓合两小形即 QRU 及八三角杂形与圆等,必无是理也。

次论曰:若言圆形为小,勾股形大者,其较为 V 形,即于圆外作 KMLP 正方形,又作 NO……八角形。夫 MP 方形大于 QST 三角形者,方形的周线,大于圆形之周线也。内减其大半即元圆,又减其大半即 NOK 等三角形也。末余 CNG,GOD 等三角杂形八,必小于较形 V;又作 QSW 三角形与 CNO……八角形等。兹形为圆之外切,必大于元圆,而 QW 为外形之周,必大于 QT 内圆之周。先设圆及 V 形与 QST 三角形等,今并圆及三角杂形八即 CNG 等八杂形也,反大于 QST 三角形,是圆偕八杂小形而为大者,又偕 V 大形而为小可乎?"

第二题:"凡圆周三倍圆径有奇。"

此题共有二支,亦有二法。

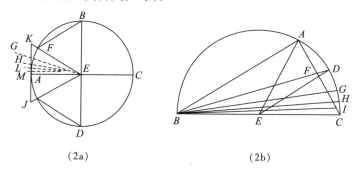

(2a)　　　　　(2b)

其一,证明 $\pi < 3\frac{10}{70}$,从圆外切六等边形起算,如图(2a)。

其二,证明 $\pi > 3\frac{10}{71}$,从圆内容六等边形起算,如图(2b)。

如图(2a)从圆外切六等边形起算

AK=圆外切 6 边形一边之半=153(任设此数,以便推算),

$KE = 306$。

$AG, AH, AL, AM =$ 圆外切 $12, 24, 48, 96$ 边形一边之半。

$$EA = \sqrt{306^2 - 153^2} = 265 +,$$

得 $$\frac{EA}{AK} > \sqrt{3} > \frac{265}{153}。 \tag{1}$$

又因 $\dfrac{KE}{EA} = \dfrac{KG}{AG}$，即 $\dfrac{KE + EA}{EA} = \dfrac{KG + AG}{AG}$，

或 $$\frac{KE + EA}{AK} = \frac{EA}{AG} = \frac{306 + 265}{153} = \frac{571}{153},$$

$$EG = \sqrt{571^2 + 153^2} = \sqrt{349450} = 591\frac{169}{1183} = 591\frac{1}{8},$$

得 $$\frac{EG}{AG} > \frac{591\frac{1}{8}}{153}。 \tag{2}$$

如前 $$\frac{GE + EA}{AG} = \frac{EA}{AH} = \frac{591\frac{1}{8} + 571}{153} = \frac{1162\frac{1}{8}}{153},$$

$$EH = \sqrt{1162\frac{1}{8}^2 + 153^2} = \sqrt{1373943\frac{33}{64}} = 1172\frac{1}{8},$$

得 $$\frac{EH}{AH} > \frac{1172\frac{1}{8}}{153}。 \tag{3}$$

如前 $$\frac{HE + EA}{AH} = \frac{EA}{AL} = \frac{1172\frac{1}{8} + 1162\frac{1}{8}}{153} = \frac{2334\frac{1}{4}}{153},$$

$$EL = \sqrt{2334\frac{1}{4}^2 + 153^2} = \sqrt{5472132\frac{1}{16}} = 2339\frac{1}{4},$$

得 $$\frac{EL}{AL} > \frac{2339\frac{1}{4}}{153}。 \tag{4}$$

如前 $\qquad \dfrac{LE+EA}{AL}=\dfrac{EA}{AM}=\dfrac{2339\frac{1}{4}+2334\frac{1}{4}}{153}=\dfrac{4673\frac{1}{2}}{153},$

得 $\qquad\qquad\qquad \dfrac{EA}{AM}>\dfrac{4673\frac{1}{2}}{153},$ $\qquad\qquad$（5）

或 $\qquad\qquad \dfrac{半径}{外切96边形半周}=\dfrac{圆径}{96边形周}=\dfrac{4673\frac{1}{2}}{153\times96},$

即 $\qquad\qquad \pi<\dfrac{153\times96}{4673\frac{1}{2}}\left(=\dfrac{29376}{9347}=3\dfrac{1}{7+\frac{1}{2}{1335}}\right)$

$\qquad\qquad\qquad <3\dfrac{10}{70}°.$

又如图（2b），从图内容六等边形起算。

令 $\quad BC=$ 圆径 $=1560,$

$\qquad CA=$ 圆内容6边形之一边 $=780,$

$\qquad CD,CG,CH,CI=$ 圆内容12,24,48,96各边形之一边。

$\qquad\qquad \dfrac{CA}{BC}=\dfrac{780}{1560},$ 又求得 $BA=1351$。

因 $\quad \dfrac{BD}{CD}=\dfrac{CD}{DF},$ 又 $\quad \dfrac{BC}{CD}=\dfrac{FC}{DF},$ 即 $\quad \dfrac{BC}{FC}=\dfrac{CD}{DF},$

故 $\qquad\qquad \dfrac{BD}{CD}=\dfrac{BC}{FC}=\dfrac{CD}{DF}\circ$

又 $\qquad\qquad \dfrac{BD}{CD}=\dfrac{BA+BC}{CA},$ 或 $\quad \dfrac{BD}{CD}=\dfrac{2911}{780},$

$\qquad BC=\sqrt{2911^2+780^2}=\sqrt{9082321}=3013\dfrac{3}{4},$

得
$$\frac{CD}{BC}<\frac{780}{3013\frac{3}{4}}。 \tag{1}$$

又
$$\frac{BG}{CG}=\frac{BD+BC}{CD}，或 \quad \frac{BG}{CG}=\frac{5924\frac{3}{4}}{780}=\frac{1823}{240}，$$

$$BC=\sqrt{1823^2+240^2}=\sqrt{3380929}=1838\frac{9}{11}，$$

得
$$\frac{CG}{BC}<\frac{240}{11838\frac{9}{11}}。 \tag{2}$$

同理
$$\frac{BH}{CH}=\frac{BG+BC}{CG}，或 \quad \frac{BH}{CH}=\frac{3361\frac{9}{11}}{240}=\frac{1007}{66}，$$

$$BC=\sqrt{1007^2+66^2}=\sqrt{1018405}=1009\frac{1}{6}，$$

得
$$\frac{CH}{BC}<\frac{66}{1009\frac{1}{6}}。 \tag{3}$$

同理
$$\frac{BI}{CI}=\frac{BH+BC}{CH}，或 \quad \frac{BI}{CI}=\frac{2016\frac{1}{6}}{66}，$$

$$BC=\sqrt{2016\frac{1}{6}^2+66^2}=\sqrt{4069284\frac{1}{36}}=2017\frac{1}{4}，$$

得
$$\frac{CI}{BC}<\frac{66}{2017\frac{1}{4}}。 \tag{4}$$

即
$$\pi>\frac{66\times96}{2017\frac{1}{4}}\left(=\frac{6636}{2017\frac{1}{4}}=\frac{25344}{8069}=3+\frac{1}{7+\frac{1}{1+\frac{37}{100}}}\right)$$

$>3\dfrac{10}{71}$。

第三题："圆容积与径上方形之比例。"

解曰：一为 11 与 14 而朒，一为 223 与 284 而盈，如图（3）。

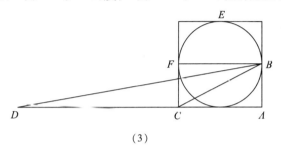

（3）

先解朒者，BEF 圆与 ACE 方。引长 CA 边为 DA，令大于 CA 为 $3\dfrac{1}{7}$ 倍，则与周等为勾。AB 边，圆之半径也，为股，成 $\triangle ABD$，其积与圆积略等，又 $\triangle ABC$ 为直角形，因

$$\frac{CA}{DA}=\frac{7}{22},$$

则

$$\frac{\triangle ABC}{\triangle ABD}=\frac{7}{22}[《几何》\text{VI}.1.]，$$

$$\triangle ABC=\odot BEF，$$

则

$$\frac{\triangle ABC}{\odot BEF}=\frac{7}{22}。$$

又

$$\triangle ABC=\frac{1}{4}\square ACE，$$

则

$$\frac{\Box ACE}{\odot BEF}=\frac{28}{22}=\frac{14}{11}\text{。}$$

次解盈者，设 $CA=71$，$DA=223$，

则　　　　　$\dfrac{\triangle ABC}{\triangle ABD}=\dfrac{71}{223}$，即　　$\dfrac{\Box ACE}{\odot BEF}=\dfrac{284}{223}$。

(乙)割圆术和杜氏九术

清初杜德美(1668～1720)所输入的杜氏九术，据梅毂成(1681～1763 年)《赤水遗珍》(1721 年)所称，译"西士杜德美法"为下之三式：

$$\pi d=d\left(3+\frac{3\cdot1^2}{4\cdot3!}+\frac{3\cdot1^2\cdot3^2}{4^2\cdot5!}+\frac{3\cdot1^2\cdot3^2\cdot5^2}{4^3\cdot7!}+\cdots\right),$$

或　　　$\pi=3\left(1+\dfrac{1}{4}\cdot\dfrac{1^2}{3!}+\dfrac{1}{4^2}\cdot\dfrac{1^2\cdot3^2}{5!}+\dfrac{1}{4^3}\cdot\dfrac{1^2\cdot3^2\cdot5^2}{7!}+\cdots\right)$

$$=3.1415926495\text{。}\tag{I}$$

$$\sin\alpha=a-\frac{a^3}{3!\cdot r^2}+\frac{a^5}{5!\cdot r^4}-\frac{a^7}{7!\cdot r^6}+\frac{a^9}{9!\cdot r^8}-\cdots,\tag{II}$$

$$\operatorname{vers}\alpha=\frac{a^2}{2!\cdot r}-\frac{a^4}{4!\cdot r^3}+\frac{a^6}{6!\cdot r^5}-\frac{a^8}{8!\cdot r^7}+\frac{a^{10}}{10!\cdot r^9}-\cdots\text{。}\tag{III}$$

杜德美以此术传授给明安图(1712～1765)。明安图，字静庵，蒙古镶白旗人，1712～1765 服官钦天监各职。[1] 明安图于乾隆初年(1736～?)始编《割圜密率捷法》一书，遗著未成而卒。其《割圜密率捷法》卷一有圜径求周等九术，陈际新[2]称："内圜径求周(I)，

① 据《增校清朝进士款名碑录》："明安图，镶白旗蒙古人，乾隆十六年(1751 年)辛未缮译科(进士)。"

② 陈际新，字商盘，宛平人。著《气候备考》一卷，曾与修《四库全书》(1781 年)，任钦天监灵台郎。

弧背求弦（Ⅱ），弧背求矢（Ⅲ）三法，本泰西杜氏德美所著"，是以其余六术为明安图所补创。以后朱鸿，张豸冠，项名达（1789～1850），董祐诚（1791～1823），徐有壬（1800～1860），戴煦（1805～1860），丁取忠，夏鸾翔（1823～1864），复通称杜氏九术。九术如下：

（一）圜径求周

$$\pi d = d\left(3 + \frac{3 \cdot 1^2}{4 \cdot 3!} + \frac{3 \cdot 1^2 \cdot 3^2}{4^2 \cdot 5!} + \frac{3 \cdot 1^2 \cdot 3^2 \cdot 5^2}{4^3 \cdot 7!} + \cdots\right),$$

或

$$\frac{\pi}{3} = 1 + \frac{1}{4} \cdot \frac{1^2}{3!} + \frac{1}{4^2} \cdot \frac{1^2 \cdot 3^2}{5!} + \frac{1}{4^3} \cdot \frac{1^2 \cdot 3^2 \cdot 5^2}{7!} + \cdots,$$

或

$$\pi d = 3d \sum_1^\infty \frac{1^2 \cdot 1^2 \cdot 3^2 \cdot 5^2 \cdots (2n-5)^2 (2n-3)^2}{4^{n-1} \cdot (2n-1)!}。 \qquad (\text{I})$$

（二）弧背求正弦

$$\sin\alpha = a - \frac{a^3}{3! \cdot r^2} + \frac{a^5}{5! \cdot r^4} - \frac{a^7}{7! \cdot r^6} + \frac{a^9}{9! \cdot r^8} - \cdots,$$

或

$$\sin\alpha = \sum_1^\infty (-1)^{n-1} \frac{a^{2n-1}}{r^{2(n-1)} \cdot (2n-1)!}。 \qquad (\text{II})$$

（三）弧背求正矢

$$\text{vers}\alpha = \frac{a^2}{2! \cdot r} - \frac{a^4}{4! \cdot r^3} + \frac{a^6}{6! \cdot r^5} - \frac{a^8}{8! \cdot r^7} + \frac{a^{10}}{10! \cdot r^9} - \cdots,$$

或

$$\text{vers}\alpha = \sum_1^\infty (-1)^{n+1} \frac{a^{2n}}{r^{2n-1}(2n)!}。 \qquad (\text{III})$$

（四）弧背求通弦

$$c = 2a - \frac{(2a)^3}{4 \cdot 3! \cdot r^2} + \frac{(2a)^5}{4^2 \cdot 5! \cdot r^4} - \frac{(2a)^7}{4^3 \cdot 7! \cdot r^6}$$

$$+ \frac{(2a)^9}{4^4 \cdot 9! \cdot r^8} - \cdots,$$

或

$$c = \sum_1^\infty (-1)^{n+1} \frac{(2a)^{2n-1}}{4^{n-1} \cdot r^{2(n-1)}(2n-1)!}。 \qquad (\text{IV})$$

（五）弧背求矢

$$\text{vers}\alpha = \frac{(2a)^2}{4 \cdot 2! \cdot r} - \frac{(2a)^4}{4^2 \cdot 4! \cdot r^3} + \frac{(2a)^6}{4^3 \cdot 6! \cdot r^5}$$

$$- \frac{(2a)^8}{4^4 \cdot 8! \cdot r^7} + \cdots,$$

或

$$\text{vers}\alpha = \sum_1^\infty (-1)^{n+1} \frac{(2a)^{2n}}{4^n \cdot r^{2n-1} \cdot (2n)!}。 \qquad (\text{V})$$

（六）通弦求弧背

$$2a = c + \frac{1^2 \cdot c^3}{4 \cdot 3! \cdot r^2} + \frac{1^2 \cdot 3^2 \cdot c^5}{4^2 \cdot 5! \cdot r^4} + \frac{1^2 \cdot 3^2 \cdot 5^2 \cdot c^7}{4^3 \cdot 7! \cdot r^6}$$

$$+ \frac{1^2 \cdot 3^2 \cdot 5^2 \cdot 7^2 \cdot c^9}{4^4 \cdot 9! \cdot r^8} + \cdots,$$

或

$$2a = \sum_1^\infty \frac{1^2 \cdot 1^2 \cdot 3^2 \cdots\cdots (2n-5)^2 (2n-3)^2}{4^{n-1} \cdot r^{2(n-1)}(2n-1)!} c^{2n-1}。 \qquad (\text{VI})$$

（七）正弦求弧背

$$a = \sin\alpha + \frac{1^2 \cdot \sin^3\alpha}{3! \cdot r^2} + \frac{1^2 \cdot 3^2 \cdot \sin^5\alpha}{5! \cdot r^4}$$

$$+ \frac{1^2 \cdot 3^2 \cdot 5^2 \cdot \sin^7\alpha}{7! \cdot r^6} + \frac{1^2 \cdot 3^2 \cdot 5^2 \cdot 7^2 \cdot \sin^9\alpha}{9! \cdot r^8} + \cdots,$$

或

$$a = \sum_1^{\infty} \frac{1^2 \cdot 1^2 \cdot 3^2 \cdots (2n-5)^2 (2n-3)^2}{r^{2n+1} \cdot (2n-1)!} \sin^{2n-1}\alpha。 \quad (\text{VII})$$

此式乃由（VI）式令 $c = 2\sin a$ 代得。

（八）正矢求弧背

$$u^2 = r \left[(2\operatorname{vers}\alpha) + \frac{1^2 (2\operatorname{vers}\alpha)^2}{3 \cdot 4 \cdot r} + \frac{1^2 \cdot 2^2 \cdot (2\operatorname{vers}\alpha)^3}{3 \cdot 4 \cdot 5 \cdot 6 \cdot r^2} \right.$$
$$\left. + \frac{1^2 \cdot 2^2 \cdot 3^2 \cdot (2\operatorname{vers}\alpha)^4}{3 \cdot 4 \cdot 5 \cdot 6 \cdot 7 \cdot 8 \cdot r^3} + \cdots \right],$$

或

$$a^2 = 2r \sum_1^{\infty} \frac{1^2 \cdot 1^2 \cdot 2^2 \cdots (n-2)^2 (n-1)^2}{r^{n-1} \cdot (2n)!} (2\operatorname{vers}\alpha)^2。 \quad (\text{VIII})$$

（九）矢求弧背

$$(2a)^2 = r \left[(8\operatorname{vers}\alpha) + \frac{1^2 (8\operatorname{vers}\alpha)^2}{4 \cdot 3 \cdot 4 \cdot r} + \frac{1^2 \cdot 2^2 (8\operatorname{vers}\alpha)^3}{4^2 \cdot 3 \cdot 4 \cdot 5 \cdot 6 r^2} \right.$$
$$\left. + \frac{1^2 \cdot 2^2 \cdot 3^2 (8\operatorname{vers}\alpha)^4}{4^4 \cdot 3 \cdot 4 \cdot 5 \cdot 6 \cdot 7 \cdot 8 r^3} + \cdots \right],$$

或

$$(2a)^2 = 2r \sum_1^{\infty} \frac{1^2 \cdot 1^2 \cdot 2^2 \cdots (n-2)^2 (n-1)^2}{4^{n-1} \cdot r^{n-1} (2n)!} (8\operatorname{vers}\alpha)^n。 \quad (\text{IX})$$

此式由（VIII）式化得，极易看出。

（丙）割圆术和连比例

利玛窦、徐光启译《几何原本》第六卷（1607）已经介绍到连比例。如该卷第十七题称："三直线为连比例，即首尾两线矩内直角形与中线上直角方形等……。"

这说明三直线 ϕ_1, ϕ_2, ϕ_3，如：$\phi_1 : \phi_2 = \phi_2 : \phi_3$ 成为连比例，则 $\phi_2^2 = \phi_1 \cdot \phi_3$。

《大测》（1631年）各书,亦说明连比例。

以后《数理精蕴》上编（1723年）卷三,《几何原本》六内第六,称:"凡三率互相为比,其一率与二率之比,同于二率与三率之比,则谓之连比例也。"如上:

$$\phi_1 : \phi_2 = \phi_2 : \phi_3,$$

其中 ϕ_1, ϕ_2, ϕ_3 称为一率,二率,三率。

又如图,一组同式形,即

　　$\triangle_s ABC, BCD; CDE, DEF;$

　　　　$EFG, FGH; GHI, \cdots$

为同式形（即此处的相似三角形）。

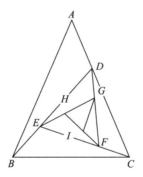

即有　　$AB : BC = BC : CD;$

　　　　$BC : CD = CD : DE;$

　　　　$CD : DE = DE : EF;$

　　　　$DE : EF = EF : FG;$

　　　　$EF : FG = FG : GH;$

　　　　$\cdots\cdots\cdots\cdots\cdots,$

或　　　$\phi_1 : \phi_2 = \phi_2 : \phi_3;$

　　　　$\phi_2 : \phi_3 = \phi_3 : \phi_4;$

$\phi_3 : \phi_4 = \phi_4 : \phi_5$;

$\phi_4 : \phi_5 = \phi_5 : \phi_6 \cdots$ 的相连比例,

其中　　ϕ_1,　ϕ_2,　ϕ_3,　ϕ_4,　ϕ_5,　ϕ_6　$\cdots$

称为　　一率, 二率, 三率, 四率, 五率, 六率, $\cdots$。

而　　$\phi_2^2 = \phi_1 \cdot \phi_3$,　　又　$\phi_3 = \dfrac{\phi_2^2}{\phi_1} = \dfrac{\phi_2 \cdot \phi_2}{\phi_1}$;

$\phi_3^2 = \phi_2 \cdot \phi_4$,　　　　$\phi_4 = \dfrac{\phi_2^3}{\phi_1^2} = \dfrac{\phi_2 \cdot \phi_3}{\phi_1}$;

$\phi_4^2 = \phi_3 \cdot \phi_5$,

$\phi_5^2 = \phi_4 \cdot \phi_6$,　　　　$\phi_6 = \dfrac{\phi_3 \cdot \phi_4}{\phi_1}$, 等等。

如另有一组同式形,即 $\triangle_s ABE$, BEF; EFJ, FJS, JST; STU, TUV;
$\cdots$,即有

$AB : BE = BE : EF$;

$BE : EF = EF : FJ$;

$EF : FJ = FJ : JS$;

$\cdots\cdots\cdots\cdots$,

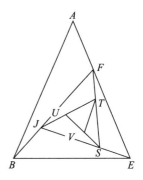

即有　　$\phi'_1 : \phi'_2 = \phi'_2 : \phi'_3$;

$\phi'_2 : \phi'_3 = \phi'_3 : \phi'_4$;

$\phi'_3 : \phi'_4 = \phi'_4 : \phi'_5$;

$\cdots$的相连比例。

其中　　$\phi'_1, \phi'_2, \phi'_3, \phi'_4, \phi'_5, \phi'_6$ 是另一组的一率,二率,三率,
四率,五率,六率。

在两组同式形内,如一组的某率,和他组某率有联系,则两组各率
可以互相交换。

（丁）割圆术和圆周率之计算

《测量全义》卷五（1631年）于介绍古高士亚奇默德《圜书》时，说明

$$3\frac{10}{70}>\pi>3\frac{10}{71}。$$

又于同书续称："今士别立一法，其差甚微。"即

3.14159265358979323847>π>3.14159265358979323846。

西洋在十六世纪

Vieta（1540～1603）算 π 值，小数正确到 10 位。

Adrianus Romanus（1561～1615）算 π 值，小数正确到 15 位。

Ludolf Van Ceulen（1540～1610）在 Van den Cirkel 书中于 1596 年算 π 值，小数正确到 20 位。以后又算 π 值，小数正确到 35 位。当时称为 Ludolf Van Ceulen 的数值。

《测量全义》卷五（1631年）所称今士，是指 Ludolf Van Ceulen（1540～1610）。

《数理精蕴》（1723年）下编卷十五，则分别以圆内容六边，圆内容四边，圆外切六边，圆外切四边起算，用屡求勾股之法（亦即刘徽和赵友钦方法）。

设图如：

（a）圆内容六边起算图

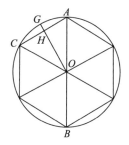

(b)圆内容四边起算图

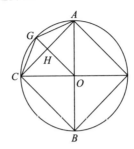

(c)圆外切六边起算图

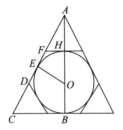 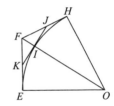

(d)圆外切四边起算图

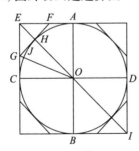 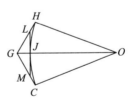

求得圆内容6×2^{33}等边形之周,时:

π=3.141592653589793238290067411017750544384。①

---

① △以上系正确值。下同。参看《测量全义》卷五(1631年);《数理精蕴》卷十五,卷二十;李俨:《中算史论丛》第三集,第267～275页。

如表 1。

求得圆内容 $4×2^{33}$ 等边形之周，时：

$π = 3.141592653589793238\overset{\wedge}{4}31541553377501511680$。

如表 2。

求得圆外切 $6×2^{33}$ 等边形之周，时：

$π = 3.141592653589793238\overset{\wedge}{4}6602730088914198 0416$。

如表 3。

求得圆外切 $4×2^{33}$ 等边形之周，时：

$π = 3.141592653589793238\overset{\wedge}{6}65635893 0929470668800$。

如表 4。

表 1　圆内容六边起算

边　数	每　边　长
6×1 ················· 6	100,00000,00000,00000,00000,00000,00000,00000,00
6×2 ················· 12	51,76380,90205.04152,46977,97675,24809,66576,64
6×2² ················· 24	26,10523,84440.10318,30968,12455,79097,80203,87
6×2³ ················· 48	13,08062,58460.28613,36306,31117,55035,03828,79
6×2⁴ ················· 96	6,54381,65643.55223,41273,12288,24160,86784,33
6×2⁵ ················· 192	3,27234,63252.97356,32859,28565,89918,98332,13
6×2⁶ ················· 384	1,63622,79207.87425,85703,98146,58952,66799,64
6×2⁷ ················· 768	81812,08052.46957,91892,48219,91003,62523,27
6×2⁸ ················· 1536	40906,12582.32819,02288,26117,96858,51900,39
6×2⁹ ················· 3072	20453,07360.67660,90823,85922,29210,20790,29
6×2¹⁰ ················· 6144	10226,53814.02739,50220,28593,95885,22439,17
6×2¹¹ ················· 12288	5113,26923.72483,46281,23299,03190,88476,79
6×2¹² ················· 24576	2556,63463.95130,94805,23449,01114,10631,76
6×2¹³ ················· 49152	1278,31732.23676,62618,69476,46404,92099,97
6×2¹⁴ ················· 98304	639,15866.15102,20711,60708,07126,38707,53
6×2¹⁵ ················· 1,96608	319,57933.07959,09031,09381,54193,06538,00
6×2¹⁶ ················· 3,93216	159,78966.54030,55288,69248,77937,23759,67
6×2¹⁷ ················· 7,86432	79,89483.27021,64654,28066,68105,61111,48
6×2¹⁸ ················· 15,72864	39,94741.63511,74529,75868,07068,11793,39
6×2¹⁹ ················· 31,45728	19,97370.81755,90966,64039,25400,28679,64
6×2²⁰ ················· 62,91456	9,98685.40877,96728,39755,75740,61136,14
6×2²¹ ················· 125,82912	4,99342.70438,98519,83312,36398,29963,55
6×2²² ················· 251,65824	2,49671.35219,49279,37088,61769,88026,56
6×2²³ ················· 503,31648	1,24835.67609,74624,11723,32250,47094,18
6×2²⁴ ················· 1006,63296	62417.83804,87321,36259,06320,95878,43
6×2²⁵ ················· 2013,26592	31208.91902,43660,71929,20426,91184,02
6×2²⁶ ················· 4026,53184	15604.45951,21830,36439,49710,73209,51
6×2²⁷ ················· 8053,06368	7802.22975,60915,18279,15043,29151,42
6×2²⁸ ················· 16106,12736	3901.11487,80457,59146,99658,14870,15
6×2²⁹ ················· 32212,25472	1950.55743,90228,79574,52953,44068,74
6×2³⁰ ················· 64424,50944	975.27871,95114,39787,32936,44199,26
6×2³¹ ················· 1,28849,01888	487.63935,97557,19893,67749,89099,05
6×2³² ················· 2,57698,03776	243.81967,98778,59946,83874,94549,53
6×2³³ ················· 5,15396,07552	×　121.90983,99389,29973,41424,79379,09
	=　628,31853,07179.58647,65801,34822,03550,10887,68

即圆内容 $6×2^{33}$ 等边形之周:

$\pi = 3.14159265358979323\overset{\wedge}{8}29006741101775 0544384$。

表2　圆内容四边起算

边　数	每　边　长
4×1 ················· 4	141,42135,62373.09504,88016,88714,20969,80785,69
4×2 ················· 8	76,53668,64730.17954,34569,19968,06079,77335,23
4×2² ················· 16	39,01806,44032.25653,56965,69736,95404,44818,55
4×2³ ················· 32	19,60342,80369.12120,39883,91127,77728,36917,22
4×2⁴ ················· 64	9,81353,48654.83602,85099,15073,54192,18045,86
4×2⁵ ················· 128	4,90824,57045.82457,60634,71621,06208,57541,32
4×2⁶ ················· 256	2,45430,76571.43985,21588,17805,28322,70716,00
4×2⁷ ················· 512	1,22717,69298.30895,07192,81109,89753,91502,87
4×2⁸ ················· 1024	61359,13525.93481,84009,35613,56118,88503,18
4×2⁹ ················· 2048	30679,60372.56953,12246,07554,48255,35780,54
4×2¹⁰ ················· 4096	15339,80637.48540,90538,77216,80698,05365,29
4×2¹¹ ················· 8192	7669,90375.14279,11781,44963,40791,32883,11
4×2¹² ················· 16384	3834,95194.62140,66148,79839,14675,43703,33
4×2¹³ ················· 32768	1917,47598.19195,46917,41044,43334,12743,17
4×2¹⁴ ················· 65536	958,73799.20613,37690,98012,98668,34958,07
4×2¹⁵ ················· 1,31072	479,36899.61683,64374,58375,65717,71348,27
4×2¹⁶ ················· 2,62144	239,68449.81013,94128,43044,37461,75283,30
4×2¹⁷ ················· 5,24288	119,84224.90528,48556,85760,04932,95546,88
4×2¹⁸ ················· 10,48576	59,92112.45266,93215,00909,93872,60060,65
4×2¹⁹ ················· 20,97152	29,96056.22633,80224,57708,71412,02539,66
4×2²⁰ ················· 41,94304	14,98028.11316,94314,42261,07534,74329,33
4×2²¹ ················· 83,88608	7,49014.05658,47682,47806,37746,51550,77
4×2²² ················· 167,77216	3,74507.02829,23906,89737,66870,66800,32
4×2²³ ················· 335,54432	1,87253.51414,61961,65698,14435,01082,24
4×2²⁴ ················· 671,08864	93626.75707,30981,85390,23592,46503,06
4×2²⁵ ················· 1342,17728	46813.37853,65491,05519,01343,10246,83
4×2²⁶ ················· 2684,35456	23406.68926,82745,54362,49364,90997,84
4×2²⁷ ················· 5368,70912	11703.34463,41372,77381,62019,12483,21
4×2²⁸ ················· 10737,41824	5851.67231,70686,38715,85676,64614,64
4×2²⁹ ················· 21474,83648	2925.83615,85343,19361,05921,70853,94
4×2³⁰ ················· 42949,67296	1462.91807,92671,59680,92096,27745,39
4×2³¹ ················· 85899,34592	731.45903,96335,79840,50314,01660,27
4×2³² ················· 1,71798,69184	365.72951,98167,89920,25768,49928,86
4×2³³ ················· 3,43597,38368	× 　182.86475,99083,94960,12960,68607,70
	= 628,31853,07179.58647,68630,83106,75500,30233,60

即圆内容4×2³³等边形之周：

$\pi = 3.14159265358979323844\overset{\wedge}{3}15541553377501511680$。

表3　圆外切六边起算

边　数		每　边　长
$6×1$	············ 6	115,47005,38379.25152,90182,97561,00391,49112,95
$6×2$	············ 12	53,58983,84862.24541,29451,07316,98825,52661,14
$6×2^2$	············ 24	26,33049,95174.79170,69430,52914,81943,42071,84
$6×2^3$	············ 48	13,10869,25630.47645,71290,87449,75988,55898,42
$6×2^4$	············ 96	6,54732,20825.94517,28785,17897,78691,92473,10
$6×2^5$	············ 192	3,27278,44270.62316,53306,82157,22593,98891,56
$6×2^6$	············ 384	1,63628,26807.58775,27407,50124,14262,93055,02
$6×2^7$	············ 768	81812,76501.57471,23405,28654,70206,37842,46
$6×2^8$	············ 1536	40906,21138.43948,71770,73895,76250,93086,70
$6×2^9$	············ 3072	20453,08430.18968,23098,79892,04940,73014,38
$6×2^{10}$	············ 6144	10226,53947.71650,29406,07923,61708,24007,68
$6×2^{11}$	············ 12288	5113,26940.43597,23011,62489,86396,73782,62
$6×2^{12}$	············ 24576	2556,63446.04020,16640,52453,71933,91505,82
$6×2^{13}$	············ 49152	1278,31732.49787,77840,10560,77401,04623,48
$6×2^{14}$	············ 98304	639,15866.18366,10114,03335,64137,76784,84
$6×2^{15}$	············ 1,96608	319,57933.08367,07706,38925,14975,02516,94
$6×2^{16}$	············ 3,93216	159,78966.54081,54184,37010,37920,29433,22
$6×2^{17}$	············ 7,86432	79,89483.27028,02133,58210,87258,60420,30
$6×2^{18}$	············ 15,72864	39,94741.63512,41696,96569,02814,87045,58
$6×2^{19}$	············ 31,45728	19,97370.81756,00927,25467,47497,76443,54
$6×2^{20}$	············ 62,91456	9,98685.40877,97973,47381,60797,42752,98
$6×2^{21}$	············ 125,82912	4,99342.70438,98675,46771,78780,94612,14
$6×2^{22}$	············ 251,65824	2,49671.35219,49298,82521,01688,28848,62
$6×2^{23}$	············ 503,31648	1,24835.67609,74644,54902,39881,37230,82
$6×2^{24}$	············ 1006,63296	62417.83804,87321,66656,43570,33969,76
$6×2^{25}$	············ 2013,26592	31208.91902,43660,75728,87238,87654,28
$6×2^{26}$	············ 4026,53184	15604.45951,21830,36914,51801,15160,80
$6×2^{27}$	············ 8053,06368	7802.22975,50915,18238,51923,28997,10
$6×2^{28}$	············ 16106,12736	3901.11487,80357,59154,41714,48425,62
$6×2^{29}$	············ 32212,25472	1950.55743,90228,79575,35326,34703,68
$6×2^{30}$	············ 64424,50944	975.27871,95114,39787,44471,81163,20
$6×2^{31}$	············ 1,28849,01888	487.63935,97557,19893,69336,98558,02
$6×2^{32}$	············ 2,57698,03776	243.81967,98778,59946,84306,12776,06
$6×2^{33}$	············ 5,15396,07552	× 121.90983,99389,29973,42107,76825,16
	=	628,31853,07179.58647,69321,54601,77828,39608,32

即圆外切 $6×2^{33}$ 等边形之周：

$π=3.141592653589793238466027300889141980416$ 。

表4 圆外切四边起算

边　数	每　边　长
4×1　…………………………… 4	200,00000,00000,00000,00000,00000,00000,00000,00
4×2　…………………………… 8	82,84271,24746.19009,76033,77448,41939,61571,38
4×2^2　………………………… 16	39,78247,34759.31601,38231,95245,28935,24571,94
4×2^3　………………………… 32	19,69828,06714.32850,61543,95042,58265,48645,84
4×2^4　………………………… 64	9,82536,99538.93450,82106,86642,54262,72341,58
4×2^5　……………………… 128	4,90972,44217.85088,82091,59507,92181,74423,84
4×2^6　……………………… 256	2,45449,24759.13255,04617,75106,46854,15928,90
4×2^7　……………………… 512	1,22720,00315.24680,39285,88731,20262,16705,82.
4×2^8　…………………… 1024	61359,42402.34532,99471,47831,36424,34765,84
4×2^9　…………………… 2048	30679,63982.17733,30569,85441,63670,08749,44
4×2^{10}　………………… 4096	15339,81088.68618,52103,46415,42325,58475,38
4×2^{11}　………………… 8192	7669,90431.54288,19766,91468,36815,44393,20
4×2^{12}　……………… 16384	3834,95201.67141,77702,91555,12172,61821,10
4×2^{13}　……………… 32768	1917,47599.07320,60800,92296,09314,51461,06
4×2^{14}　……………… 65536	958,73799.31629,01924,52065,52620,76193,58
4×2^{15}　…………… 1,31072	479,36899.63060,59903,71697,52988,94629,44
4×2^{16}　…………… 2,62144	239,68449.81186,06069,57023,26958,93013,20
4×2^{17}　…………… 5,24288	119,84224.90550,00049,50001,14815,00233,66
4×2^{18}　………… 10,48576	59,92112.45269,62151,58939,66012,80201,54
4×2^{19}　………… 20,97152	29,96056.22634,13841,64962,30634,82482,20
4×2^{20}　………… 41,94304	14,98028.11316,98516,55667,71553,86417,54
4×2^{21}　………… 83,88608	7,49014.05658,48207,74482,17815,32914,52
4×2^{22}　……… 167,77216	3,74507.02829,23972,55572,12912,74047,30
4×2^{23}　……… 335,54432	1,87253.51414,61969,86327,44457,01335,74
4×2^{24}　……… 671,08864	93626.75707,30982,87981,39478,58733,86
4×2^{25}　…… 1342,17728	46813.37853,65491,18352,90645,55376,02
4×2^{26}　…… 2684,35456	23406.68926,82745,55965,47936,05939,16
4×2^{27}　…… 5368,70912	11703.34463,41372,77581,99294,69000,96
4×2^{28}　… 10737,41824	5851.67231,70685,38740,90313,17704,40
4×2^{29}　… 21474,83648	2925.83615,85343,19364,18989,81783,94
4×2^{30}　… 42949,67296	1462.91807,92671,59631,39836,98502,52
4×2^{31}　… 85899,34592	731.45903,96339,79840,60134,63671,66
4×2^{32}　……… 1,71798,69184	365.72951,98167,89920,28844,33638,38
4×2^{33}　……… 3,43597,38368	×　182.86475,99083,94960,14269,29544,50
	=　628,31853,07179.58647,73127,17861,85894,13376,00

即圆外切 4×2^{33} 等边形之周：

$$\pi = 3.14159265358979323866563589309294706668800。$$

《数理精蕴》系就四表所得四值，平均之，求得 $\pi =$ 3.14159265358979323846 之值。这和《测量全义》所称"今士之法其差甚微。子母之数，积至二十一位"意义相同。《数理精蕴》下编卷二十，则只应用 $\pi = 3.14159265$ 入算。①

（八）球面三角术

球面三角形明末清初输入时名称尚不一致。《测量全义》（1631 年）作球上三角形，《日躔历指》（1631 年）作曲线三角形，汤若望撰，李天经序《浑天仪说》（1636 年）卷二作圆线三角形。

《测量全义》（1631 年）第七卷有"球上直角相求约法"称："球上直角三边形，有三角三边，此六者有三，可推其余，交互为三十求，各以乘法得之。"如：

第一：有 A, B $\begin{cases} (1) \text{求 } a & 1 : \sin B = \sec A : \sec a, \\ (2) \text{求 } b & 1 : \sin A = \sec B : \sec b, \\ (3) \text{求 } c & 1 : \tan B = \tan A : \sec c; \end{cases}$

第二：有 B, a $\begin{cases} (4) \text{求 } A & 1 : \csc B = \sec a : \sec A, \\ (5) \text{求 } b & 1 : \sin a = \tan B : \tan b, \\ (6) \text{求 } c & 1 : \sec B = \tan a : \tan c; \end{cases}$

---

① 以上系正确值。参看《测量全义》卷五（1631 年）；《数理精蕴》卷十五，卷二十；李俨：《中算史论丛》第三集，第 267～275 页。

第三：有 B,b $\begin{cases}(7)\text{求}\ A\quad 1:\sec b=\cos B:\sin A,\\(8)\text{求}\ a\quad 1:\tan b=\cot B:\sin a,\\(9)\text{求}\ c\quad 1:\sec B=\sin b:\sin c;\end{cases}$

第四：有 B,c $\begin{cases}(10)\text{求}\ A\quad 1:\sec c=\cot B:\tan A,\\(11)\text{求}\ a\quad 1:\cos B=\tan c:\tan a,\\(12)\text{求}\ b\quad 1:\sin c=\sin B:\sin b;\end{cases}$

第五：有 A,a $\begin{cases}(13)\text{求}\ B\quad 1:\sec a=\cos A:\sin B,\\(14)\text{求}\ b\quad 1:\tan b=\cot A:\sin b,\\(15)\text{求}\ c\quad 1:\csc A=\sin a:\sin c;\end{cases}$

第六：有 A,b $\begin{cases}(16)\text{求}\ B\quad 1:\csc A=\sec b:\sec B,\\(17)\text{求}\ a\quad 1:\sin b=\tan A:\tan a,\\(18)\text{求}\ c\quad 1:\sec A=\tan b:\tan c;\end{cases}$

第七：有 A,c $\begin{cases}(19)\text{求}\ B\quad 1:\sec c=\cot A:\tan B,\\(20)\text{求}\ a\quad 1:\sin c=\sin A:\sin a,\\(21)\text{求}\ b\quad 1:\cos A=\tan c:\tan b;\end{cases}$

第八：有 a,b $\begin{cases}(22)\text{求}\ B\quad 1:\csc a=\tan b:\tan B,\\(23)\text{求}\ A\quad 1:\csc b=\tan a:\tan A,\\(24)\text{求}\ c\quad 1:\sec a=\sec b:\sec c;\end{cases}$

第九：有 a,b $\begin{cases}(25)\text{求}\ B\quad 1:\tan c=\cot a:\cos B,\\(26)\text{求}\ A\quad 1:\csc c=\sin a:\sin A,\\(27)\text{求}\ b\quad 1:\cos a=\sec c:\sec b;\end{cases}$

第十：有 b,c $\begin{cases}(28)\text{求}\ B\quad 1:\csc c=\sin b:\sin B,\\(29)\text{求}\ A\quad 1:\tan c=\cot b:\cos A,\\(30)\text{求}\ a\quad 1:\cos b=\sec c:\sec a。\end{cases}$

又有正弦法则,余弦法则,如:

1. 正弦法则：

$$\frac{\sin a}{\sin A}=\frac{\sin b}{\sin B}=\frac{\sin c}{\sin C}。$$

2. 余弦法则：

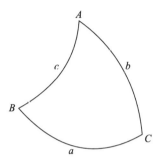

$$(1)\begin{cases}\cos a=\cos b\cdot\cos c+\sin b\cdot\sin c\cdot\cos A,\\\cos b=\cos c\cdot\cos a+\sin c\cdot\sin a\cdot\cos B,\\\cos c=\cos a\cdot\cos b+\sin a\cdot\sin b\cdot\cos C。\end{cases}$$

$$(2)\begin{cases}\cos A=-\cos B\cdot\cos C+\sin B\cdot\sin C\cdot\cos a,\\\cos B=-\cos C\cdot\cos A+\sin C\cdot\sin A\cdot\cos b,\\\cos C=-\cos A\cdot\cos B+\sin A\cdot\sin B\cdot\cos c。\end{cases}$$

其中"余弦法则"：《测量全义》（1631年），以及梅文鼎《弧三角举要》（1684年），《历象考成》（1723年）都称作"总较法"。此项"总较法"记录虽有不同，实际是一样的。因

$$1:\sin b\cdot\sin c=\text{vers}A:\left[\text{vers}a-\text{vers}(c-b)\right]$$

可写成

$$\cos A=\cos B\cdot\cos C+\sin B\cdot\sin C\cdot\cos a$$

或

$$\cos A=\frac{\cos a-\cos b\cdot\cos c}{\sin b\cdot\sin c},$$

$$\text{vers}A=\frac{\text{vers}a-\text{vers}(c-b)}{\sin b\cdot\sin c},$$

$$versA = \frac{versa - vers(c-b)}{\frac{1}{2}\left[\cos(c-b) \pm \cos(c+b)\right]}。$$

又"总较法",《历象考成》说明如下(如图):

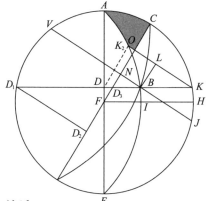

$c+b = CD_1 = $ 总弧,

$\sin(c+b) = D_1D_2$, $\cos(c+b) = D_2F$。

$c-b = CK = $ 较弧,

$\sin(c-b) = KO$, $\cos(c-b) = OF$,

$vers(c-b) = CO$。

$\cos(c+b) + \cos(c-b) = D_2O$,

$\frac{1}{2}D_2O = D_3O = DK_2 = $ 中数。

$a = BC = CJ$。

$\sin a = JN$, $\cos a = NF$,

$versa = CN$, $CN - CO = BO = BL = $ 矢较。

即 $versa - vers(c-b) = $ 矢较。

因 $\triangle_s KLB$、KK_2D 为相似勾股形。

故 $K_2D : BL = KD : KB$。

又　半径 $=FH$。

DK 为等距圈之半径。

HI,KB 两段同为 ABF_2 大圈所分。

故　$KD:KB=HF:HI$。

即　$DK($中数$):BL($矢较$)=FH($半径$):HI($versA$)$,

其中　$1-\text{vers}A=\cos A$,

即　$\dfrac{\cos(c+b)+\cos(c-b)}{2}:\text{vers}a-\text{vers}(c-b)=1:\text{vers}A$。

或　$1:\text{vers}A=\sin b \cdot \sin c:\text{vers}a-\text{vers}(c-b)$。　　　　　（证讫）

《三角算法》（1653 年）于正弦法则、余弦法则之外，又介绍半角之公式，半弧之公式，德氏、讷氏比例式，如：

3. 半角之公式：

$$
\begin{cases}
\sin \dfrac{A}{2}=\sqrt{\dfrac{\sin(s-b)\sin(s-c)}{\sin b \cdot \sin c}}, \\[2mm]
\cos \dfrac{A}{2}=\sqrt{\dfrac{\sin s \cdot \sin(s-a)}{\sin b \cdot \sin c}}, \\[2mm]
\tan \dfrac{A}{2}=\sqrt{\dfrac{\sin(s-b)\sin(s-c)}{\sin s \cdot \sin(s-a)}},
\end{cases}
$$

其中　　　　　　　　　　$s=\dfrac{a+b+c}{2}$。

4. 半弧之公式：

$$
\begin{cases}
\sin \dfrac{a}{2}=\sqrt{-\dfrac{\cos S \cos(S-A)}{\sin B \cdot \sin C}}, \\[2mm]
\cos \dfrac{a}{2}=\sqrt{-\dfrac{\cos(S-B)\cos(S-C)}{\sin B \cdot \sin C}}, \\[2mm]
\tan \dfrac{a}{2}=\sqrt{-\dfrac{\cos S \cdot \cos(S-A)}{\cos(S-B)\cos(S-C)}},
\end{cases}
$$

其中
$$S=\frac{A+B+C}{2}。$$

或

$$
\begin{cases}
\sin\dfrac{a}{2}=\sqrt{\dfrac{\sin\dfrac{1}{2}E\cdot\sin\left(A-\dfrac{1}{2}E\right)}{\sin B\sin C}}, \\[4mm]
\cos\dfrac{a}{2}=\sqrt{\dfrac{\sin\left(B-\dfrac{1}{2}E\right)\sin\left(C-\dfrac{1}{2}E\right)}{\sin B\sin C}}, \\[4mm]
\tan\dfrac{a}{2}=\sqrt{\dfrac{\sin\dfrac{1}{2}E\cdot\sin\left(A-\dfrac{1}{2}E\right)}{\sin\left(B-\dfrac{1}{2}E\right)\sin\left(C-\dfrac{1}{2}E\right)}},
\end{cases}
$$

其中
$$S=\frac{A+B+C}{2}。$$

$$E=A+B+C-180°（球面过剩）。$$

5. 德氏比例式(Delambre's analogies)：

$$
\begin{cases}
\tan\dfrac{1}{2}(A+B)=\dfrac{\cos\dfrac{1}{2}(a-b)}{\cos\dfrac{1}{2}(a+b)}\cdot\cot\dfrac{C}{2}, \\[4mm]
\tan\dfrac{1}{2}(A-B)=\dfrac{\sin\dfrac{1}{2}(a-b)}{\sin\dfrac{1}{2}(a+b)}\cdot\cot\dfrac{C}{2}。
\end{cases}
$$

6. 讷氏比例式(Napier's analogies)：

$$1.\ \tan\frac{1}{2}(A+B)=\frac{\cos\dfrac{1}{2}(a-b)}{\cos\dfrac{1}{2}(a+b)}\cdot\cot\frac{1}{2}C。$$

2. $\tan \dfrac{1}{2}(A-B) = \dfrac{\sin \dfrac{1}{2}(a-b)}{\sin \dfrac{1}{2}(a+b)} \cdot \cot \dfrac{1}{2}C$。

3. $\tan \dfrac{1}{2}(a+b) = \dfrac{\cos \dfrac{1}{2}(A-B)}{\cos \dfrac{1}{2}(A+B)} \cdot \tan \dfrac{1}{2}C$。

4. $\tan \dfrac{1}{2}(a-b) = \dfrac{\sin \dfrac{1}{2}(A-B)}{\sin \dfrac{1}{2}(A+B)} \cdot \tan \dfrac{1}{2}C$。 （讷白尔）

在此时期除 Cagnoli 公式和 Lhuilier 公式外,其余关于球面三角术内各项法则、公式,都已输入中国。

（九）圆锥曲线说

明末清初圆锥曲线学说随历法输入中国。《测量全义》(1631年),《恒星历指》(1631年),《交食历指》(1632年),《测天约说》(1633年),《数理精蕴》(1723年)以及《历象考成后编》(1742年)都介绍圆锥曲线说一些定理。到十九世纪项名达(1789～1850),戴煦(1805～1860)各人,曾配合此项定理,以及连比例原则,算出椭圆周长的级数公式。[1]

《测量全义》六卷(1631年)内称:

截圆角体法有五:从其轴平分直截之,所截两平面为三角

---

[1] 参看李俨:《中算史论丛》第三集,第519～537页内:《中算家的圆锥曲线》。

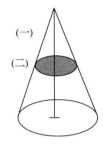 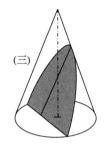 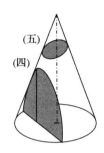

形,一也。横截之,与底平行,截面为平圆形,二也。斜截之与边平行,截面为圭窦形,顶不锐,近底之两腰稍平行。三也。直截之,与轴平行截面为陶立形,顶曲,渐下渐直,底两旁为锐角。四也。无平行任斜截之截面为椭圆形,五也。内第一、第二、第五有本,论第三、第四,其面皆为一直线一曲线,两界之面所截体之一分,皆为两平面,一曲面,三界之体。亚奇默德备论其量法,然非测量所必须,又各截面皆有底有轴,即中长线。有曲线若转轴环行,即径线为平底界,曲线为曲面界,生二界之体,其边名曰平曲之边。平曲者从曲顶而下渐趋平也。若以此体为空体,则皆造作燧鉴之法,以其浅深,为光心之远近,亦非测天所用,未及详焉。

《测天约说》卷上(1633 年)说明椭圆,以及长圆柱断面所成的圆形和长圆(即椭圆)。

如《测天约说》卷上,第一题独线一。称:

长圆形者,一线作圈,而首至尾之径大于腰间径,亦名曰瘦圈界,亦名椭圆。

如 *ABCD* 圆形,*AC* 与 *BD* 两径等,即成圈。

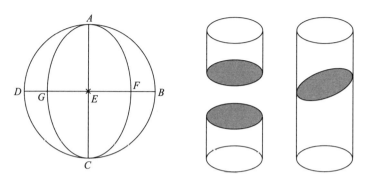

今 A 首至 C 尾之径大于 F 至 G 之腰间径,是名长圆。

　　或问此形何从生。答曰:如一长圆柱,横断之,其断处为两面皆圆形。若断处稍斜,其两面必稍长,愈斜愈长,或称卵形,亦近似。然卵两端小大不等,非其类也(指其面曰平长圆,若成体,曰立长圆)。

　　此外还有"椭圆之机械作图法",以及椭圆各项定理,散见在明末清代输入历算书之内。

第六章　近世数学家小传(三)

　　清:17. 薛凤祚　18. 王锡阐　19. 方中通　20. 梅文鼎

　　　　21. 陈讠　22. 陈世仁　23. 江永　24. 黄百家

　　　　25. 杜知耕　26. 庄亨阳　27. 梅瑴成　28. 屠文漪

　　　　29. 余熙　30. 李子金　31. 顾长发

　　17. 薛凤祚(? ~1680)[①]　字仪甫,淄川益都人。从穆尼阁学

――――――――――

　　① 见韩梦周:《仪甫先生两河清汇叙》。

数学,从魏文魁学历法。穆尼阁(Jean Nicolas Smogolenski,1611~
1656),波兰国人,清顺治三年(1646年)来华,先在江南,以历算术
授方中通、薛凤祚。其中重要部分是:对数术,三角术,三角函数
表,球面三角术,对数三角函数表。薛在顺治五年(1648年)著有
《天步真原》三卷,又著《天学会通》一卷,收入《四库全书》(1781
年)。① 穆尼阁死后,薛凤祚曾根据穆尼阁所传授历算术,编成《历
学会通》,共分正集、续集、外集。其中最早序文,在顺治九年(1652
年),较晚序文,在康熙三年(1664年)。②

18. 王锡阐(1628~1682)　字寅旭,号晓庵,又号余不,又号
天同一生,吴江人。锡阐曾考古法之误,而存其是,择西说之长,而
去其短。据依圭表,改立法数,识者莫不称善。所著《晓庵新法》六
卷,收入《四库全书》(1781年),又《晓庵遗书》四种即《历法》六卷
(即《晓庵新法》六卷),《历法表》三卷,《大统历法启蒙》一卷,《杂
著》一卷,共十一卷,有《木犀轩丛书》刻本。③ 另有《圜解》一卷,
《筹算》一卷。《大统历法启蒙补遗》一卷,未刻。④ 康熙二十一年
(1682年)卒,年五十五。⑤

19. 方中通(1633~1698)　字位伯,桐城人,方以智子。穆尼
阁,波兰国人,清顺治三年(1646年)来华,先在江南,以历算术授

① 北京图书馆藏有清钞本一册。
② 参看《历学会通》。
③ 北京大学图书馆藏有阮元旧藏钞本《晓庵遗书》十一卷六册,另藏有旧钞本王
锡阐,《大统历法启蒙补遗》一卷;又日本静嘉堂藏有旧钞本《晓庵王氏遗书》十四卷三
册,计:第一册,《大统历法启蒙》五卷;第二册,《历法》三卷;第三册,《杂著》六卷。
④ 见朱记荣:《国朝未刊遗书志略》(1882年);焦循:《里堂道德录》卷三十八,
引“圜解”。
⑤ 参看《清史列传》卷六十八,“王锡阐传”,《中国学术家列传》,第341~342页。

方中通和薛凤祚(？~1680)。方中通顺治十八年(1661年)撰《数度衍》二十四卷附《揭(暄)方(中通)问答》一卷。有康熙胡氏继声堂刻本。梅文鼎《勿庵历算书目》,称:"方(中通)位伯《数度衍》,于《九章》之外,蒐罗甚富。"①

20. 梅文鼎(1633~1721) 字定九,号勿庵,宣城人。儿时侍父士昌和塾师罗王宾仰观星象,知道大略。年三十(1662年)从同里倪正受《台官通轨》,《大统历算交食法》。康熙五年(1666年)应乡试得泰西历象书盈尺,康熙十四年(1675年)始由吴门姚氏购得《崇祯历书》。文鼎为学甚勤,自言废寝食者四十年。居北京时,尝午夜篝灯夜读,昧爽则兴,频年手钞杂帙,不下数万卷。因李光地(1642~1718)之荐,与修《明史·历志》。文鼎弟文鼐、文鼏(1641~?),子以燕(1654~1705),孙毂成(1681~1763)、玕成,曾孙钫、钛、钤、钦、镠、铖都通数学,其中毂成比较著名。文鼎著书七十余种,现在所传,以承学堂所刻《梅氏丛书辑要》三十九种为最完备。其中关于算数,都是整理西算的作品。计有:《筹算》三卷,《平三角举要》五卷,《弧三角举要》五卷(1684年),《方程论》六卷(1690年),《勾股举隅》一卷,《几何通解》一卷,《几何补编》四卷,《少广拾遗》一卷(1692年),《笔算》五卷(1693年),《环中黍尺》五卷(1700年),《堑堵测量》二卷,《方圆幂积》一卷。②

---

① 参看方中通:《数度衍》二十四卷,康熙年胡氏继声堂本;康熙间《桐城县志》;梅文鼎,《勿庵历算书目》一卷。

② 参看李俨:《中算史论丛》第三集第544~576页内"梅文鼎年谱"所引文献;李俨:"梅文鼎的生平及其著作目录",《安徽历史学报》创刊号(1957年10月),第93~94页;《中国学术家列传》,第349~350页,"梅文鼎传";《清史列传》卷六十八,第10页"梅文鼎传"。

21. 陈讦(1650~1722)　字言杨,海宁人。曾官淳安县教谕。所著《勾股引蒙》十卷,有康熙六十一年(1722 年)刻本。又《算法》一卷,《开方》一卷,《勾股》一卷,《三角》一卷,《正余弦切割表》一卷共五卷,亦称《勾股引蒙》,收入《四库全书》(1781 年)。《四库全书》提要略称:"此书多引用《同文算指》、梅文鼎著书,以及《算法统宗》(1592 年)云云。"陈讦又著《勾股述》二卷,附《开方发明》一卷。前有黄宗羲(1610~1695)序。此二书曾列入《四库存目》,亦另有刊本。①

22. 陈世仁(1676~1722)　字元之,号焕吾,海宁人。康熙五十四年(1715 年)进士,入翰林后,回乡。著有《少广补遗》一卷,收入《四库全书》(1781 年)。《少广补遗》专论级数。又著有《方程申论》六卷,未有刻本。②

23. 江永(1681~1762)　字慎修,婺源人。著《翼梅》八卷,续一卷,收入《四库全书》(1781 年),改称《数学》八卷,续一卷。此书有关数学的,有:《方圆幂积比例补》,《正弧三角疏义》,《正弧三角会通》,《算剩》各一卷。另有《河洛精蕴》九卷,有(1774 年)刻本。乾隆二十七年(1762 年)卒,年八十二。③

24. 黄百家　字主一,余姚人,黄宗羲(1610~1695)子。著有《勾股矩测解原》二卷,收入《四库全书》(1781 年),此书是注释熊

---

①　参看陈讦:《勾股引蒙》,《勾股述》,《历代名人生卒年表补》。
②　参看《少广补遗》一卷,《四库全书》本。
③　参看阮元:《畴人传》卷四十二引:《数学》《五礼通考》《戴氏遗书》;又《中国学术家列传》,第 369~370 页,"江永传"。

三拔《表度说》(1614 年)。又著有《筹算》未刻。①

25. 杜知耕　字端甫,号伯瞿,柘城人。康熙二十六年(1687年)举人。康熙二十年(1681 年)著《数学钥》六卷,康熙三十九年(1700 年)著《几何论约》七卷,都收入《四库全书》(1781 年)。其中《数学钥》是注释《九章算术》,《几何论约》是注释《几何原本》。②

26. 庄亨阳(1686～1746)　字元仲,南靖人。康熙五十七年(1718 年)进士。官淮徐海道。曾参考《几何原本》,《数理精蕴》,《梅氏全书》编成《庄氏算学》八卷,收入《四库全书》(1781 年)。③

27. 梅毂成(1681～1763)　字玉汝,号循斋,又号柳下居士,宣城人。梅文鼎(1633～1721)孙,康熙五十四年(1715 年)进士,官至左都御史。曾参与修纂《律历渊源》一百卷(1723 年)。又增删《算法统宗》十一卷。曾著《兼济堂历算书刊缪》一卷(1739 年),因重编《梅氏丛书辑要》六十二卷(1716 年),以别于兼济堂纂刻《梅氏历算全书》七十五卷(1723 年)。《辑要》末附录《操缦卮言》一卷,《赤水遗珍》一卷(1761 年)。又著《柳下旧闻》十六卷。乾隆二十八年(1763 年)死,年八十三。④

---

① 参看阮元:《畴人传》卷三十六引:"《勾股矩测解原》二卷,梅文鼎《勿庵历算书目》";又《培林堂书目》(1915 年印本)有黄百家《筹算》。

② 参看阮元:《畴人传》卷三十六,"杜知耕传"引:"《数学钥》,《几何论约》,《道古堂文集》",又梅文鼎《勿庵历算书记》;《柘城县志》第十卷,第 10～11 页(1773年)。

③ 参看《庄氏算学》八卷。

④ 参看阮元:《畴人传》卷三十九,"梅毂成传"引:"《梅氏丛书辑要》,《增删算法统宗》,《道古堂文集》";又《兼济堂历算书刊缪》一卷,日本内阁文库藏亨和二年(1803 年)钞本;李俨:《中算史论丛》第三集内"梅文鼎年谱"。

28. 屠文漪　字莼洲,松江人。著有《九章录要》十二卷,收入《四库全书》(1781 年)。此书和杜知耕《数学钥》体例相似。《四库全书提要》称:"是书有借征一条,专明借衰叠征之例,为知耕所未及。"①

29. 余熙　字晋斋,桐城人。著《八线测表图说》一卷,列入《四库全书》存目之内。系用图说说明八线测表。②

30. 李子金　字子金,号隐山,柘城人。著有《隐山鄙事》十二种,有康熙年刻本。其中三种是数学书,即:

《算学通义》五卷,有康熙十五年(1676 年)自序。《几何易简集》三卷,有康熙十八年(1679 年)自序。《天弧象限表》,无卷数,有康熙二十二年(1683 年)自序。现《四库全书总目提要》卷一百七,存目内列有李子金《隐山鄙事》四卷。提要称:"子金是编,惟采《几何原本》及《几何要法》,稍参己见,无大发明。"当指《几何易简集》三卷(1679 年)和《天弧象限表》(1683 年),共四卷。③

31. 顾长发　字君源,长洲人,著有《围径真旨》一书,列入《四库全书总目》存目之内。自称 $\pi = 3.125$ 为智术。④

① 参看屠文漪:《九章录要》十二卷,《四库全书》本(1781 年)。
② 见阮元:《畴人传》卷四十一"余熙传"引:《四库全书总目》。
③ 参看李子金:《隐山鄙事》。
④ 参看阮元:《畴人传》卷四十一,"顾长发传"引:《四库全书总目》。

第八编　各丛书的纂辑

第一章　《古今图书集成》的编辑

明末清初西洋历算输入之后，即编有丛书，如《崇祯历书》、《西洋新法历书》。以后续编各丛书，亦收有历算书。

清代最先编辑的丛书是《古今图书集成》。此书康熙末年开始编辑。"为清代第一大书，将以轶宋之《册府元龟》《太平御览》《文苑英华》，而与明之《永乐大典》竞宏富者。"（康有为语）此书雍正三年十二月二十七日成书，有雍正四年（1726 年）九月二十七日序文，称以三年（1723~1725）期限完成。内分六编：（一）历象汇编；（二）方舆汇编；（三）明伦汇编；（四）博物汇编；（五）理学汇编；（六）经济汇编。并分为三十二典，六千一百九部，共一万卷，由蒋廷锡主办此事。曾铸铜字为活字板，贮在武英殿，传印此书。

其中（一）历象汇编内历法典，以下各部是属于历算的，如：

第 1~72 卷，是历法总部：汇考。

第 73~79 卷，是历法总部：总论。

第 80~82 卷，是历法总部：艺文。

第 83~95 卷，是仪象部：汇考。

第 96 卷,是仪象部:总论。

第 97 卷,是仪象部:艺文,纪事,杂录。

第 98～99 卷,是漏刻部:汇考,总论,艺文,选句,纪事,杂录。

第 100～107 卷,是测量部:汇考。

第 108 卷,是测量部:总论,艺文,选句,纪事,杂录。

第 109～127 卷,是算法部:汇考。

第 128 卷,是算法部:总论,艺文,纪事。

第 129～140 卷,是数目部:汇考。

其中除历法典第 1 卷至 50 卷述上古到明的历法,以及其他艺文,纪事,杂录,选句等之外,专引历算书的,有下列各卷,即第 51 卷至 72 卷,历法总部,汇考,引:

《新法历书》内:"《日躔历指》(1631 年)。"

"《恒星历指》一至三(1631 年)。"

"《月离历指》一至四(1632 年)。"

"《交食历指》一至五(1634 年)。"

"《古今交食》考(1634 年)。"

"《五纬历指》一至八(1634 年)。"

第 77 卷至 79 卷,历法总部,总论,引:

"历法西传""新法历引"各一卷。

"新法表异"二卷。

又第 83 卷至 95 卷,仪象部,汇考,引:

《新法历书》内:"汤若望,《浑天仪说》一至四(1636 年)。"

"南怀仁,《灵台仪象志》共四卷,图三卷共七卷(1674 年)。"

又第 103 卷至 107 卷,测量部,汇考,引:

《新法历书》内："邓玉函,《大测》上下卷(1631 年)。"

　　　　　　　　"邓玉函,《测天约说》上下卷(1631 年)。"

　　　　　　　　"《测食》(略)二卷"和"新法历引一卷","新法表异二卷。"

又第 109 卷至 111 卷,算法部,汇考,引:

　　"《周髀算经》汉赵君卿注。"

第 112 卷,算法部,汇考,引:

　　"汉徐岳,《数术记遗》。"

　　"宋《谢察微算经》。"

　　"《梦溪笔谈》算法。"

第 113 卷至 125 卷,算法部,汇考,引:

　　"明程大位,《算法统宗》十三卷。"

第 126 卷,算法部,汇考,引:

　　《新法历书》内："罗雅谷,《比例规解》一卷。"

第 127 卷,算法部,汇考,内引:

　　《新法历书》内："艾儒略,《几何要法》四卷(1631 年)。"

第二章　《律历渊源》的编辑

　　康熙五十二年(1713 年)清帝玄烨编《历法》《律吕》《算法》等书。次年(1714 年)始拟以《历法》《律吕》《算法》三书,共为一部,名《律历渊源》。① 其中《数理精蕴》等书编辑之始,实际系就西洋教士所授讲义,加以修正而成。北京故宫博物院懋勤殿,洪五九二,16 号有《几何原本》十二卷四册无序,附《算法(原本)》二卷无序者一种,疑是《数理精蕴》的底本。因为此书冗长的文句,在《数理精蕴》已经省去。是时参与编纂《律历渊源》的有杨文言,何国宗,梅毂成(1681～1763)。而明安图②、顾陈垿(1678～1747)也在考订之列。玄烨在康熙六十一年(1722 年)死去。是年六月《数理精蕴》,《历象考成》,《律吕正义》大体已经编成,总称《律历渊源》共一百卷。

《律历渊源》编成后,雍正元年(1723 年)交武英殿刊行。前有一序,③略称:清圣祖(玄烨)留心律算法,积数十年,同词臣于蒙养斋编纂,汇辑成书,总一百卷,名《律历渊源》,凡为三部:

(一)《历象考成》上编 16 卷,下编 10 卷,表 16 卷,共 42 卷。

　　康熙五十二年(1713 年)撰成。

(二)《律吕正义》上编 2 卷,下编 2 卷,续编 1 卷,共 5 卷。

　　康熙五十二年(1713 年)撰成。

(三)《数理精蕴》上编 5 卷,下编 40 卷,表 8 卷,共 53 卷。

　　雍正元年(1723 年)撰成,总共 100 卷。

---

① 见《东华录》"康熙八九"、"康熙九四",《东华续录》"乾隆十四";又参看李俨:《中算史论丛》第二集,第 294 页。

② 何国宗,康熙五十一年(1712 年)进士;明安图,乾隆十六年(1751 年)进士,见《增校清朝进士题名碑录》。

③ 参看武英殿刻本《历象考成》前律历渊源序,第 1～8 页,1723 年;《律历渊源》原书;又见《东华录》,"雍正三"。

第三章 《四库全书》的编辑

　　《古今图书集成》完成（1726 年）后①不及五十年，由清帝爱新觉罗·弘历（1711～1799）主持，另编一部百科丛书。此部丛书名为《四库全书》。事先于乾隆三十七年（1772 年）开始向各省搜访书籍。三十八年（1773 年）开设四库全书馆。根据（1）当日官修本书；（2）内府藏书；（3）《永乐大典》；（4）各省采进本书；（5）私人家藏书，来编辑此丛书。参与其事的前后有三百六十人。其中主要总纂官是纪昀（字晓岚，献县人），陆锡熊（字健男，上海人），孙士毅（字智治，仁和人）等三人。其余通晓数学，而在馆工作的有：戴震（1724～1777）任校勘《永乐大典》；庄存与（1719～1788）任总阅官；李潢（？～1811）任总目协勘官；陈昌斋（1743～1820）任校勘《永乐大典》；陈际新（时官钦天监灵台郎）也任校勘。

　　《四库全书》：乾隆三十八年（1773 年）设馆开始编修，乾隆四十六年（1781 年）冬季第一部编成，共 3459 种，36078 册。②

　　当时共复写成七部，分藏北京宫内，奉天行宫，北京圆明园，热河，扬州大观堂，镇江金山寺，杭州圣因寺七处。

　　此部丛书，缮书处总校官有四人，分校官有一百七十九人。又天文算学纂修兼分校官有三人。其中钞写书籍还有错误。又校勘

---

①　参看前"古今图书集成的编辑"（1723～1726）。
②　此据检查文渊阁本《四库全书》情形。又检查文津阁本共有 36277 册，2291000 页；1920 年检查文津阁本共有 36275 册，2290916 页。

《永乐大典》纂修兼分校官共有三十七人。可是《永乐大典》内数学书,还未曾全面辑出,都是缺憾。

第四章　《四库全书》所收天文算法类书籍

《四库全书》所收天文算法类内推步之属和算法之属,各书如下:《四库全书总目提要》卷一百六,子部十六,天文算法类一。记录有:

"《周髀算经》二卷、《音义》一卷"(《永乐大典》本)。

"《新仪象法要》三卷"(内府藏本),宋苏颂撰。

"《六经天文编》二卷"(真隶总督采进本),宋王应麟撰。

原本"《革象新书》五卷"(《永乐大典》本),不著撰人名氏。

"重修《革象新书》二卷"(浙江范懋柱家天一阁藏本),明王祎删定元赵氏本也。

"《七政推步》七卷"(浙江范懋柱家天一阁藏本),明南京钦天监监副贝琳修辑。

"《圣寿万年历》五卷,附《律历融通》四卷"(浙江巡抚采进本),明朱载堉撰。

"《古今律历考》七十二卷"(浙江巡抚采进本),明邢云路撰。

"《乾坤体义》三卷"(两江总督采进本),明利玛窦撰。

"《表度说》一卷"(两江总督采进本),明万历甲寅(1614 年)西洋人熊三拔撰。

"《简平仪说》一卷"(两江总督采进本),明西洋人熊三拔撰。

"《天问略》一卷"(两江总督采进本),明万历乙卯(1615 年)

西洋人阳玛诺撰。

"《新法算书》[①]一百卷"（编修陈昌斋家藏本），明大学士徐光启，太仆寺少卿李之藻，光禄寺卿李天经，及西洋人龙华民，邓玉函，罗雅谷，汤若望等，所修西洋新历也。

"《测量法义》一卷，《测量异同》一卷，《勾股义》一卷"（两江总督采进本），明徐光启撰。

"《浑盖通宪图说》二卷"（两江总督采进本），明李之藻撰。

"《圜容较义》一卷"（两江总督采进本），明李之藻撰。

"《历体略》三卷"（安徽巡抚采进本），明王英明撰。

"《御制历象考成》四十二卷"，康熙五十二年（1713 年）圣祖仁皇帝御定《律历渊源》的第一部。

"钦定《仪象考成》三十二卷"，乾隆九年（1744 年）奉敕撰，乾隆十七年（1752 年）告成。

"御制《历象考成后编》十卷"，乾隆二年（1737 年）奉敕撰。

"《晓庵新法》六卷"（山东巡抚采进本），国朝王锡阐撰。

"《中星谱》一卷"（浙江巡抚采进本），国朝胡亶撰。

"《天经或问前集》四卷"（福建巡抚采进本），国朝游艺撰。

"《天步真原》三卷"（浙江汪启淑家藏本），国朝薛凤祚所译西洋穆尼阁法也。

"《天学会通》一卷"（浙江汪启淑家藏本），国朝薛凤祚撰。

"《历算全书》六十卷"（浙江汪启淑家藏本），国朝梅文鼎撰。

"《大统历志》八卷附录一卷"（两淮监政采进本），国朝梅文

---

① 详细目录已见前"新法算书"条。

鼎撰。

"《勿庵历算书记》一卷"（浙江吴玉墀家藏本），国朝梅文鼎撰。

"《中西经星同异考》一卷"（安徽巡抚采进本），国朝梅文鼎撰。

"《全史日至源流》三十二卷"（湖南巡抚采进本），国朝许伯政撰。

"《数学》八卷，续一卷"（安徽巡抚采进本），国朝江永撰。

右天文算法类，推步之属三十一部，四百二十九卷，皆文渊阁著录。

《四库全书总目提要》卷一百七，子部十七，天文算法类二，又记录有：

"《九章算术》九卷"（《永乐大典》本），不著撰人。附《九章算术音义》一卷，唐李籍撰。

"《孙子算经》三卷"（《永乐大典》本），不著撰人。

"《数术记遗》一卷"（两江总督采进本），汉徐岳撰，北周甄鸾注。

"《海岛算经》一卷"（《永乐大典》本），魏刘徽撰。

"《五曹算经》五卷"（《永乐大典》本）。

"《夏侯阳算经》三卷"（《永乐大典》本）。

"《五经算术》二卷"（《永乐大典》本），北周甄鸾撰，唐李淳风注。

"《张邱建算经》三卷"（吏部侍郎王杰家藏本），不著撰人。

"《缉古算经》一卷"（吏部侍郎王杰家藏本），唐王孝通撰。

"《数学九章》十八卷"（《永乐大典》本），宋秦九韶撰。

"《测圆海镜》十二卷"（编修李潢家藏本），元李冶撰。

"《测圆海镜分类释术》十卷"（浙江范懋柱家天一阁藏本），明顾应祥撰。

"《益古演段》三卷"（《永乐大典》本），元李冶撰。

"《弧矢算术》一卷"（浙江范懋柱家天一阁藏本），明顾应祥撰。

"《同文算指前编》二卷，《通编》八卷"（两江总督采进本），明李之藻演西人利玛窦所译之书也。

"《几何原本》六卷"（两江总督采进本），西洋人欧儿里得撰，利玛窦译，而徐光启所笔受也。

"御制《数理精蕴》五十三卷"，康熙五十二年（1713 年）圣祖仁皇帝御定《律历渊源》之第二部也。

"《几何论约》七卷"（内府藏本），国朝杜知耕撰。

"《数学钥》六卷"（内府藏本），国朝杜知耕撰。

"《数度衍》二十四卷，《附录》一卷"（两江总督采进本），国朝方中通撰。

"《勾股引蒙》五卷"（浙江巡抚采进本），国朝陈讦撰。

"《勾股矩测解原》二卷"（浙江汪启淑家藏本），国朝黄百家撰。

"《少广补遗》一卷"（两江总督采进本），国朝陈世仁撰。

"《庄氏算学》八卷"（福建巡抚采进本），国朝庄亨阳撰。

"《九章录要》十二卷"（浙江巡抚采进本），国朝屠文漪撰。

右天文算法类算书之属，二十五部，二百十卷。皆文渊阁著录。《四库全书总目提要》卷一百七，子部十七，天文算法类存目，另记录有：

"《星经》二卷"（两江总督采进本），不著撰人名氏。

"《步天歌》七卷"（两江总督采进本），未详撰人。

"《青罗历》"（无卷数，浙江范懋柱家天一阁藏本），不著撰人名氏。

"《官历刻漏图》二卷"（《永乐大典》本），宋王普撰。

"《星象考》一卷"（编修程晋芳家藏本），原本题宋邹淮撰。

"《天文精义赋》四卷"（浙江范懋柱家天一阁藏本），旧题：管勾天文岳熙载撰。

"《天心复要》三卷"（浙江范懋柱家天一阁藏本），明鲍泰撰。

"《太阳太阴通轨》"（无卷数，浙江鲍士恭家藏本），明戈永龄撰。

"《象纬汇编》二卷"（浙江范懋柱家天一阁藏本），明韩万钟撰。

"《戊申立春考证》一卷"（两江总督采进本），明邢云路撰。

"《星历释义》二卷"（浙江鲍士恭家藏本），明林祖述撰。

"《折衷历法》十三卷"（直隶总督采进本），明朱仲福撰。

"《纬谭》一卷"（福建巡抚采进本），明魏濬撰。

"《宣夜经》"（无卷数，江苏巡抚采进本），明柯仲炯撰。

"《九圜史图》一卷，附《六匊曼》一卷"（浙江汪启淑家藏本），明赵宦光撰。

"《盖载图宪》一卷"（编修励守谦家藏本），明许胥臣撰。

"《天官翼》"（无卷数，浙江巡抚采进本），明董说撰。

"《天经或问》后集"（无卷数，福建巡抚采进本），国朝游艺撰。

"《璇玑遗述》七卷"（两江总督采进本），国朝揭暄撰。

"《秦氏七政全书》"（无卷数，江苏巡抚采进本），国朝秦文渊撰。

"《历算丛书》六十二卷"（安徽巡抚采进本），国朝梅毂成重定其祖文鼎之书也。

"《万青楼图编》十六卷"（国子监助教张羲年家藏本），国朝邵昂霄撰。

"《八线测表图说》一卷"（两江总督采进本），国朝余熙撰。

右天文算法类，推步之属，二十三部，一百二十七卷（内六部无卷数），皆附存目。

《四库全书总目提要》卷一百七，子部十七，天文算法类存目，另记录有：

"《算法统宗》十七卷"（内府藏本），明程大位撰。

"《勾股述》二卷"（浙江吴玉墀家藏本），国朝陈讦撰。

"《隐山鄙事》四卷"（浙江巡抚采进本），国朝李子金撰。

"《围径真旨》"（无卷数，安徽巡抚采进本），国朝顾长发撰。

右天文算法类，算书之属，四部，二十三卷（内一部，无卷数）皆附存目。

第五章 《四库全书》的分藏与传刻

《四库全书》，乾隆四十六年（1781 年）第一部编成，贮存宫内的文渊阁，称作"文渊本"（1781 年）。据《办理四库全书档案》上册第七十七页后称：

乾隆四十六年（1781 年）十二月初六日内阁奉上谕："《四

库全书》第一分,现在办理完竣,所有总校、分校人员等,着该
总裁查明咨部照例议叙。

又"《乾隆御制诗四集》"(编年壬寅,1782 年,卷八十七第八页),
"仲春经筵有述"注称:

> 文渊阁落成已久,而《四库全书》第一部昨岁冬(1781 年)
> 始得告成,今排列架上,古今美富,毕聚于此,实为庆幸云。

"文渊本"1933 年随古物南移,现在台湾。其后续成三部,称为"文
溯本"(1782 年),"文源本"(1783 年),和"文津本"(1784 年)。据
"《乾隆御制诗五集》"(编年乙巳,1785 年,卷十七,第五页)"文津
阁作歌"云:

> "自渊而溯复生源,兹乃于津睹厥卒。"注称:"辛丑年
> (1781 年)全书第一部成,贮文渊阁,壬寅(1782 年)第二部书
> 成,贮盛京(奉天行宫)之文溯阁,癸卯(1783 年)第三部书成,
> 贮(京西)圆明御园之文源阁,兹第四部书,于甲辰(1784 年)
> 岁完,以今乙巳(1785 年)夏临幸(热河)避暑山庄之前,庋储
> 文津阁,兹事体大物博,甫越十年,次第观成,用臻美备,实慰
> 凤怀也。"

其中"文溯本"于 1931 年沈阳失陷时,曾被迁储满铁图书馆,现藏
辽宁图书馆。"文源本"亡于联军之役(1860 年),"文津本"现藏北
京图书馆。

《四库全书》除上述四部之外,继续复钞三部,称作"文汇本","文宗本"和"文澜本"(1787年)。其中"文汇本"藏扬州大观堂(1780年有建筑),"文宗本"藏镇江金山寺(1779年有建筑),以上二本亡于太平之役。"文澜本"(1787年)藏杭州西湖圣因寺行宫(1784年有建筑),经太平战役,所有残缺,钞补后,现藏杭州浙江图书馆。①

《四库全书》即:

北京宫内的文渊阁本(1781年),现藏台湾。

奉天行宫的文溯阁本(1782年),现藏辽宁图书馆。

北京圆明园的文源阁本(1783年),已亡。

热河避暑山庄的文津阁本(1784年),现藏北京图书馆。

扬州大观堂的文汇阁本(1783年),已亡。

镇江金山寺的文宗阁本(1783年),已亡。

杭州圣因寺的文澜阁本(1787年),现藏浙江图书馆。②

和编辑《四库全书》同时进行的是《武英殿聚珍版丛书》的印行。本来中国在宋庆历年间(1041～1048)已行用毕昇创造的活字版,此项印版的活字是用金属铸成的。到乾隆三十九年(1774年)开始采用金简建议仿照宋人活字版式,以枣木制成二十五万余活字,名为聚珍版。先由公家主办,以后江苏,浙江,江西,福州,广州各处,都仿照办理,计选刻《四库全书》内书籍,到乾隆五十七年

---

① 参看李时:《四库全书考证》(1927年);郭伯恭:《四库全书纂修考》,商务印书馆1937年8月版。
② 据《东华续录》乾隆九十六:"乾隆四十八年(1783年)甲辰命续缮《四库全书》三份,分庋扬州文汇阁、镇江文宗阁、杭州文澜阁。"

（1792 年）共有一百三十八种，以后还续有选刻。此项刊刻的书因办事处在（故宫内）武英殿，因名为"武英殿《聚珍版丛书》"。其中所刻算书，有：

（一）《周髀算经》（附《音义》），六册；

（二）《九章算术》（附《音义》），四册；

（三）《海岛算经》，　　　　一册；

（四）《孙子算经》，　　　　二册；

（五）《五曹算经》，　　　　一册；

（六）《五经算术》，　　　　二册；

（七）《夏侯阳算经》，　　　三册。

等七种算经和《律历渊源》一百卷等书。

第六章　《算经十书》之流传与传刻

（一）《算经十书》之流传

《算经十书》经南宋重版后，至明流传甚少。《永乐大典》（1408 年）收有《周髀算经》二卷，《音义》一卷，《九章算术》九卷，《孙子算经》二卷，《海岛算经》一卷，《五曹算经》五卷，《夏侯阳算经》三卷，《五经算术》二卷，未详版本。所可知的，是《周髀算经》二卷有明刻本，《数术记遗》一卷也有流传。《九章算术》虽然经国子监监刻流传，可是吴敬《九章算法比类大全》序尚称："历访《九章》全书，久之未见，仅获写本，而古注混淆。"至其他各经，作家甚少引用。幸宋版《算经十书》叠经藏书家收藏,因获流传。据程大位《算法统宗》(1592 年)记宋版《算经十书》,是:(甲)《孙子算经》二卷,(乙)《张丘建算经》三卷,(丙)《九章算经》九卷,(丁)《五曹算经》五卷,(戊)《夏侯阳算经》三卷、(己)《周髀算经》二卷,(庚)《缉古算经》一卷,(辛)《数术记遗》一卷,(壬)《五经算术》二卷,(癸)《海岛算经》一卷等十种。其中除(壬),(癸)二种,收藏的宋本还没有记录外,其余明内府是藏有(甲)《孙子算经》,因现存宋本,有"原载崇教之宝"的印记,疑出自明内府。其余私人方面:陈道复(1482～1539,或 1483～1544)藏有(丙)《九章算经》,因现存宋本有"陈道复"的印记。又钱谦益(1582～1664)藏有(甲),(乙),(戊)三种,也是据现存宋本的印记。据毛扆《算经(十书题)跋》(1684 年)则长寿李开先(1501～1568)藏有(己),(庚)二种,王世贞(1526～1590)藏有(甲),(乙),(丁),(戊)四种,黄虞稷(1629～1691)藏有(丙)一种。以后上述各种,即(甲),(乙),(丙),(丁),(戊),(己),(庚)都归毛晋(1598～1659)收藏。同时钱曾(1629～1700)在收藏影宋钞本(甲),(乙),(丙),(丁),(戊),(己),(庚)各书外,复有钞本(辛)《数术记遗》一种,还不能确定是否影宋钞本。以上是明人收藏《算经十书》的大概情形。

到清代毛晋和毛扆所藏宋本(戊)《夏侯阳算经》流入清内府,载入《天禄琳琅书目》,又影钞宋钞本(甲)至(庚)等七种,进到内府,现在编入《天禄琳琅丛书》之内。至宋刻原本《算经十书》,入清后,藏(乙)的有季振宜。藏(乙),(丙),(丁),(己),(辛)的有徐乾学(1631～1694),递藏(甲),(乙),(丙)三种的有张敦仁(1754～1834),顾广圻(1766～1835),秦恩复(1760～1843)三人。最后又和(己)种,统归潘祖荫(1830～1890)收藏。又(丁)种曾经张之洞（1837～1909）收藏。最后藏（丁），（辛）二种的是德化李盛铎。现在归北京大学图书馆收藏。① 至（戊）种宋本收入清内府，后来也归李盛铎收藏。（庚）种自毛晋收藏后，后来不知归何人收藏。至（壬），（癸）二种，没有发现宋本，只在《永乐大典》中可以见到。乾隆三十八年（1773 年）开四库全书馆。《算经十书》中（甲），（丙），（丁），（戊），（己），（壬），（癸）等七种是据《永乐大典》中辑录出来；（乙），（庚）二种则据韩城王杰（1725～1805）家藏毛氏影宋钞本；（辛）种据两江总督采进本共成十种。《永乐大典》本七种在乾隆三十九年，到乾隆四十一年（1774～1776）继续以聚珍版刊刻行世。这是《算经十书》由明到清初流传的大概情形。

---

① 现存宋刻宋印本（甲）《孙子算经》三卷，（乙）《张丘建算经》三卷，（丙）残本《九章算经》卷一至五凡五卷，（己）《周髀算经》二卷，有明内府及［明］陈道复、钱谦益、王世贞、钱曾、黄虞稷、毛晋及［清］季振宜、徐乾学、张敦仁、顾广圻、秦恩复、潘祖荫诸人印记，现归上海图书馆。见《上海图书馆善本书目》，1957 年。

［清］于敏中等《天禄琳琅书目》有《夏侯阳算经》一函三册，见首部算经条下，此书有钱谦益，王世贞，毛晋诸人印记。又《禄营访书记》（1942 年）。

现存宋刻宋印本（丁）《五曹算经》五卷，（辛）《数术记遗》一卷，有徐乾学印记，见赵万里《芸庵群书题记》，1933 年 12 月 7 日《大公报》图书副刊，第六期。

《读书敏求记考证》四卷，子部有《五曹算经》五卷，缪荃孙云：北宋本归（南皮，张之洞）抱冰堂。

《粤雅堂丛书》第九十四册，《钱曾述古堂书目》及《也是园书目》，有：
元钞本……赵君卿注，《周髀算经》二卷二本；
钞本……甄鸾注，《数术记遗》一卷；
影宋钞本……《张丘建算经》三卷一本；
影宋钞本……《孙子算经》三卷；
影宋钞本……《夏侯阳算经》三卷一本；
影宋钞本……《缉古算经》一卷；
影宋钞本……《五曹算经》五卷。

并参看北京大学五十周年纪念特刊《北京大学图书馆善本书录》，和《北京大学图书馆藏李氏书目》，1956 年，三册。

(二)《算经十书》之传刻

最近世期初期，最先传刻《算经十书》。在明末《算经十书》中仅有《周髀算经》、《数术记遗》刻入《秘册汇函》、《唐宋丛书》，和毛晋所编《津逮秘书》之内。清《古今图书集成》(1725 年)仅收录有程大位《算法统宗》(1592 年)。

常熟毛晋、毛扆收得《孙子》《五曹》《张丘建》《夏侯阳》《周髀》《缉古》《九章》七经，都是元丰七年(1084 年)秘书省刊本，在康熙二十三年(1684 年)作《算经跋》纪录其事。并影摹一份入官。原书直到清末还大半留存，乾隆三十七年(1772 年)下诏求书，各省并有进献。乾隆三十八年(1773 年)开四库全书馆。四十三年(1778 年)《四库全书荟要》收有《周髀算经》，《五经算术》和《测圆海镜》。四十六年(1781 年)《四库全书》天文算法类收有《算经十书》和《数书九章》、《测圆海镜》等古算书。此项古算书，多半是由戴震(1724～1777)于《永乐大典)中辑出。乾隆三十九年(1774 年)十月三十日戴震给段玉裁(1735～1815)信内称："数月来纂次《永乐大典》散篇，于算书得《九章》《海岛》《孙子》《五曹》《夏侯阳》五种。"因陆续校上。其余《周髀算经》二卷、《音义》一卷、《五经算术》二卷，也由《永乐大典》内辑出。乾隆三十九年以后金简陆续仿宋人活字版式选刻《四库全书》，前后百三十八种。其中有《周髀》《九章》《孙子》《海岛》《五曹》《夏侯阳》《五经算术》七种算经。江苏(袖珍本)，浙江(袖珍本)，江西，福州，广州(广雅书局本)各处都有翻刻。一时知名人士，如朱彝尊(1629～1709)、臧琳(1650～1713)、卢文弨(1717～1795)、王鸣盛(1722～1797)、戴震

（1724～1777）、程瑶田（1725～1814）、冯经、李潢（？～1811）、孔
继涵（1739～1783）、吴烺、顾观光（1799～1862）、邹伯奇（1819～
1869）、孙诒让（1848～1908）都有题跋或图注说明《算经十书》。[①]
查《四库全书》乾隆四十六年（1781年）第一部写成，以后文津本，
文澜本和聚珍本各算经校上年月如下：

文津本:乾隆四十九年（1784年）十一月校上《周髀算经》，

乾隆四十年（1775年）四月校上《九章算术》，

乾隆四十八年（1783年）八月校上《夏侯阳算经》，

乾隆四十八年（1783年）八月校上《张丘建算经》，

乾隆四十九年（1784年）闰三月校上《五曹算经》，

乾隆四十九年（1784年）十月校上《五经算术》，

乾隆四十九年（1784年）七月校上《数术记遗》，

乾隆四十九年（1784年）八月校上《缉古算经》，

乾隆四十年（1775年）十月校上《孙子算经》；

文澜本:乾隆五十二年（1787年）二月校上《周髀算经》，

乾隆五十年（1785年）五月校上《夏侯阳算经》，

乾隆五十二年（1787年）三月校上《张丘建算经》，

乾隆五十一年（1786年）六月校上《五曹算经》；

聚珍本:乾隆四十一年（1776年）二月校上《夏侯阳算经》，

乾隆四十一年（1776年）六月校上《五曹算经》，

---

① 臧琳:《经文杂记》卷十三,嘉庆四年（1799年）刻本第一五至第一六页,有"《周髀算经》"条。王鸣盛:《蛾衍编》卷十三,道光二十一年（1841年）刻本,第七至第八页,有"十部算经"条。孙诒让:《札记》卷十一,光绪年刻本,第六至第九页,有文考订《周髀算经》及《孙子》《记遗》《夏侯阳》等算经。并参看王重民著,李俨校:《清代文集算学类论文》,见（1935年）三月五卷二号《学风》第1～8页。

乾隆三十九年(1774年)十月校上《五经算术》,

乾隆四十一年(1776年)二月校上《孙子算经》,

乾隆四十年(1775年)四月校上《海岛算经》。

曲阜孔继涵(1739～1783)在乾隆三十八年(1773年)据毛氏影摹宋刻本《孙子》《五曹》《张丘建》《夏侯阳》《周髀》《缉古》各算经,和《永乐大典》本《海岛》《五经》《九章》各算经,经戴震校订过的,另附戴震所著《策算》(1744年),《勾股割圜记》三卷(1758年),刻入《微波榭丛书》,称作《算经十书》。同时常熟屈曾发于乾隆四十一年(1776年)另刻《九章算术》和《海岛算经》,未有附图。戴震曾为撰序。又歙人鲍廷博(1728～1814)也在乾隆四十一年(1776年)以后刻《知不足斋丛书》,所收算经,计有:《五曹》(1777年刻)、《孙子》(1777年刻)、《张丘建》(1780年刻)、《缉古》(1780年刻)四种,都以宋刻本为蓝本。其余宋本《九章算经》五卷,已经录出,未有刻本。① 此外四川绵州人,李调元于乾隆四十六、四十七年(1781～1782)刻《函海》,也收有《缉古算经》。这是最近世期《算经十书》传刻的经过情形。

---

① 见《适园藏书志》卷七。

第九编　中国最近世数学

第一章　最近世的数学

中国最近世数学,由清中叶到清末,相当于公元 1800 年迄 1912 年,前后约一百五十年。此时第一期西洋历算之输入已告一段落,另进入各丛书的纂辑。其中包括算经之流传与传刻。《四库全书》(1781 年)除收集和传刻《算经十书》之外,还收有十三、十四世纪中国古典数学书,如:

秦九韶,《数学九章》十八卷(1247 年)(由《永乐大典》辑出);

李治,《测圆海镜》十三卷(1248 年,据李潢家藏本);

李治,《益古演段》三卷(1259 年,由《永乐大典》辑出)

各书。可是所收十三、十四世纪中国数学书尚有缺略。以后各丛书还续有传刻。由于此项十三、十四世纪古典数学书之收集、流传和传刻,亦引起中算家对古算学习之兴趣。此期中算家整理中西算,就多有成就。到十九世纪末期,西洋算法第二次输入,又补助中国教育界对近代数学的学习和重新安排,是时中算又进入一个新的阶段。

第二章　最近世数学家小传

清:1. 戴　震　2. 李　潢　3. 孔广森　4. 张敦仁　5. 焦　循
　　6. 汪　莱　7. 李　锐　8. 陈　杰　9. 沈钦裴　10. 骆腾凤
　　11. 罗士琳　12. 项名达　13. 董祐诚　14. 徐有壬
　　15. 戴　煦　16. 李善兰　17. 华蘅芳

1. 戴震(1724～1777)　字东原,安徽休宁人,乾隆九年(1744年)撰《策算》一卷。年二十八,始师事婺源江永(1681～1762),乾隆二十年(1755年)撰《勾股割圜记》三卷。因避仇入都,馆秦蕙田(1702～1764)家,曾整理《西洋新法算书》,《大清会典》推步法。乾隆二十七年(1762年)举人,三十八年(1773年)开四库全书馆,震参与校勘工作。其中子部天文算法类各书提要,多由震编写。震在四库全书馆由乾隆三十八年(1773年)到四十二年(1777年)卒去,共四年,编校甚勤。曾在《永乐大典》中辑出《周髀》《九章》《孙子》《海岛》《五曹》《夏侯阳》《五经》等七部算经。以后武英殿聚珍本和微波榭本《算经十书》(1773年),都据戴震的校订本传刻。乾隆四十一年(1776年)屈曾发传刻《九章算术》和《海岛算经》,戴震还撰有序文。① 戴震手稿本,现在还藏有:《准望简法》一

① 参看洪榜:“《戴东原行状》”,《二洪遗稿》第四册;段玉裁:《戴东原年谱》;江藩:《汉学师承记》;钱大昕:“戴先生震传”,碑传集卷五十;阮元:《畴人传》卷四十二,“戴震传”,清史列传,“戴震传”;魏建功:“戴东原年谱”,《国学季刊》(1925年);刘光汉:“戴震传”,《国粹学报》(1906年);《中国学术家列传》,第384～385页,“戴震”。

卷,《割圜弧矢补论》一卷,《方圆比例数表》一卷等三种。①

2. 李潢(? ~ 1811) 字云门,钟祥人,乾隆三十六年(1771年)进士,由翰林官至工部左侍郎。博综群书,尤精算学。遗著《九章算术细草图说》九卷,附《海岛算经细草图说》一卷,嘉庆二十五年(1820 年)沈钦裴校,程裔采刻。又《缉古算经考注》二卷,道光十二年(1832 年)刘衡校,吴兰修复校,程裔采刻。②

3. 孔广森(1752 ~ 1786) 字众仲,号㧑约,又号巽轩,曲阜人。乾隆三十六年(1771)进士。少时曾师事戴震。官翰林后,又在内府内见到王孝通《缉古算术》,秦九韶《数书九章》,李治《益古演段》、《测圆海镜》各书。因此学习中算。所著《少广正负术》,内篇三卷,外第三卷,作为《巽轩孔氏所著书》之一,又手校《测圆海镜》十二卷。③

4. 张敦仁(1754 ~ 1834) 字古余,阳城人,乾隆四十三年(1778)进士,官至云南盐法道。晚居金陵,和李锐相善,研治古算,曾收藏宋本《算经十书》中《孙子》《张丘建》《九章》三经。嘉庆十年(1805 年)由顾广圻(1766 ~ 1835)审定,并附跋文。敦仁著《缉古算经细草》三卷(1803 年),《求一算术》三卷(1803 年),有道光十一年(1831 年)自刻本,又《开方补记》八卷,附《通论》一卷,有

---

① 见德化李盛铎:《木犀轩收藏旧本书目》。

② 参看罗士琳续补《畴人传》卷四十九,"李潢传"和《增校清朝进士题名碑录》。

③ 同上书,卷四十八,"孔广森传"引:"《巽轩孔氏所著书》,《汉学师承记》,《校礼堂文集》",《中国学术家列传》,第 420 ~ 421 页,商务印书馆,旧东方图书馆藏孔广森校《测圆海镜》。

道光十四年(1834 年)自刻本。①

5. 焦循(1763 ~ 1820)　字理堂,号里堂,江苏甘泉人。嘉庆六年(1801 年)举人。与李锐(1768 ~ 1817)相善。著有《乘方释例》五卷(1790 年),《加减乘除释》八卷(1794 ~ 1798),《天元一释》二卷(1800 年),《释弧》三卷(1798 年),《释轮》二卷(1796 年),《释椭》一卷(1796 年),《补衡斋算学》第三册一卷,《开方通释》一卷(1801 年),《易余籥录》二十卷(1819 年),又有《大衍求一术》一卷,德化李氏藏。②

6. 汪莱(1768 ~ 1813)　字孝婴,号衡斋,歙县人,年十五,补府学生员。弱冠后,读书于吴县葑门外,经史历算,无不精究。始著《覆载通几》一卷(1792 年),《乐律逢源》一卷(1793 年),和算学论文若干篇。嘉庆初年归歙家居,与郡人巴孟嘉(名树谷)、江兼浦(名泌)、罗子信(名永符)友善,肆力治算。嘉庆六年(1801 年)馆秦恩复家,著《衡斋算学》第一册,有嘉庆二年(1797 年)自序,又第二册成于三年(1798 年)春,第三册成于三年(1798 年)秋,第四册成于四年(1799 年),第五册成于六年(1801 年),时在扬州。第六册成于六年(1801 年),时在六安。嘉庆八年(1803 年)以馆谷所入,自刻《衡斋算学》六册,后又续成第七册。殁后其门人夏燮为校

①　参看罗士琳:《续畴人传》卷五十二,"张敦仁传" 引:《缉古算经细草》,《开方补记》;宋本《孙子算经》,《张丘建算经》,《九章算经》,顾广圻跋;《增校清朝进士题名碑录》。

②　同上书,卷五十一,"焦循传",引:《里堂学算记》,《雕菰楼文集》,《研经室文集》,《汉学师承记》,《扬州画舫录》;《清史列传》卷六十九,"焦循传";《中国学术家列传》,第431 ~ 433 页,"焦循传";北京图书馆藏《乘方释例》五卷,书前有"焦循手录"之印,卷末有:"乾隆六十年(1795 年)十二月二十二日《乘方释例》五卷成"一行。

刻《衡斋遗书》九卷(1834年),和《衡斋算学》七卷(1854年)并传
于世。①

7. 李锐(1768～1817) 字尚之,号四香,元和人。幼从书塾
中检得《算法统宗》,心通其义,遂为九章八线之学。曾校《测圆海
镜》十二卷,又校《益古演段》三卷(1797年),复从同邑顾广圻处看
到《数书九章》,也加校算。《四元玉鉴》发现较晚,李锐虽然也曾
看到,已经有病,校订数段,仅限于"天元"部分。李锐自著有《方程
新术草》一卷,《勾股算术细草》一卷(1806年),《弧矢算术细草》
一卷。李锐因秦九韶方法,作《开方说》三卷,甫及上中二卷而卒,
其徒黎应南续成下卷,和《方程新术草》各书,共刻成《李氏遗书》。
先是阮元曾延请李锐编辑《畴人传》,称为"今之敬斋(李治)"。②
华衡芳(1834～1902)称:《畴人传》"正传成于阮氏,实为李(锐)手
笔。"(见《学算笔谈》卷十二)

8. 陈杰 字静莽,乌程人,官至国子监算学助教。道光十九年
(1839年)因足疾,退休回家,著有《缉古算经细草》一卷,《图解》
三卷,《音义》一卷(1815年),《算法大成上编》十一卷(1823年
刻)。③

9. 沈钦裴 字侠侯,号狎鸥,元和人。嘉庆十二年(1807年)

① 参看罗士琳:《续畴人传》卷五十,"汪莱传",引:汪莱《衡斋算学》七卷,《通
艺录》,《汉学师承记》,《雕菰堂文集》,胡培翚《研六堂文钞》"石埭训导汪先生行
述";又《衡斋遗书》七种九卷(1834年刻本)后附:"焦循,汪君孝婴列传"。
② 同上书,"李锐传"引:《李氏遗书》,《知不足斋丛书》,《潜研堂文集》,《十驾
斋养新录》,《勾股算术细草》一卷(1806年),《研经室文集》,《通艺录》,《雕菰楼文
集》,《汉学师承记》;又光绪九年(1883年)《苏州府志》,卷九十;《清史列传》卷六十
九,"李锐传";张星鉴《仰萧楼文集》卷一,"李尚之传"。
③ 参看诸可宝:《畴人传三编》,卷三,"陈杰传"。

举人。曾校正李潢《九章算术细草》九卷,补演《海岛算经》一卷,有嘉庆二十五年(1820年)刊本。又曾校《数书九章》、《四元玉鉴》各若干卷。所著《四元玉鉴细草》,至道光三年(1823年)夏中止,仅及中卷,因钦裴已补荆溪教官,此事遂搁,计共成四册,张文虎(1808~1885)尚曾看到。现藏《四元玉鉴细草》稿本,有道光九年(1829年)自序。又《重差图说》稿本,有道光四年(1824年)自序。①

10. 骆腾凤(1770~1841)　字鸣冈,号春池,山阳人。嘉庆六年(1801年)举人,好读书,尤精算术。著《开方释例》四卷(1815年),《艺游录》二卷(1815年)。遗稿由其婿何锦于道光二十三年(1843年)校刻行世。②

11. 罗士琳(1789~1853)　字次璆,号茗香,甘泉人。曾游京师,尝考取天文生,初从其舅秦恩复学习八股文,以便考试,以后弃去不学,专门学习历算,还多读中算书。先著《比例汇通》四卷(1818年),道光二年(1822年)到北京应试,在汉阳叶继雯处看到《四元玉鉴》原书,三年(1823年)借到黎应南所藏钞本。同时龚自珍(1792~1841)又以何元锡(1766~1829)刻本《四元玉鉴》见赠。乃着手编集补草,研究一纪(1823~1834),补成全草。计有《四元玉鉴细草》二十四卷,卷前有道光十四年(1834年)校勘记一篇。罗草于道光十四年(1834年)毕业,十七年(1837年)增订,由同邑易之瀚校算,并和同时中算家徐有壬、黎应南商榷过。罗有《补增

---

① 参看诸可宝:《畴人传三编》,卷三,"沈钦裴传";又钞本《四元细草》六本,前北京松坡图书馆藏,钞本《重差图说》一卷,李俨藏。
② 同上书,"骆腾凤传"引:"《开方释例》,《艺游录》,《舒艺室杂著甲》编。"

开方天元四元释例》共一卷(1838年)，易有《开方天元四元释例》
三则，共一卷，附在《四元玉鉴细草》后。此外又校正朝鲜重刊本
《算学启蒙》三卷(1839年)。又自著《勾股容三事拾遗》三卷，附例
一卷(1826年)，《演元九式》一卷(1827年)，《台锥演积》一卷
(1837年)，《三角和较算例》一卷(1840年)，《弧矢算术补》一卷
(1843年)，《续畴人传》六卷(1860年)。以上各书，刊入《观我生
室汇稿》中。又《勾股截积和较算例》二卷，刊入《连筠簃丛书》
中。① 又《缀术辑补》二卷，未刻。见《续纂扬州府志》(1874年)。

　　12. 项名达(1789~1850)　　原名万准，字步来，号梅侣，仁和
人。嘉庆二十一年(1816年)举人，道光六年(1826年)进士。著
《下学庵算术三种》计:《勾股六术》一卷(1825年)，后附《弧三角
和较算例》;《三角和较术》一卷(1843年);《开诸乘方捷术》一卷。
又著《象数一原》六卷(即《象数原始》)，附:《算律管新术》。又
《椭圆求周术》一卷，其中《图解》一卷，是戴煦(1805~1860)所
补。② 项名达又著《割圜捷术》若干卷，未刻。③

　　13. 董祐诚(1791~1823)　　字方立，阳湖人，嘉庆二十三年
(1818年)举人，初名曾臣，应顺天乡试后更今名。著有《割圜连比
例图解》三卷(1819年)，《椭圆求周术》一卷，《斜弧三边求角补
术》一卷，《堆垛求积术》一卷(1821年)，《三统术衍补》一卷共五

　　① 参看诸可宝:《畴人传三编》卷四，"罗士琳传"，引"罗士琳，《比例汇通》四
卷(1818年)，《观我生室汇稿》十一种，《养一斋集》，《舒艺室诗存注》"。
　　② 同上书，卷三，"项名达传"。
　　③ 见张震《项梅侣夫子事述》。

种,有《董方立遗书五种》刻本(1827 年刻)。①

14. 徐有壬(1800~1860)　字君青,亦字钧卿,乌程人。用宛平寓籍举京兆试。道光九年(1829 年)进士,官至江苏巡抚。著有《四元算式》一卷(未刊),《割圜密率》三卷,《椭圆正术》一卷,《弧三角拾遗》一卷,《造各表简法》一卷(钱国宝刊本作《造表简法》,续刊本作《垛积招差》),《截球解义》一卷,《椭圆求周术》一卷,《割圆八线缀术》四卷(原作三卷),《堆垛测圆》三卷(未刊),《圆率通考》一卷(未刊)。②

15. 戴煦(1805~1860)　初名邦棣,字鄂士,号鹤墅,又号仲乙,钱塘人。自道光二十五年(1845 年)至咸丰二年(1852 年)八年内著《对数简法》三卷(1845 年)、《外切密率》四卷(1852 年)、《假数测圆》二卷(1852 年)共三种,总名《求表捷术》。曾著《四元玉鉴细草》若干卷(1826 年),图解明畅。溆浦陈棠在新化邹伯宗处学习,在他处看到戴煦《玉鉴细草》钞本。项名达著《象数一原》,曾由戴煦续成七卷。戴煦又自著《勾股和较集成》,《重差图说》未刻。③

16. 李善兰(1811~1882)　字壬叔,号秋纫,海宁人,十龄通《九章算术》,十五岁通《几何原本》,到南京考试,得到《测圆海镜》(1248 年),《勾股割圜记》(1755 年),学术大有进步。道光二十五

---

① 参看罗士琳:《续补畴人传》卷五十一,"董祐诚传"引:"《董方立遗书》";又《清史列传》卷七十三,董祐诚传;《中国学术家列传》,第 455~456 页,"董祐诚传"。

② 参看诸可宝:《畴人传三编》卷四,"徐有壬传";又光绪十五年(1889 年)《顺天府志》引:"戴望:江苏巡抚徐公行状。"

③ 同上书,卷四,"戴煦传"引:"戴煦,《求表捷术》三种,《粤雅堂丛书续集》本;《戴府君行状》;《两浙忠义录》;邹伯奇,《邹征君遗书》(1873 年刊本)"。

年（1845 年）馆嘉兴陆费家，获交顾观光（1799～1862）、戴煦（1805～1860）、张文虎（1808～1885）、汪曰桢（1813～1881）、张福禧诸人，暇辄著书。咸丰二年（1852 年）五月至上海，居大境杰阁，和伟烈亚力（Alexander Wylie，1815～1887）共译《几何原本》后九卷，以咸丰二年六月开始，到咸丰六年（1856）完毕，前后共四年。咸丰七年（1857 年）二月松江韩应陛为

李善兰（1811～1882）造像

之刊刻。善兰在上海十年。除续译《几何原本》九卷之外，又和伟烈亚力共译侯失勒《谈天》（Herschel，1792～1871，*Outline of Astronomy*）十八卷（1859 年），棣么甘《代数学》（Augustus De Morgan，1806～1871，*Elements of Algebra*，1835 年）十三卷（1859 年），罗密士《代微积拾级》（Elias Loomis，1811～1899，*Analytical Geometry and Calculus*，1850）十八卷（1859 年），牛顿《数理》（Isaac Newton，1642～1727，*Principia*）若干卷；又和艾约瑟（Joseph Edkins，1825～1905）共译胡威立《重学》（William Whewell，1795～1866，*Mechanics*）二十卷（1859 年），《曲线说》一作《圆锥曲线说》三卷（1866 年）。同治六年（1867 年）李善兰自序《则古昔斋算学》十三种，共二十四卷，由友人分校，曾国藩（1811～1872）捐金刻行，计：

南海冯焌光（1830～1878）校《方圆阐幽》一卷（1851 年刻）；

南汇张文虎（1808～1885）校《弧矢启秘》二卷（1851 年刻）；

南汇贾步纬校《对数探源》二卷（1850 年刻）；有顾观光 1846 年序；

湘乡曾纪鸿（1848～1877）校《四元解》二卷（1845 年）；

乌程汪曰桢（1813～1881）校《麟德术解》三卷（1848 年）；

江宁汪士铎（1802～1889）校《椭圜正术解》二卷；

无锡徐寿（1818～1884）校《椭圜新术》一卷；

无锡华蘅芳（1833～1902）校《椭圜拾遗》三卷；

上元孙文川校《火器真诀》一卷（1858 年）；

南丰吴嘉善校《尖锥变法解》一卷；

无锡徐建寅（1854～1901）校《级数回求》一卷；

长沙丁取忠校《天算或问》一卷。

善兰所著书，在《则古昔斋算学》以外，还有：

《九容图表》七页，在刘铎《古今算学丛书》（1898 年）之内；

《考数根法》三卷，在《中西闻见录》二、三、四期（1872 年）之内，是《则古昔斋算学》第十四种；

《测圆海镜解》一卷，有传钞本；

《造整数勾股级数法》二卷，亦作《级数勾股》二卷，未刻。

同治七年（1868 年）李善兰到北京同文馆任算学总教习。在馆时传刻李冶《测圆海镜细草》十二卷，卒葬海盐县牵罾桥东北。[①]

17. 华蘅芳（1833～1902） 字若汀，江苏金匮人。年十四便通程大位《算法统宗》（1592 年）之说。以后又继续学习《数理精

---

① 参看李俨：《中算史论丛》第四集，第 331～361 页内"李善兰年谱"，所引文献：《中国学术家列传》，第 464～465 页，"李善兰传"。

蕴》和《九章算术》,学术更有进步。
又从无锡邹安鬯处学习到秦九韶,李
治,朱世杰学说。蘅芳曾在曾国藩
(1811～1872)处,遇到李善兰。上
海江南制造局成立翻译馆(1868
年),蘅芳和英人傅兰雅(John Fryer,
1839～?)共译英华里司(?)《代数
术》二十五卷(1873 年)、《微积溯
源》八卷(1878),英海麻士(John
Hymers,1803～1877)《三角数理》十
二卷(1877 年),英伦德(Thomas
Lund)《代数难题》十六卷(1879

华蘅芳(1833～1902)造像

年),棣么甘(Augustus De Morgan,1806～1871)《决疑数学》十卷,
英白尔尼《合数术》十一卷(1888 年)。蘅芳自著有:《开方别术》一
卷,《数根术解》一卷,《开方古义》二卷,《积较术》三卷,《学算笔
谈》十二卷,《算草丛存》四卷。以上六种称《行素轩算稿》六种,有
光绪八年(1882 年)等刻本。其中光绪十九年(1893 年)刻本附有
华世芳(1854～1905,蘅芳弟)著:《答数界限》一卷,《连分数学》一
卷,又八卷本《算草丛存》后亦附有华世芳著《答数界限》一卷,《连
分数学》一卷,题作:《恒河沙馆算草》二种。八卷本《算草丛存》较
四卷本《算草丛存》,多:《求乘数法》,《数根演古》,《循环小数考》,
《算斋琐语》四种。华蘅芳著作,收入《艺经斋算学丛书》的,还有:
《算学须知》一卷,《西算初阶》一卷。

　　华蘅芳弟华世芳(1854～1905)字若溪亦善算学。自著《恒河
沙馆算草》二种,即《答数界限》一卷,《连分数学》一卷。还有《击

术举隅》,《今有术》,《双套勾股》,《三角新理》各稿,存在家中,未刻。①

第三章　宋元数学书的收集（一）

宋元数学书,即十三、十四世纪数学书,经《四库全书》开馆时(1773 年)由《永乐大典》集出的有:

宋秦九韶《数学九章》(1247 年)十八卷;

元李治《益古演段》(1248 年)三卷二种。当时在馆主持采集、校补、校正数学书工作的是戴震(1724～1777)。

《永乐大典》是明永乐六年(1408 年)成书。隆、万(1567～1619)以后,便有残缺。可是数学书在《四库全书》开馆时(1773 年)尚无残缺,因北京图书馆收藏的《大典目录》一册,上面有翰林院印,是乾隆年《四库全书》开馆时(1773 年)馆官核查的底册。②

现查此目录,知《永乐大典》关于算学,当时存有:

算:卷 16329 到卷 16348 十本,

又算至断:卷 16349 到卷 16367 十本。

其中卷 16329 是"算",卷 16330～16364 是"算法 1～35"。这说明当时数学书尚完全存在。故戴震(1724～1777)尚得在此中辑出数学书。

---

① 参看李俨:《中算史论丛》第四集,第 362～377 页,内"华蘅芳年谱"所引文献;《中国学术家列传》,第 470～471 页。

② 见袁同礼:"永乐大典存目",《前国立北京图书馆馆刊》,第六卷,第一号。

　　乾隆三十九年(1774 年)十月三十日戴震与段玉裁(1735～1815)书称:"数月来纂次《永乐大典》散篇,于其书得:《九章》《海岛》《孙子》《五曹》《夏侯阳》五种。"其余《周髀》《五经》亦辑自《永乐大典》,归入《四库全书》之内。又《算经十书》之外,《益古演段》《数学九章》亦辑自《永乐大典》。

　　其余未辑出数学书,尚有下列各种:

　　(一)杨辉,《详解(九章)算法》,后附《纂类》总十二卷;

　　(二)杨辉,《日用算法》二卷(1262 年);

　　(三)杨辉,《杨辉算法》七卷,内:

　　　　　　《乘除通变本末》三卷(1274 年),

　　　　　　《田亩比类乘除捷法》二卷(1275 年),

　　　　　　《续古摘奇算法》二卷(1275 年);

　　(四)《透帘细草》一卷;

　　(五)丁巨,《丁巨算法》八卷(1355 年);

　　(六)《锦囊启源》;

　　(七)贾亨,《算法全能集》二卷;

　　(八)安止斋,《详明算法》二卷;

　　(九)严恭,《通原算法》一卷(1372 年)。

　　此项未收在《四库全书》的十三、十四世纪民间数学书,因清代学者在清内府看书,还续有钞藏。如乾隆四十一年(1776 年)以后歙人鲍廷博(1728～1814)刻《知不足斋丛书》在传刻《四库全书》已收书,即《算经十书》内《五曹》《孙子》《张丘建》《缉古》四种,以及李冶《益古演段》(1259 年著)1797 年校刻;李冶《测圆海镜》(1248 年著)1798 年校刻(《益古》、《测圆》二书都有李锐 1798 年跋文)之外,还在第二十七集(1814 年)校刻《四库全书》未收的十

三、十四世纪民间数学书,如:

杨辉,《续古摘奇算法》二卷(1275 年),残本一卷;

《透帘细草》一卷,残本无卷数;

丁巨,《丁巨算法》八卷(1355 年),残本一卷。

查《知不足斋丛书》是由鲍廷博(1728～1814)校刊至第二十七集,卒(1814 年)后由他子孙续成三十集。以上三种残本是出自《永乐大典》。

因"嘉庆十五年(1810 年),阮元(1764～1849)以少詹事在文颖馆总阅全唐文,于《永乐大典》中钞得杨辉《(续古)摘奇(算法)》及《议古》等百余番,嗣督淮安,属江上舍郑堂(藩,1761～1831)排比整齐之,然掇拾残剩之余,究非全帙也。"①

阮元(1764～1849)所钞《永乐大典》算书百余番,李潢(?～1811),李锐(1773～1817)都录有副本。② 鲍廷博(1728～1814)《知不足斋丛书》第二十七集(1814 年)所收杨辉等三书,当是出自阮元钞本。

此后莫友芝(1811～1871)子绳孙旧藏的《诸家算法及序记》,其中所收杨辉《日用算法》、《丁巨算法》,以及《透帘细草》、《锦囊启源》、贾亨《算法全能集》、安止斋《详明算法》、严恭《通原算法》等百余番。又和《知不足斋丛书》所校刻的不同,是另一人由《永乐大典》中钞得的资料。③

上述《永乐大典》本各数学书,当阮元在文颖阁校书时(1810

---

① 见罗士琳:《续畴人传》卷四十七。
② 见嘉庆十九年(1814 年)李锐所著《宜稼堂丛书》本《杨辉算法》跋。
③ 参看李俨:《十三、十四世纪中国民间数学》,1957 年。

年)已有残缺,因称:"掇拾残剩之余,究非全帙。"

嘉庆十九年(1814年)罗士琳(1789～1853)还嘱何元锡(1766～1829)在黄丕烈(1763～1823)处钞录黄丕烈所收宋刊《杨辉算法》副本。此项宋刊《杨辉算法》也是残缺本。[①]

郁松年在道光二十年(1840年)以后传刻《宜稼堂丛书》,内有:

杨辉,《详解(九章)算法》,后附《纂类》总十二卷;

杨辉,《杨辉算法》七卷,内:

  《乘除通变本末》三卷(1274年);

  《田亩比类乘除捷法》二卷(1275年);

  《续古摘奇算法》二卷(1275年)

也是残缺本,宋景昌编有札记。

这说明清代学者在嘉庆十五年迄道光二十年(1810～1840)时期,还未知(一)《杨辉算法》在明洪武十一年(1378年)勤德书堂已有刻本,(二)杨辉《详解(九章)算法》,后附《纂类》,总十二卷,和《日用算法》二卷等各书,《永乐大典》曾收有全书。

在《经籍访古志》卷四(1885年)方说明有朝鲜国刊本杨辉《续古摘奇算法》三卷。[②]

又在《日本访书志》卷七(1901年)方记明朝鲜曾复刻明洪武十一年(1378年)勤德书堂刻本杨辉《杨辉算法》七卷。[③]

以上是《永乐大典》本内十三、十四世纪中国民间数学书,在最

---

① 参看《宜稼堂丛书》内李锐《杨辉算法》跋。
② 见光绪十一年(1885年)徐承祖序刻日人,《经籍访古志》。
③ 见光绪二十七年(1901年)杨守敬(1839～1914)序刻《日本访书志》。

近世期收集流传的经过。

第四章　宋元数学书的收集（二）

阮元(1764～1849)对《四库全书》未收书还续有收集。阮元抚浙时，购元朱世杰《四元玉鉴》三卷(1303年)，此书徐乾学(1631～1694)《传是楼书目》已有记录。①　钱大昕(1728～1804)《补元史艺文志》作二卷。阮元购得后，于嘉庆十三、十四年间(1808年,1809年)进呈，作为《四库全书》未收书之一，并收入所辑《宛委别藏》（原稿本）之内，还撰有"四库未收书提要"刻入《研经室外集》(1809年)之内。另有《四元玉鉴》原书副钞本，曾嘱李锐(1768～1817)演草。李锐于嘉庆二十二年(1817年)卒去，事未果成，何元锡(1766～1829)即据副钞本刊布。

道光十四年(1834年)，罗士琳(1789～1853)《四元玉鉴细草》"后记"称："岁壬午（道光二年,1822年）京兆试后从叶云素（继雯）给谏处获见是书（《四元玉鉴》），愿学未能。癸未(1823年)春假得黎斗一（应南）大令所藏钞本，又辱龚定庵（自珍,1792～1841）主事见赠何（元锡）刻本，互相研究。"

何元锡刻本现在未曾发现，据罗士琳所述，可说明何元锡刻本，是在1817～1823年间。

又在《四元玉鉴》原书祖颐"后序"称：

---

　①　徐乾学(1631～1694)《传是楼书目》有："元朱世杰《四元玉鉴》三卷,抄三本"。

　　（朱）世杰……周游四方，复游广陵，踵门而学者云集，大
德己亥（1299 年）编集《算学启蒙》，赵元镇已与之版而行矣。

这说明朱世杰在《四元玉鉴》（1303 年）之外，还有《算学启蒙》一
书，可是阮元在编《四元玉鉴》"四库（全书）未收书提要"时（1808
年，1809 年）还称：

　　（朱）世杰尝游广陵，学者云集，编集《算学启蒙》，与此
（《四元玉鉴》）先后付刊，并行于世，今《（算学）启蒙》一书，不
可复见矣。

到阮元序罗士琳《四元玉鉴细草》，（道光十四年，1834 年）称：

　　朝鲜人在京师书肆，买得《研经室（外）集》读至《四元玉
鉴》提要，知中华未见朱氏《算学启蒙》一书，而朝鲜有之，遂刻
之，亦足见远人向学之殷。

**阮元在道光十九年（1839 年）罗士琳复刊朝鲜本《算学启蒙》，
汇刻入《观我生室汇稿》之内时，又序《算学启蒙》，称：**

　　近年罗君（士琳）又从都中人于琉璃厂书肆中得朝鲜重刊
本，计三卷。

以上是收集《四元玉鉴》（1303 年）和《算学启蒙》（1299 年）的

经过。

第五章　宋元数学之研讨

清初宋元算书著录在《四库全书》(1781 年),有:《数书九章》(1247 年)、《测圆海镜》(1248 年)、《益古演段》(1259 年)三种。至于《四元玉鉴》(1303 年)一书,梅瑴成(1681～1763)已经见到,还没有刻本。孔广森(1752～1786)曾参考王孝通《缉古算经》,秦九韶《数书九章》,李冶《测圆海镜》、《益古演段》,著有《少广正负术》内篇三卷、外第三卷,收在嘉庆二十二年(1817 年)《顨轩所著书》之内。又拟注《测圆海镜》十二卷,未经完成,孔广森即卒去。现有《测圆海镜》十二卷,曾经孔广森校过。①

李锐(1768～1817)也学习宋元算法,曾校《测圆海镜》。因阮元(1764～1849)视学浙江,从文澜阁本(1787 年)《测圆海镜》一本,又得到归安丁杰藏本,属李锐校订。嘉庆二年(1797 年)校完,明年(1798 年)刻入《知不足斋丛书》第二十集之内。此书虽在嘉庆三年(1798 年)刻出,因在丛书之内,流传不广。所以郑珍(1806～1864)还在咸丰七年(1857 年)借钞《测圆海镜》一书。②徐乾学(1631～1694)传是楼曾藏有《四元玉鉴》三卷钞本。阮元在浙江另购得《四元玉鉴》,先呈入清宫,有"提要"一篇,刻于《研经室外集》之内(1809 年),另藏有副钞本属李锐(1773～1817)演

① 参看东方图书馆藏,《测圆海镜》十二卷,孔广森校。
② 见凌惕安:《郑子尹年谱》卷六,第 204 页(1944 年),商务印书馆初版。

草。李锐死后,何梦华(元锡)先据副钞本传刻。一时善算如戴煦(1805～1860)、沈钦裴、罗士琳(1789～1853)都就此书加以注释。如:罗士琳《四元玉鉴细草》二十四卷,附一卷,附增一卷。其中原书元朱世杰撰,细草罗士琳撰,附卷易之瀚撰,附增卷罗士琳撰。有道光十六年(1836年)刊本。《算学启蒙》出现较晚,亦经罗士琳校正。计《校正算学启蒙》三卷。其中原书元朱世杰撰,罗士琳校,有道光十九年(1839年)刊本。

道光二十年(1840年)以后上海郁松年在《宜稼堂丛书》之内,传刻宋秦九韶《数书九章》十八卷,和《杨辉算法》五种共六卷,宋景昌有《杨辉算法札记》一卷(1842年),其中《杨辉算法》还不是全本。到十九世纪末叶,对宋元数学有研究著作的,计有:

李善兰(1811～1882):《测圆海镜图表》,附王季同:《九容公式》,有《古今算学丛书》本(1898年);

王鉴:《算学启蒙述义》三卷,有崇文书局刻本,光绪十年(1884年)重刻本;

叶耀元:《测圆海镜解》二卷,有《古今算学丛书》本(1898年);

王泽沛:《测圆海镜细草通释》十二卷,有《古今算学丛书》本(1898年)。

第六章　历算家传记的编纂

中国数学以前没有专史。《册府元龟》一千卷(1005年),其中卷八百六十九,总录部一百一十九,"明算"条,说明中算源流,又附载各算家的小传,这是中算史的开始。以后元祖颐"松庭先生《四元玉鉴》后序"(1303 年)，明程大位《算法统宗》卷末(1592 年)都说些算书源流。清《古今图书集成》(1726 年)第一百二十八卷，算法部，"算法部纪事"所记仅二十九条，史料都不齐全。

直至清阮元(1764～1849)始有历算家传记《畴人传》的著作。乾隆六十年(1795 年)阮元和李锐(1768～1817)、周治平共撰此书，到嘉庆四年(1799 年)撰成，参与校订的有钱大昕(1728～1804)、丁杰(1738～1807)、凌廷堪(1755～1809)、谈泰、焦循(1763～1820)各人。其中明以前的历算家传记，除引用《二十四史》以外，所引史料书不过五十种；清代部分，收集亦不齐全。因此以后续有论著。在百年内(即 1799～1898)共有五种历算家传记的编纂，即

阮元(1764～1849)，《畴人传》四十六卷(1799 年)；

罗士琳(1789～1853)，《续畴人传》六卷(1840 年)；

华世芳(1854～1905)，《近代畴人著述记》一卷(1884 年)；

诸可宝(1845～1923)，《畴人传三编》七卷(1886 年)；

黄钟骏，《畴人传四编》十一卷(1898 年)。

阮元撰著《畴人传》，在他自序和凡例内曾作说明，以后罗、华、诸、黄各人都按阮元《畴人传》凡例续编。前后七十一卷，六十余万字，引用书籍四百余种。上述《畴人传》是将历算家合称畴人，各人的生卒年月，以及著作年代，未曾详细考订，其中还有遗漏。[①]

---

① 参看李俨：《中算史论丛》第五集，第 94～115 页内《中算史的工作》；李俨"《畴人传》介绍"，《图书简介》，1955 年 8,9 月号，第 12～13 页，高等教育出版社。

第七章　中算家整理中西算之成就

最近世期中算家整理中西算有成就的,计有(一)纵横图,(二)割圆术,(三)方程论,(四)级数论,(五)数论各项。兹分述于后。

(一)纵横图

清代张潮纵横图是有相当贡献的。

张潮(1650～?)字山来,一字心斋,歙县人。以岁贡官翰林孔目,所著《心斋杂俎》卷下,"算法图补",谓:

> 《算法统宗》所载十有四图,纵横斜正,无不妙合自然,有非人力所能为者。大抵皆从洛书悟而得之。内惟百子图,于隔径不能合,因重加改定。复以意增布杂图,亦皆有自然之妙。乃知人心与理数相为表里,引而伸之,当犹有不尽于此者,姑即其已然者列于后。

今摘录数图如下:

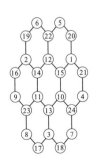

龟文聚六图

二十四子作四十二子用,各七十五数。

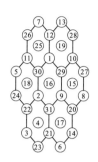

七襄图

三十一子作四十九子用,各百十二数。

九宫图

四十九子作八十一子用,各二百二十五数。

更定百子图

纵横斜正各五百零五数,一百子作二百二十子用。

60	5	96	70	82	19	30	97	4	42
66	43	1	74	11	90	54	89	69	8
46	18	56	29	87	68	21	34	62	84
32	75	100	47	63	14	53	27	77	17
22	61	38	39	52	51	57	15	91	79
31	95	13	64	50	49	67	86	10	40
83	35	44	45	2	36	71	24	72	93
16	99	59	23	33	85	9	28	55	98
73	26	6	94	88	12	65	80	58	3
76	48	92	20	37	81	78	25	7	41

宋人论纵横图的有杨辉、丁易东。明程大位则因杨辉之说,其互异的有"五五图","六六图"等。

五五图

5	23	16	4	25
15	14	7	18	11
24	17	13	9	2
20	8	19	12	6
1	3	10	22	21

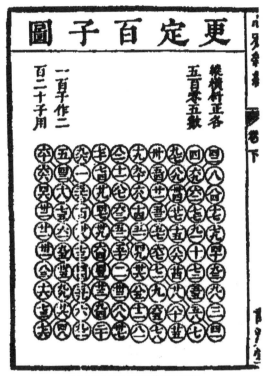

《心斋杂俎》内"更定百子图"

		六六图			
27	29	2	4	13	36
9	11	20	22	31	18
32	25	7	3	21	23
14	16	34	30	12	5
28	6	15	17	26	19
1	24	33	35	8	10

清方中通《数度衍》卷首的"九九图说"也引用程说,所不同的只"五五图"一图。

587

5	3	10	22	25
15	14	7	18	11
24	17	13	9	2
20	8	19	12	6
1	23	16	4	21

五五图

（二）割圆术

清代中算家深悉根据同式三角形中相连比例的原则：

（a）可以求得方程式：

$x_1^2 + x_1 - 1 = 0$，算出圆内容 10 等边之一边 x_1；

$x_2^3 - x_2^2 - 2x_2 + 1 = 0$，算出圆内容 14 等边之一边 x_2；

$x_3^3 - 3x_3 + 1 = 0$，算出圆内容 18 等边之一边 x_3。

（b）又可由 $\sin\alpha$ 算出：

$$\sin 3\alpha = 3\sin\alpha - 4\sin^3\alpha;$$

$$\sin 5\alpha = 5\sin\alpha - 20\sin^3\alpha + 16\sin^5\alpha。$$

（c）又可算出：

$$\pi = 3\left(1 + \frac{1}{4} \cdot \frac{1^2}{3!} + \frac{1}{4^2} \cdot \frac{1^2 \cdot 3^2}{5!} + \frac{1}{4^3} \cdot \frac{1^2 \cdot 3^2 \cdot 5^2}{7!} + \cdots\right)$$

$$= 3.1415926495; \tag{I}$$

$$\sin\alpha = a - \frac{a^3}{3! \cdot r^2} + \frac{a^5}{5! \cdot r^4} - \frac{a^7}{7! \cdot r^6} + \frac{a^9}{9! \cdot r^8} - \cdots \tag{II}$$

$$\mathrm{vers}\alpha = \frac{a^2}{2! \cdot r} - \frac{a^4}{4! \cdot r^3} + \frac{a^6}{6! \cdot r^5} - \frac{a^8}{8! \cdot r^7} + \frac{a^{10}}{10! \cdot r^9} - \cdots。 \tag{III}$$

其中 a＝圆弧，r＝圆半径，α＝圆角。

《数理精蕴》（1723 年）曾于下编卷十六，"割圜八线"内载有：

"有本弧之正弦,求其三分之一弧之正弦"一术。即求

$$\sin 3\alpha = 3\sin\alpha - 4\sin^3\alpha。$$

以后明安图（1712～1765）、汪莱（1768～1813）、安清翘（1759～1830）、项名达（1789～1850）,都继续算出:

$$\sin 5\alpha = 5\sin\alpha - 20\sin^3\alpha + 16\sin^5\alpha。$$

求

$$\sin 5\alpha = 5\sin\alpha - 20\sin^3\alpha + 16\sin^5\alpha$$

在明安图称作:"$\dfrac{1}{5}$分弧通弦率数,求全弧通弦率数。"如图 1。

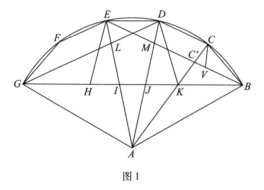

图 1

以 A 为圆心,AB 为单位圆半径;$BC,CD,\cdots$ 为 $\dfrac{1}{5}$弧。$BC,CD,\cdots$ 为 $\dfrac{1}{5}$弧通弦。BE,DG 为 $\dfrac{3}{5}$弧通弦。作 $BH = BE$,$GK = GD$。联 DK,EH。这二线各和 DA,EA 平行。则连比例 $\triangle_s BEH,EHI$ 或 GDK,DKJ ∽连比例 $\triangle_s AED,EDL$。

即

$$AB:BC = ED:EL,$$

或

$$\phi_1 : \phi_2 = \phi_2 : \phi_3,$$

而

$$AB : EL = BE : HI, \quad HI = \frac{BE \times EL}{AB},$$

又

$$BG = 2BE - BC - HI。$$

前已算得

$$BE = 2(3\phi_2 - \phi_4)。$$

即

$$BG = 2(3\phi_2 - \phi_4) - \phi_2 - (3\phi_2 - \phi_4) \times \frac{\phi_3}{\phi_1} = 5\phi_2 - 5\phi_4 + \phi_6,$$

其中

$$BG = 2\sin 5\alpha; \qquad \phi_2 = BG = 2\sin\alpha;$$

$$\phi_4 = \frac{\phi_2^3}{\phi_1^2} = 8\sin^3\alpha; \quad \phi_6 = \frac{\phi_4^2}{\phi_2} = 32\sin^5\alpha,$$

即

$$\sin 5\alpha = 5\sin\alpha - 20\sin^3\alpha + 16\sin^5\alpha。 \qquad （证讫）$$

汪莱(1768~1813)《衡斋算学》第三册(1798年),曾采用《数理精蕴》(1723年)以连比例三角形和几何方法,通过

$$\sin 3\alpha = 3\sin\alpha - 4\sin^3\alpha$$

的步骤,作图证:

$$\sin 5\alpha = 5\sin\alpha - 20\sin^3\alpha + 16\sin^5\alpha。$$

如图1,2。

$$\angle GAB = 10\alpha, 2\sin 5\alpha = BG, \angle ABC = 2\alpha, 2\sin\alpha = BC。$$

作

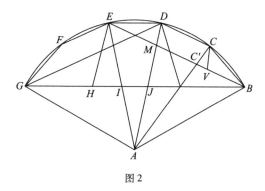

图 2

$$CV /\!/ DA, EH /\!/ DA。$$

所得六 $\triangle_s$:

ABC, BCC', CCV' 和 BEH, BMJ, EHI 都是相似 $\triangle_s$。

令 $\phi_1, \phi_2, \phi_3, \phi_4$ 为比例式的 1, 2, 3, 4 率。

则

$$AB = r = 1 = \phi_1,$$

$$BC = 2\sin\alpha = \phi_2,$$

$$CC' = \phi_3,$$

$$C'V = \frac{\phi_2^3}{\phi_1^2} = \phi_4。$$

$$BE = 2\sin 3\alpha = 3\phi_2 - \phi_4,$$

$$BG = 2\sin 5\alpha。$$

又

$$BJ = BM = GI = 2BC - KL = 2\phi_2 - \phi_4,$$

$$IJ = DE - HI = BC - HI,$$

$$\therefore \quad BG = 5BC - HI - 2KL。$$

又

$$HI = 3\phi_4 - \phi_6,$$

故
$$BG = 5\phi_2 - 5\phi_4 + \phi_6 = 2\sin 5\alpha,$$

或
$$\sin 5\alpha = 5\sin\alpha - 20\sin^3\alpha + 16\sin^5\alpha。$$

汪莱因
$$2\sin 5\alpha = 5\phi_2 - 5\phi_4 + \phi_6。$$

即
$$\frac{2\sin 5\alpha}{5} = \phi_2 - \phi_4 + \frac{\phi_6}{5},$$

而称

$$\frac{2\sin 5\alpha}{5} 为第一数。$$

$$\phi_2 \text{为第二数,即第二率。}$$

$$\phi_4 \text{为第三数,即第四率。}$$

$$\frac{\phi_6}{5} \text{为第四数,即} \frac{1}{5} \text{第六率。}$$

$$\phi_2 - \phi_4 + \frac{\phi_6}{5} \text{为第五数。}$$

如假设一 b 数使
$$\frac{2\sin 5\alpha}{5} + b = \phi_2,$$

由此计算出
$$\phi_4 = \frac{\phi_2^3}{\phi_1^2}, \frac{\phi_6}{5} = \frac{1}{5} \cdot \frac{\phi_4^2}{\phi_2}。$$

得到 $\phi_2 - \phi_4 + \dfrac{\phi_6}{5}$ 的第五数数值如等于 $\dfrac{2\sin 5\alpha}{5}$,

即

$$\frac{2\sin 5\alpha}{5} = \phi_2 - \phi_4 + \frac{\phi_6}{5}。$$

则 $\phi_2 = 2\sin\alpha$ 为所求密数。

如大于假设，则须减退，如小于假设，则须加多。

例如在 $120°$ 弧线上，通弦 $BC = 1.7320508$，

$$r = 1.0000000, \phi_2 = \frac{1.7320508}{5} + b = 0.34641016 + b。$$

如令：

$\phi_2 = 0.41$	$\phi_2 = 0.415$	$\phi_2 = 0.416$
得 $-\phi_4 = 0.068921$	$-\phi_4 = 0.071473$	$-\phi_4 = 0.071991+$
$+\frac{\phi_6}{5} = \frac{1}{5} \times$	$+\frac{\phi_6}{5} = \frac{1}{5} \times$	$\frac{\phi_6}{5} = \frac{1}{5} \times$
$\times \dfrac{0.068921^2}{0.41}$	$\times \dfrac{0.071473^2}{0.415}$	$\times \dfrac{0.071991^2}{0.416}$
$= 0.002310$	$= 0.002461$	$= 0.002491$
即 $\phi_2 - \phi_4 + \dfrac{\phi_6}{5}$	即 $\phi_2 - \phi_4 + \dfrac{\phi_6}{5}$	即 $\phi_2 - \phi_4 + \dfrac{\phi_6}{5}$
$= 0.343389 <$	$= 0.345988 <$	$= 0.346500 >$
< 0.34641016	< 0.34641016	> 0.34641016
须加	须加	须减

最后令

$$\phi_2 = 0.4158234。$$

算得

$$\phi_2 - \phi_4 + \frac{\phi_6}{5} = 0.34641016。$$

即

$$\sin 12° = 0.2079117,$$

或 24° 弧即 $\dfrac{120°}{5}$ 弧的通弦为 0.4158234。

安清翘 (1759~1830)《矩线原本》(1818 年) 以几何方法证：

$$\sin 3\alpha = 3\sin\alpha - 4\sin^3\alpha$$

和

$$\sin 5\alpha = 5\sin\alpha - 20\sin^3\alpha + 16\sin^5\alpha。$$

其中 $\sin 5\alpha$ 证法如下 (如图 3)：

$$\angle GAB = 10\alpha$$

$$\sin 5\alpha = GR,$$

$$\angle GAP = \alpha,$$

$$\sin\alpha = GQ。$$

自 F 作 GB 之垂线 FN，又作

$\triangle FNG' = \triangle FNG$，

$$G'O = FG',$$

$$\angle FGB = \angle PAR =$$

$$= \angle FG'N = 4\alpha。$$

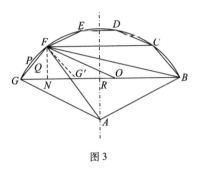

图 3

因　　　$FG' = G'O,$

$$\angle GOF = \angle G'FO = 2\alpha,$$

$$\angle OFB = \angle OBF = \alpha,$$

∴　　　　　　$FO = OB。$

而

$$GF^2 - GN^2 = FO^2 - NO^2,$$

或

$$NO^2 - GN^2 = FO^2 - GF^2。$$

其中

$$GF = G'F = GO' = 2\sin\alpha,$$

$$GN = \sin5\alpha - \sin3\alpha,$$

$$FO = 2\sin3\alpha - 2\sin\alpha。$$

即得

$$(\sin5\alpha - \sin\alpha + 4\sin^3\alpha)^2 - (\sin5\alpha - 3\sin\alpha + 4\sin^3\alpha)^2$$

$$= (4\sin\alpha - 8\sin^3\alpha)^2 - (2\sin\alpha)^2,$$

或

$$\sin5\alpha = 5\sin\alpha - 20\sin^3\alpha + 16\sin^5\alpha。 \qquad (证讫)$$

求

$$\sin5\alpha = 5\sin\alpha - 20\sin^3\alpha + 16\sin^5\alpha$$

在董祐诚(1791～1823)《割圜连比例图解》三卷(1819年)称作
"求五分弧之弦"。如前图 1,2。

$$AB = r = \phi_1,一分弧之弦 BC = \phi_2$$

作

$$CV \parallel DA, CC' = \phi_3, C'V = \phi_4。$$

即

$$AB:BC = BC:CC',或 \phi_1:\phi_2 = \phi_2:\phi_3,$$

又

$$AB:BC = CC':C'V,或 \phi_1:\phi_2 = \phi_3:\phi_4。$$

故三分弧之弦:

$$BE = 2BC + (BC - C'V) = 2\phi_2 + (\phi_2 - \phi_4) = 3\phi_2 - \phi_4。$$

又

$$BM = BE - BC = 2\phi_2 - \phi_4,$$

$$AB:BC=BM:JM，即\ \phi_1:\phi_2=2\phi_2-\phi_4:JM。$$

$$JM=2\phi_3-\phi_5，作\ DK /\!/ EA，$$

又

$$AB:BC=DJ:JK。$$

其中

$$DJ=JM+CC'。$$

即

$$AB:BC=3\phi_3-\phi_5:JK，JK=3\phi_4-\phi_6，$$

$$IJ=BC-JK-\phi_2-3\phi_4+\phi_6。$$

$$2BJ=3BM=2(2\phi_2-\phi_4)=4\phi_2-2\phi_4。$$

即

$$BG=2BJ+IJ=(4\phi_2-2\phi_4)+\phi_2-3\phi_4+\phi_6$$
$$=5\phi_2-5\phi_4+\phi_6。$$

和明安图算法相同：

$$\sin5\alpha=5\sin\alpha-20\sin^3\alpha+16\sin^5\alpha。 \qquad （证讫）$$

求

$$\sin5\alpha=5\sin\alpha-20\sin^3\alpha+16\sin^5\alpha。$$

在项名达（1789～1850）《象数一原》（1846 年）内，如前图 1，因连比例△，，求每形各腰，各底关系数，如：

令第一形 ABC，腰，$AB=\phi_1$。

第一形 ABC，底，$BC=\phi_2$。

第二形 BCC'，腰，BC。

第二形 BCC'，底，$CC'=\phi_3$。

第三形 $AC'M$，腰，$AC'=\phi_1-\phi_3$。

第三形 $AC'M$，底，$C'M=\dfrac{BC}{AB}\times AC'=\dfrac{\phi_2}{\phi_1}(\phi_1-\phi_3)=\phi_2-\phi_4$

第四形 BMJ，腰，$BM = BC + C'M = 2\phi_2 - \phi_4$。

第四形 BMJ，底，$MJ = \dfrac{BC}{AB} \times BM = \dfrac{\phi_2}{\phi_1}(2\phi_2 - \phi_4) = 2\phi_3 - \phi_5$。

第五形 AIJ，腰 $AJ = AC' - MJ = \phi_1 - 3\phi_3 + \phi_5$。

第五形 AIJ，底，$IJ = \dfrac{\phi_2}{\phi_1}(\phi_1 - 3\phi_3 + \phi_5)$

$$= \phi_2 - 3\phi_4 + \phi_6。$$

因得逐分通弦率，即

一分通弦，$BC = \phi_2$，

三分通弦，$BE = 3\phi_2 - \phi_4$，

五分通弦，$BG = 2BM + IJ$

$$= 2(2\phi_2 - \phi_4) + (\phi_2 - 3\phi_4 + \phi_6)$$

$$= 5\phi_2 - 5\phi_4 + \phi_6，$$

即

$$\sin 5\alpha = 5\sin\alpha - 20\sin^3\alpha + 16\sin^5\alpha。 \qquad （证讫）$$

清初明安图（约 1712～1765）因当时杜氏九术输入，未有证法，另著《割圜密率捷法》四卷，遗著由其弟子陈际新续成（1774 年），到道光十九年己亥（1839 年）始由天长岑氏刊刻。

此书首先以已知 c_1 为圆内 α 角之通弦，用连比例 $\triangle_s$ 和几何方法求得 c_2, c_3, c_4, c_5 即圆内 $2\alpha, 3\alpha, 4\alpha, 5\alpha$ 角之通弦。次以代数法递求 $c_{10}, c_{100}, c_{1000}, c_{10000}$ 各值，最后由归纳法证得杜氏九术中"弧背（a）求通弦（c）"的公式，如：

$$c = 2a - \frac{(2a)^3}{4 \cdot 3! \cdot r^2} + \frac{(2a)^5}{4^2 \cdot 5! \cdot r^4} - \frac{(2a)^7}{4^3 \cdot 7! \cdot r^6}$$

$$+ \frac{(2a)^9}{4^4 \cdot 9! \cdot r^8} - \cdots， \qquad （IV）$$

以下先说明求 c_2，即圆内 2α 角之通弦的步骤。如图：

圆内任一 $BECD$ 弧，其中

$BC = a$，为（半）弧背，

$BCD = 2a$，为（全）弧背。

$BD = c$，为通弦，

$AB = r$，为半径，d 为全径。

CT 为（全）弧背（$2a$）的矢，

又为（半）弧背（a）的正矢。

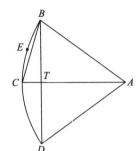

如 BCD 弧 2 分于 C，其中 $AB = \phi_1 = r$。

$BC = \phi_2$ 为 2 分弧之弦，又 $BD =$ 通弦。

即可按几何原则，算出

通弦

$$BD = 2\phi_2(=BC) - \frac{\phi_4}{4} - \frac{\phi_6}{4 \cdot 16} - 2\frac{\phi_8}{4 \cdot 16^2} - 5\frac{\phi_{10}}{4 \cdot 16^3}$$

$$-14\frac{\phi_{12}}{4 \cdot 16^4} - 42\frac{\phi_{14}}{4 \cdot 16^5} - 132\frac{\phi_{16}}{4 \cdot 16^6}。 \quad (1)$$

如 BEC 弧 2 分于 E，其中 $AB = \phi_1 = r$。

$BE = \phi_2$ 为 2 分弧之弦，又 $BC =$ 通弦。

同样可写成

通弦

$$BC = 2\phi_2(=BE) - \frac{\phi_4}{4} - \frac{\phi_6}{4 \cdot 16} - 2\frac{\phi_8}{4 \cdot 16^2} - 5\frac{\phi_{10}}{4 \cdot 16^3}$$

$$-14\frac{\phi_{12}}{4 \cdot 16^4} - 42\frac{\phi_{14}}{4 \cdot 16^5} - 132\frac{\phi_{16}}{4 \cdot 16^6}。 \quad (1)$$

不过各式 ϕ_2 之单位，互有不同，可是公式（1）同为 2 分全弧通弦率数。

又如 $BECD$ 弧 5 分于 C,F,G,H 各点，其中 $AB=\phi_1=r,BC,CF$，$FG,GH,HD=\phi'_2$ 各为 5 分弧之弦，又 $BD=$ 通弦又可按几何原则算出

通弦

$$BD=5\phi'_2(=BC)-5\phi'_4+\phi'_6 \qquad (2)$$

为 5 分全弧通弦率数。

已知 $\dfrac{1}{2}$ 分弦通弦率数和 $\dfrac{1}{5}$ 分弦通弦率数

即可算出 $\dfrac{1}{10}=\dfrac{1}{2}\times\dfrac{1}{5}$ 分弦通弦率数。

如上图，以 A 为圆心，AB 为半径，BEC $\cdots H$ 为 10 分全弧，BD 为 10 分弧通弦。BE 为 1 分弧通弦，BC 为 2 分弧通弦。其中 BEC 弧为 2 分弧，亦为全弧之 $\dfrac{1}{5}$。

则

$$AB=\phi_1,\ BE=\phi_2。$$

如再令 $AB=\phi_1=\phi'_1,BC=\phi'_2$，可以求得 $\phi'_4,\phi'_6,\cdots$ 等等，即

$$\phi'_3=\frac{\phi'_2\cdot\phi'_2}{\phi_1},\phi'_4=\frac{\phi'_2\cdot\phi'_3}{\phi_1},\phi'_6=\frac{\phi'_3\cdot\phi'_4}{\phi_1},\cdots。$$

已知

$$\phi'_2=BC=2\phi_2(=BE)-\frac{\phi_4}{4}$$

$$-\frac{\phi_6}{4\cdot16}-2\frac{\phi_8}{4\cdot16^2}-5\frac{\phi_{10}}{4\cdot16^3}$$

$$-14\,\frac{\phi_{12}}{4\cdot16^4}-42\,\frac{\phi_{14}}{4\cdot16^5}=132\,\frac{\phi_{16}}{4\cdot16^6}。$$

在这阶段上，我们可以看出：

$$BEC\cdots HD\ \text{全弧的}\ \frac{1}{5}\ \text{弧是}\ BC，$$

$$BEC\cdots HD\ \text{全弧的}\ \frac{1}{10}\ \text{弧是}\ BE。$$

又知道 BC 的 $\frac{1}{2}$ 弧是 BE。即已知 BE 弦，可得到 BC 弦。

如

$$\phi'_2=BC=2\phi_2(\,=BE)-\frac{\phi_4}{4}-\frac{\phi_6}{4\cdot16}-2\,\frac{\phi_8}{4\cdot16^2}+\cdots，$$

又

$$\phi'_3=\frac{\phi'_2\cdot\phi'_2}{\phi_1}。$$

到了这个阶段，如用 $\phi'_3=\dfrac{\phi'_2\cdot\phi'_2}{\phi_1}$ 来求 $\phi'_2,\phi'_4,\phi'_6\cdots$ 等等是比较

繁复的。好在我们在以前"$\frac{1}{2}$弧通弦率数，求全弧通率数法"图内，

已可看到，如 $\phi_1=AB,\phi_2=BC$，即可知道

$$\phi_3=CI,\phi_5=OP。$$

而同时该图和算法内，指出

$$CM=4CI-OP。$$

同时

$$\phi'_3=CM。$$

照此情形，得到

$\phi_1,\phi_2,\phi_3,\phi_4,\phi_5\cdots$ 一组连比例，和 $\phi'_1,\phi'_2,\phi'_3,\phi'_4,\phi'_5\cdots$ 另一组

连比例的另一关系。因此

$$\phi'_3 = 4\phi_3 - \phi_5,$$

$$\phi'_3 = \frac{\phi'_2 \cdot \phi'_2}{\phi_1} = CM = 4CI - OP$$

$$= 4\phi_3 - \phi_5。$$

（参看"$\frac{1}{2}$弧通弦率数，求全弧通率数法"附图），则

$$\phi'_4 = \frac{\phi'_2 \cdot \phi'_3}{\phi_1} = 32\frac{\phi_4}{4} - 192\frac{\phi_6}{4 \cdot 16} + 192\frac{\phi_8}{4 \cdot 16^2}$$

$$+ 128\frac{\phi_{10}}{4 \cdot 16^3} + 192\frac{\phi_{12}}{4 \cdot 16^4} + 384\frac{\phi_{14}}{4 \cdot 16^5}$$

$$+ 896\frac{\phi_{16}}{4 \cdot 16^6}。$$

同理

$$\phi'_6 = \frac{\phi'_3 \cdot \phi'_4}{\phi_1} = 2048\frac{\phi_6}{4 \cdot 16} - 20480\frac{\phi_8}{4 \cdot 16^2}$$

$$+ 61440\frac{\phi_{10}}{4 \cdot 16^3} - 40960\frac{\phi_{12}}{4 \cdot 16^4} - 20480\frac{\phi_{14}}{4 \cdot 16^5}$$

$$- 24576\frac{\phi_{16}}{4 \cdot 16^6}。$$

前已算出

$$BD = 5\phi'_2(=BC) - 5\phi'_4 + \phi'_6 \tag{2}$$

为 5 分全弧通弦率数。

故此处

$$BD = 10\phi_2(=BE) - 165\frac{\phi_4}{4} + 3003\frac{\phi_6}{4 \cdot 16}$$

$$-21450\frac{\phi_8}{4\cdot16^2}+60775\frac{\phi_{10}}{4\cdot16^3}-41990\frac{\phi_{12}}{4\cdot16^4}$$

$$-22610\frac{\phi_{14}}{4\cdot16^5}-29716\frac{\phi_{16}}{4\cdot16^6}\text{。}\qquad(3)$$

为 10 分全弧通弦率数。

同理可由 $\frac{1}{10}$ 分弧通弦率数算出 $\frac{1}{100}=\frac{1}{10}\times\frac{1}{10}$ 分弧通弦率数,又

算出 $\frac{1}{10000}=\frac{1}{100}\times\frac{1}{100}$ 分弧通弦率数,其中 10000 分全弧通弦率数

$$BK=10000\phi_2$$

$$-166666665000\frac{\phi_4}{4}$$

$$+3333333000000003000\frac{\phi_6}{4\cdot16}$$

$$-3174602063492145714 2850000\frac{\phi_8}{4\cdot16^2}$$

$$+17636669488539636684075555575000\frac{\phi_{10}}{4\cdot16^3}$$

$$-6413329164668127624352669 6204727267000\frac{\phi_{12}}{4\cdot16^4}$$

$$+\cdots\text{。}$$

又因

$$\phi_4=\frac{\phi_2^3}{\phi_1^2},\quad \phi_6=\frac{\phi_2^5}{\phi_1^4},\quad \phi_8=\frac{\phi_2^7}{\phi_1^6},$$

$$\phi_{10}=\frac{\phi_2^9}{\phi_1^8},\quad \phi_{12}=\frac{\phi_2^{11}}{\phi_1^{10}},\cdots,\phi_{16}=\frac{\phi_2^{15}}{\phi_1^{14}}\text{。}$$

$$166666665000 \frac{\phi_4}{4} = \frac{(10000\phi_2)^3}{\dfrac{4(10000)^3}{166666665000} - \phi_1^2} = \frac{(10000\phi_2)^3}{24.00000024\phi_1^2}$$

$$= \frac{(2a)^3}{24r^2} = \frac{(2a)^3}{4 \cdot 3! \cdot r^2},$$

$$3333333000000003000 \frac{\phi_6}{4 \cdot 16}$$

$$= \frac{(10000\phi_2)^5}{\dfrac{4(10000)^3}{166666665000} \cdot \dfrac{166666665000 \times 16(10000)^2}{3333333000000003000} \phi_1^4}$$

$$= \frac{(10000\phi_2)^5}{24.00000024\phi_1^2 \times 80.000007\phi_1^4}$$

$$= \frac{(2a)^5}{24 \times 80r^4} = \frac{(2a)^5}{4^2 \cdot 5! \cdot r^4},$$

$$31746020634921457142850000 \frac{\phi_8}{4 \cdot 16^2}$$

$$= \frac{(10000\phi_2)^7}{24.00000024\phi_1^2 \times 80.000007\phi_1^4 \times \dfrac{3333333000000003000}{31746020634921457142850000}\phi_1^6}$$

$$= \frac{(2a)^7}{4^3 \cdot 7! \cdot r^6},$$

……………………………………………。

故

$$c = 2a - \frac{(2a)^3}{4 \cdot 3! \cdot r^2} + \frac{(2a)^5}{4^2 \cdot 5! \cdot r^4} - \frac{(2a)^7}{4^3 \cdot 7! \cdot r^6}$$

$$+ \frac{(2a)^9}{4^4 \cdot 9! \cdot r^8} - \frac{(2a)^{11}}{4^5 \cdot 11! \cdot r^{10}} + \cdots。$$

如图：

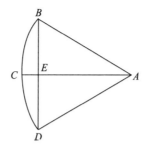

其中

$$c = 通弦, a = (半) 弧背,$$

$$c = \sum_{1}^{\infty} (-1)^{n+1} \frac{(2a)^{2n-1}}{4^{n-1} \cdot r^{2(n-1)} (2n-1)!} \text{。} \qquad (\text{IV})$$

以上是杜氏九术中的第四式,即

（四）弧背求通弦

$$c = 2a - \frac{(2a)^3}{4 \cdot 3! \cdot r^2} + \frac{(2a)^5}{4^2 \cdot 5! \cdot r^4} - \frac{(2a)^7}{4^3 \cdot 7! \cdot r^6} + \frac{(2a)^9}{4^4 \cdot 9! \cdot r^8} + \cdots,$$

或

$$c = \sum_{1}^{\infty} (-1)^{n+1} \frac{(2a)^{2n-1}}{4^{n-1} \cdot r^{2(n-1)} (2n-1)!} \text{。} \qquad (\text{IV})$$

及（六）通弦求弧背

$$2a = c + \frac{1^2 \cdot c^3}{4 \cdot 3! \cdot r^2} + \frac{1^2 \cdot 3^2 \cdot c^5}{4^2 \cdot 5! \cdot r^4} + \frac{1^2 \cdot 3^2 \cdot 5^2 \cdot c^7}{4^3 \cdot 7! \cdot r^6} +$$

$$+ \frac{1^2 \cdot 3^2 \cdot 5^2 \cdot 7^2 \cdot c^9}{4^4 \cdot 9! \cdot r^8} + \cdots,$$

或

$$2a = \sum_{1}^{\infty} \frac{1^2 \cdot 1^2 \cdot 3^2 \cdots (2n-5)^2 (2n-3)^2}{4^{n-1} \cdot r^{2(n-1)} (2n-1)!} c^{2n-1} \text{。} \qquad (\text{VI})$$

及（二）弧背求正弦

$$\sin\alpha = a - \frac{a^3}{3! \cdot r^2} + \frac{a^5}{5! \cdot r^4} - \frac{a^7}{7! \cdot r^6} + \frac{a^9}{9! \cdot r^8} - \cdots,$$

或

$$\sin\alpha = \sum_1^\infty (-1)^{n+1} \frac{a^{2n-1}}{r^{2(n-1)} \cdot (2n-1)!}。 \tag{II}$$

其次则《割圜密率捷法》于已知 r 为圆半径，v_1 为圆内 α 角之正矢，求 v_2, v_3, v_4, v_5 为圆内 $2\alpha, 3\alpha, 4\alpha, 5\alpha$ 角之正矢。以几何法证得之值，可书为：

$$\cos 2\alpha = 2\cos^2\alpha - 1,$$

$$\cos 3\alpha = 4\cos^3\alpha - 3\cos\alpha,$$

$$\cos 4\alpha = 8\cos^4\alpha - 8\cos^2\alpha + 1,$$

$$\cos 5\alpha = 16\cos^5\alpha - 20\cos^3\alpha + 5\cos\alpha,$$

如前以代数法递求 $v_{10}, v_{100}, v_{1000}, v_{10000}$ 各值，再由归纳法证得：

(三)弧背求正矢

$$\mathrm{vers}\alpha = \frac{a^2}{2! \cdot r} - \frac{a^4}{4! \cdot r^3} + \frac{a^6}{6! \cdot r^5} - \frac{a^8}{8! \cdot r^7} + \frac{a^{10}}{10! \cdot r^9} - \cdots,$$

或

$$\mathrm{vers}\alpha = \sum_1^\infty (-1)^{n+1} \frac{a^{2n}}{r^{2n-1}(2n)!}。 \tag{III}$$

(八)正矢求弧背

$$a^2 = r\left[(2\mathrm{vers}\alpha) + \frac{1^2(2\mathrm{vers}\alpha)^2}{3 \cdot 4 \cdot r} + \frac{1^2 \cdot 2^2(2\mathrm{vers}\alpha)^3}{3 \cdot 4 \cdot 5 \cdot 6 \cdot r^2} \right.$$

$$\left. + \frac{1^2 \cdot 2^2 \cdot 3^2 \cdot (2\mathrm{vers}\alpha)^4}{3 \cdot 4 \cdot 5 \cdot 6 \cdot 7 \cdot 8 \cdot r^3} + \cdots \right],$$

或

$$a^2 = 2r \sum_1^\infty \frac{1^2 \cdot 1^2 \cdot 2^2 \cdot 3^2 \cdots (n-2)^2(n-1)^2}{r^{n-1} \cdot (2r)!}(2\mathrm{vers}\alpha)^n。 \tag{VIII}$$

其他杜氏各式,并可代入求得。

董祐诚(1791~1823)《割圜连比例图解》(1819 年)立有"以弦求弦"、"以矢求矢"四则,称此四术为立法之原,杜氏九术由此推衍而归于简易。另设几何法以证各式,即

(1)有通弦求通弧加倍几分之通弦,"凡弦之倍分,皆取奇数"

$$c_m = mc - \frac{m(m^2-1^2)c^3}{4 \cdot 3! \cdot r^2} + \frac{m(m^2-1^2)(m^2-3^2)c^5}{4^2 \cdot 5! \cdot r^4}$$

$$-\frac{m(m^2-1^2)(m^2-3^2)(m^2-5^2)c^7}{4^3 \cdot 7! \cdot r^6} + \cdots, \qquad (X)$$

(2)有矢求通弧加倍几分之矢,"凡矢之倍分,奇偶通用"

$$\text{vers}\,m\alpha = m^2(\text{vers}\,\alpha) - \frac{m^2(4m^2-4)2(\text{vers}\,\alpha)^2}{4 \cdot 3 \cdot 4 \cdot r}$$

$$+\frac{m^2(4m^2-4)(4m^2-16)2^2(\text{vers}\,\alpha)^3}{4^2 \cdot 3 \cdot 4 \cdot 5 \cdot 6 \cdot r^2} - \cdots, \qquad (XI)$$

(3)有通弦求几分通弧之一通弦,"此亦取奇数"

$$c_{\frac{1}{m}} = \frac{c}{m} + \frac{(m^2-1)c^3}{4 \cdot 3! \cdot m^3 r^2} + \frac{(m^2-1)(9m^2-1)c^5}{4^2 \cdot 5! \cdot m^5 \cdot r^4}$$

$$+\frac{(m^2-1)(9m^2-1)(25m^2-1)c^7}{4^3 \cdot 7! \cdot m^7 \cdot r^6} + \cdots, \qquad (X)a$$

(4)有矢求几分通弧之一矢,"此亦奇偶通用"

$$\text{vers}\,\frac{1}{m}a = \frac{(\text{vers}\,\alpha)}{m^2} + \frac{(4m^2-4)2(\text{vers}\,\alpha)^2}{4 \cdot 3 \cdot 4 \cdot m^4 \cdot r}$$

$$+\frac{(4m^2-4)(4 \cdot 4m^2-4)2^2(\text{vers}\,\alpha)^3}{4^2 \cdot 3 \cdot 4 \cdot 5 \cdot 6 \cdot m^6 \cdot r^2} + \cdots, \qquad (XI)a$$

董氏并称此四术为立法之原,杜氏九术,并可由此推演得来,如(X)和(XI)二式内,如 m 为极大,则括弧内所减 1,4,9,16,25,36,… 各数,可不入算即可化为(Ⅳ),(Ⅴ)式,即

$$c = 2a - \frac{(2a)^3}{4 \cdot 3! \cdot r^2} + \frac{(2a)^5}{4^2 \cdot 5! \cdot r^4} - \frac{(2a)^7}{4^3 \cdot 7! \cdot r^6}$$

$$+ \frac{(2a)^9}{4^4 \cdot 9! \cdot r^8} - \cdots, \qquad (\text{Ⅳ})$$

$$\text{vers}\alpha = \frac{(2a)^2}{4 \cdot 2! \cdot r} - \frac{(2a)^4}{4^2 \cdot 4! \cdot r^3} + \frac{(2a)^6}{4^3 \cdot 6! \cdot r^5}$$

$$- \frac{(2a)^8}{4^4 \cdot 8! \cdot r^7} + \cdots。 \qquad (\text{Ⅴ})$$

项名达(1789～1850)《象数一原》(1846 年)又另设下的三式
为本术,不独杜氏九术可由此推衍;董氏四术亦可由此推衍。三
式即

$$c_{\frac{n}{m}} = \frac{n}{m}c_m - \frac{n(n^2-m^2)(c_m)^3}{4 \cdot 3! \cdot m^3 \cdot r^2} + \frac{n(n^2-m^2)(n^2-m^2 \cdot 3^2)(c_m)^5}{4^2 \cdot 5! \cdot m^5 \cdot r^4}$$

$$- \frac{n(n^2-m^2)(n^2-m^2 \cdot 3^2)(n^2-m^2 \cdot 5^2)(c_m)^7}{4^3 \cdot 7! \cdot m^7 \cdot r^6} + \cdots, \quad (\text{XIV})$$

$$b_{\frac{n}{m}} = \frac{n}{m}b_m - \frac{n^2(n^2-m^2)(b_m)^2}{3 \cdot 4 \cdot m^4 \cdot r} + \frac{n^2(n^2-m^2)(n^2-m^2 \cdot 2^2)(b_m)^3}{3 \cdot 4 \cdot 5 \cdot 6 m^6 \cdot r^2}$$

$$- \frac{n^2(n^2-m^2)(n^2-m^2 \cdot 2^2)(n^2-m^2 \cdot 3^2)}{3 \cdot 4 \cdot 5 \cdot 6 \cdot 7 \cdot 8 \cdot m^8 \cdot r^4} + \cdots, \qquad (\text{XV})$$

及

$$\text{vers}\frac{n}{m}\alpha = \frac{n^2(2\text{vers}m\alpha)}{2! \cdot m^2} - \frac{n^2(n^2-m^2)(2\text{vers}m\alpha)^2}{4! \cdot m^4 \cdot r}$$

$$+ \frac{n^2(n^2-m^2)(n^2-m^2 \cdot 2^2)(2\text{vers}m\alpha)^3}{6! \cdot m^6 r^2}$$

$$- \frac{n^2(n^2-m^2)(n^2-m^2 \cdot 2^2)(n^2-m^2 \cdot 3^2)(2\text{vers}m\alpha)^4}{8! \cdot m^8 \cdot r^3}$$

$$+ \cdots。 \qquad (\text{XVI})$$

戴煦(1805～1860)《外切密率》(1852 年)证明以下各式,即

$$\tan\alpha = a + \frac{2a^3}{3! \cdot r^2} + \frac{16a^5}{5! \cdot r^4} + \frac{272a^7}{7! \cdot r^6} + \frac{7936a^9}{9! \cdot r^8} + \cdots$$

（Gregory，1671 年），

$$\sec\alpha = r + \frac{a^2}{2! \cdot r} + \frac{5a^4}{4! \cdot r^3} + \frac{61a^6}{6! \cdot r^5} + \frac{1385a^8}{8! \cdot r^7} + \frac{50521a^{10}}{10! \cdot r^9} + \cdots$$

（Gregory，1671 年），

$$a = \tan\alpha - \frac{\tan^3\alpha}{3 \cdot r^2} + \frac{\tan^5\alpha}{5 \cdot r^4} - \frac{\tan^7\alpha}{7 \cdot r^6} + \cdots$$

（Gregory，1671 年）。

徐有壬（1800～1860）著《测圜密率》三卷，未记年月。咸丰二年壬子（1852 年）戴煦自序《外切密率》称钧卿徐（有壬）有切线弧背互求二术，观此则《测圜密率》之成，在壬子（1852 年）以前。及徐氏卒后，吴嘉善衍为三卷，时在同治元年（1862 年）。

（三）方程论

方程理论，宋元算家已经详论。可是在解方程时，只知有一正根。其余正根不止一个，或有负根、虚根的，还未论到。

《数理精蕴》（1723 年）下编卷三十三，论带纵平方（即二次方程）称："每根之数，或为长方之长，或为长方之阔"，即说明：

$$x^2 - px + q = (x-a)(x-b)。$$

至带纵立方（即三次方程）的根数，又不复论及。

汪莱（1768～1813）始首先说方程不仅有正根。他所著《衡斋算学》第二册（1801 年）言每根之数，即"知"，"不知"条目。共设有九十六条，以察正根之值。其中方程没有正根的，概不列入。如二次方程：

第一条　　　　　　$x^2-bx-c=0$，　　　　　　可知，

第五条　　　　　　$x^2-bx+c=0$，　　　　　　不可知。

上面"可知"即有一正根，"不可知"即有二正根。又如三次方程

第五十条　　　　　$x^3+bx^2-cx-d=0$，　　　可知，

第五十五条　　　　$x^3-bx^2-cx+d=0$，　　　不可知，

第五十一条　　　　$x^3-bx^2+cx-d=0$，　　　可知，不可知。

上面"可知"即有一正根，"不可知"即有二正根，"可知，不可知"即有一正根或三正根。

《衡斋算学》第七册内"审有无"，是辨方程有无正根。如二次方程：

$$ax^2-bx+c=0，\quad \frac{c}{a}\leqslant\left(\frac{b}{2a}\right)^2$$

时有二正根，又如三次方程：

$$ax^3-bx+c=0，\quad \frac{c}{a}\leqslant\frac{2}{3}\cdot\frac{b}{a}\left(\frac{b}{3a}\right)^{\frac{1}{2}}$$

时有二正根。

李锐（1768～1817）遗著《开方说》三卷是受汪莱启发，其中论实数符号（正负）和正根或实根的关系。如卷上，称：

（A）"凡上负，下正，可开一数；除一，平方三，立方八，三乘方二十。"

即如方程中上面系数符号为负，其余为正，有一次变化，即有一实根，如

除数：　　　　　　$ax-b=0$；　　　　　　　　一式

二次方程：　　　　$ax^2-c=0$，

$$ax^2+bx-c=0,$$

$$ax^2-bx-c=0;$$ 三式

三次方程: $ax^3-d=0,$

$$ax^3+bx^2-d=0,$$

$$ax^3-bx^2-d=0,$$

$$ax^3+cx-d=0,$$

$$ax^3-cx-d=0,$$

$$ax^3+bx^2+cx-d=0,$$

$$ax^3-bx^2-cx-d=0,$$

$$ax^3+bx^2-cx-d=0;$$ 八式

四次方程: $ax^4+bx^3+cx^2+dx-e=0,$

$$ax^4+bx^3+cx^2-dx-e=0,$$

$$ax^4+bx^3-cx^2-dx-e=0,$$

$$ax^4-bx^3-cx^2-dx-e=0,$$

.... 二十四式

都有一实根。

（B）"凡上负，次正，次负，可开二数；平方一，立方五，三乘方一十八。"

即如方程中上面系数符号为负，次为正，再次为负，有二次变化，即有二实根，如

二次方程: $-ax^2+bx-c=0;$ 一式

三次方程: $-ax^3+bx^2-d=0,$

$$-ax^3+cx-d=0,$$

$$-ax^3+bx^2+cx-d=0,$$

$$-ax^3-bx^2+cx-d=0,$$
$$-ax^3+bx^2-cx-d=0;$$
五式

四次方程：
$$-ax^4+bx^3+cx^2+dx-e=0,$$
$$-ax^4-bx^3+cx^2+dx-e=0,$$
$$-ax^4-bx^3-cx^2+dx-e=0,$$
$$-ax^4+bx^3+cx^2-dx-e=0,$$
$$-ax^4-bx^3+cx^2-dx-e=0,$$
$$-ax^4+bx^3-cx^2-dx-e=0,$$
$$\cdots\cdots\cdots\cdots\cdots\cdots\cdots\cdots\cdots$$
一十八式

都有二实根。

（C）"凡上负，次正，次负，次正，可开三数或一数；立方一，三乘方七。"

即如方程中，上面系数符号为负，次为正，再次为负，再次为正；有三次变化，即有三实根或一实根，如

三次方程：
$$ax^3-bx^2+cx-d=0;$$
一式

四次方程：
$$ax^4-bx^3+cx^2+dx-e=0,$$
$$ax^4+bx^3-cx^2+dx-e=0,$$
$$ax^4-bx^3-cx^2+dx-e=0,$$
$$ax^4-bx^3+cx^2-dx-e=0,$$
$$\cdots\cdots\cdots\cdots\cdots\cdots\cdots$$
七式

都有三实根或一实根。

（D）"凡上负，次正，次负，次正，次负，可开四数或二数；三乘方一。"

即如方程中，上面系数符号为负，次为正，次为负，再次为正，再次为负，有四次变化，即有四实根或二实根，如

四次方程：　　　　　　$-ax^4+bx^3-cx^2+dx-e=0$　　　　　一式

有四实根或二实根。

《开方说》又称："凡可开三数或止一数,可开四数或止二数。其二数不可开,是为无数。""凡无数必两无,无一数者。"这说明"无数"即复虚根,虚根必成对。

以上即方程论的基本性质中狄卡德符号之法则(Descartes' rule of signs,1637),所谓方程 $f(x)=0$ 之系数为实数,则其正根与符号变迁之数相同,或较少一偶数。又定理所谓 $f(x)=0$ 之诸系数,皆为实数,则此方程之复虚根(Complex roots)成对。《开方说》卷下,又论方程 $f(x)=0$ 的其他变换问题。

罗士琳(1789～1853)在《四元玉鉴细草》二十四卷,附卷内"开方释例"也说到:"凡开方必先明正负"各问题。

其余项名达(1789～1850)、戴煦(1805～1860)、邹伯奇(1819～1869)、夏鸾翔(1823～1864)都按牛顿二项式定理,求:

$$N^{\frac{1}{2}}=(P\pm Q)^{\frac{1}{2}},$$

$$N^{\frac{1}{n}}=(P\pm Q)^{\frac{1}{n}},$$

$$N^{m}=(P\pm Q)^{m}$$

各项数值。其中邹伯奇,夏鸾翔和华蘅芳(1833～1902)还讨论到方程实根的略近数值计算方法。[1]

---

① 参看李俨:《中算史论丛》第一集,第274～314页,1954年。

(四)级数论

　　级数论是中算家所熟知的另一部门数学,亦因宋元或十三、十四世纪时期的数学书,已论述级数,其中较重要的是朱世杰书(1299年,1303年)中所说级数总和的计算法。十八世纪初期中算家陈世仁(1676～1722)曾著《少广补遗》一书专论各项级数。最近世期汪莱(1768～1813)、董祐诚(1791～1823)对级数曾加整理,并应用到割圆术。罗士琳(1789～1853)、李善兰(1811～1882)、华蘅芳(1833～1902)还续有论著。

　　陈世仁尖锥法　　陈世仁(1676～1722),字元之,号焕吾,海宁人,好学,工为文,精晓算学。康熙乙未(1715年)以进士入翰林,辞官养母。著有《少广补遗》一卷,《四库全书》据两江总督采进本收入。原书共分七节。其第一节论"三角及诸尖十二法",如:

　　(1)平尖　　$1+2+3+\cdots+n=\dfrac{n(n+1)}{2}$。

　　(2)立尖　　$1+3+6+\cdots+[1+2+3+(m-1)]=\dfrac{m^3-m}{6}$,

　　　　　　　　$m=n+1$。

　　(3)倍尖　　$1+2+4+\cdots+2^{n-1}=2n-1$。

　　(4)方尖　　$1^2+2^2+3^2+\cdots+n^2=\dfrac{n(n+1)(2n+1)}{6}$。

　　(5)再乘尖　　$1^3+2^3+3^3+\cdots+n^3=\left[\dfrac{n(n+1)}{2}\right]^2$。

　　(6)抽奇平尖　　$2+4+6+\cdots 2n=n(n+1)$。

　　(7)抽耦平尖　　$1+3+5+\cdots+(2n-1)=n^2$。

（8）抽奇立尖 $2(1)+2(1+2)+2(1+2+3)+\cdots+$

$$+2[1+2+3+\cdots+(m-1)]=\frac{m^3-m}{3}。$$

（9）抽耦立尖 $(1)+(1+3)+(1+3+5)+\cdots+$

$$+[1+3+5+\cdots+(2n-1)]=$$

$$-\frac{n}{3}\left(n^2+\frac{3}{2}n+\frac{1}{2}\right)。$$

（10）抽奇耦方尖 $1^2+3^2+5^2+\cdots+(2n-1)^2=\frac{n}{3}(4n^2-1)。$

（11）抽耦再乘尖 $1^3+3^3+5^3+\cdots+(2n-1)^3=n^2(2n^2-1)。$

（12）抽奇再乘尖 $2^3+4^3+6^3+\cdots+(2n)^3=2n^2(n+1)^2。$

其第五节论"开抽耦立尖半积"谓：

（1）$(1+3+5)_1+(1+3+5)_2+(1+3+5+7)_3+$

$$+(1+3+5+7)_4+(1+3+5+7+9)_5+$$

$$+(1+3+5+7+9)_6+\cdots+$$

$$+(1+3+5+\cdots+m)_{n-1}+$$

$$+(1+3+5+\cdots+m)_n$$

$$=\frac{m^2n}{4}-\frac{mn}{2}\left(\frac{n-4}{2}\right)+\frac{n^3-6n^2+11n}{12},n\text{ 为耦}。$$

（2）$(1+3+5)_1+(1+3+5+7)_2+(1+3+5+7)_3$

$$+(1+3+5+7+9)_4+(1+3+5+7+9)_5$$

$$+(1+3+5+7+9+11)_6$$

$$+\cdots+[1+3+5+\cdots+(m-2)]_{n-1}$$

$$+(1+3+5+\cdots+m)_n$$

$$=\frac{m^2n}{4}-\frac{mn}{2}\left(\frac{n-2}{2}\right)+\frac{n^3-3n^2+5n}{12},n\text{ 为耦}。$$

（3）$(1+3+5)_1+(1+3+5+7)_2+(1+3+5+7)_3$

　　　$+(1+3+5+7+9)_4+(1+3+5+7+9)_5$

　　　$+(1+3+5+7+9+11)_6+\cdots$

　　　$+(1+3+5+\cdots+m)_{n-1}$

　　　$+(1+3+5+\cdots+m)_n$

　　　$=\dfrac{m^2n}{4}-\dfrac{m(n^2-4n+1)}{4}+\dfrac{n^3-6n^2+14n-6}{12}$，$n$ 为奇。

（4）$(1++3+5)_1+(1+3+5)_2+(1+3+5+7)_3$

　　　$+(1+3+5+7)_4+(1+3+5+7+9)_5$

　　　$+(1+3+5+7+9)_6+\cdots+$

　　　$+[1+3+5+\cdots+(m-2)]_{n-1}$

　　　$+(1+3+5+\cdots+m)_n$

　　　$=\dfrac{m^2n}{4}-\dfrac{m(n^2-2n-1)}{4}+\dfrac{n^3-3n^2+2n+3}{12}$，$n$ 为奇。

第六节论"开抽奇立尖半积"谓：

（1）$(2+4+6)_1+(2+4+6)_2+(2+4+6+8)_3$

　　　$+(2+4+6+8)_4+(2+4+6+8+10)_5$

　　　$+(2+4+6+8+10)_6+\cdots$

　　　$+(2+4+6+\cdots+m)_{n-1}$

　　　$+(2+4+6+\cdots+m)_n$

　　　$=\dfrac{m^2n}{4}-\dfrac{mn}{2}\left(\dfrac{n-4}{2}\right)+\dfrac{n^3-6n^2+8n}{12}$，$n$ 为耦。

（2）$(2+4+6)_1+(2+4+6+8)_2+(2+4+6+8)_3$

　　　$+(2+4+6+8+10)_4+(2+4+6+8+10)_5$

　　　$+(2+4+6+8+10+12)_6+\cdots$

$$+\left[2+4+6+\cdots+(m-2)\right]_{n-1}$$
$$+(2+4+6+\cdots+m)_n$$
$$=\frac{m^2n}{4}-\frac{mn}{2}\left(\frac{n-2}{2}\right)+\frac{n^3-3n^2+2n}{12}, n\text{ 为耦。}$$

（3）$(2+4+6)_1+(2+4+6+8)_2+(2+4+6+8)_3$
$$+(2+4+6+8+10)_4+(2+4+6+8+10)_5$$
$$+(2+4+6+8+10+12)_6+\cdots$$
$$+\left[2+4+6+\cdots+(m-2)\right]_{n-1}$$
$$+(2+4+6+\cdots+m)_n$$
$$=\frac{m^2n}{4}-\frac{m(n^2-4n+1)}{4}+\frac{n^3-6n^2+11n-6}{12}, n\text{ 为奇。}$$

（4）$(2+4+6)_1+(2+4+6)_2+(2+4+6+8)_3$
$$+(2+4+6+8)_4+(2+4+6+8+10)_5$$
$$+(2+4+6+8+10)_6+\cdots$$
$$+\left[2+4+6+\cdots+(m-2)\right]_{n-1}$$
$$+(2+4+6+\cdots+m)_n$$
$$=\frac{m^2n}{4}-\frac{m(n^2-2n-1)}{4}+\frac{n^3-3n^2-n+3}{12}, n\text{ 为奇。}$$

其第七节"六尖准诸尖"内，又举"抽耦方尖准立尖"一式，如：
$$1+(1+9)+(1+9+25)+\cdots$$
$$+\left[1+9+25+\cdots+(2n-1)^2\right]$$
$$=\frac{1}{3}\left[n^2(n+1)^2-\frac{1}{2}n(n+1)\right]。$$

并为前人所未述。

汪莱(1768～1813)《衡斋算学》第四册(1799 年)，"递兼数理"内，论"三角堆"级数，如平三角堆、立三角堆、三乘三角堆、四乘

三角堆、五乘三角堆,元朱世杰书中(1299 年,1303 年)都已说到,汪莱特加以整理,如:

1. 平三角堆

$$1+2+3+4+\cdots+n=\frac{n(n+1)}{2!}$$　(朱世杰:茭草垛)。

2. 立三角堆

$$1+3+6+10+\cdots+\frac{n(n+1)}{2!}=\frac{n(n+1)(n+2)}{3!}$$

(朱世杰:落一形或三角垛)。

3. 三乘三角堆

$$1+4+10+20+\cdots+\frac{n(n+1)(n+2)}{3!}$$

$$=\frac{n(n+1)(n+2)(n+3)}{4!}$$　(朱世杰:撒星形或四角垛)。

4. 四乘三角堆

$$1+5+15+35+\cdots+\frac{n(n+1)(n+2)(n+3)}{4!}$$

$$=\frac{n(n+1)(n+2)(n+3)(n+4)}{5!}$$

(朱世杰:撒星更落一形)。

5. 五乘三角堆

$$1+6+21+56+\cdots+\frac{n(n+1)(n+2)(n+3)(n+4)}{5!}$$

$$=\frac{n(n+1)(n+2)(n+3)(n+4)(n+5)}{6!}$$

(朱世杰:三角撒星更落一形)。

……………………………………………。

可归纳得：

r 乘三角堆总积：

$$1+(r+1)+\frac{(r+1)(r+2)}{2!}+\frac{(r+1)(r+2)(r+3)}{3!}$$

$$+\frac{(r+1)(r+2)(r+3)(r+4)}{4!}$$

$$+\frac{(r+1)(r+2)(r+3)(r+4)(r+5)}{5!}+\cdots$$

$$+\frac{n(n+1)(n+2)\cdots[n+(r-2)]\cdot[n+(r-1)]}{r!}$$

$$=\frac{n(n+1)(n+2)\cdots(n+r-1)\cdot(n+r)}{(r+1)!}。$$

董祐诚(1791～1823)《割圜连比例图解》(1819 年),《堆垜求积术》(1821 年)内论"方锥堆"级数,称：

1. 平方锥堆

$$1+2^2+3^2+4^2+\cdots+n^2$$

或 $1+4+9+16+\cdots+\frac{n(2n+0)}{2!}=\frac{n(n+1)}{2!}\cdot\frac{(2n+1)}{3}$

(朱世杰:四角垜)。

2. 立方锥堆

$$1+5+14+30+\cdots+\frac{n(n+1)}{2!}\cdot\frac{(2n+1)}{3}$$

$$=\frac{n(n+1)(n+2)}{3!}\cdot\frac{(2n+2)}{4}$$ (朱世杰:四角落一形)。

3. 三乘方锥堆

$$1+6+20+50+\cdots+\frac{n(n+1)(n+2)}{3!}\cdot\frac{(2n+2)}{4}$$

$$= \frac{n(n+1)(n+2)(n+3)}{4!} \cdot \frac{(2n+3)}{5}。$$

4. 四乘方锥堆

$$1+7+27+77+\cdots+\frac{n(n+1)(n+2)(n+3)}{4!} \cdot \frac{(2n+3)}{5}$$

$$= \frac{n(n+1)(n+2)(n+3)(n+4)}{5!} \cdot \frac{(2n+4)}{6}。$$

·······························。

5. 八乘方锥堆

$$1+11+65+275+\cdots+\frac{n(n+1)\cdots(n+7)}{8!} \cdot \frac{(2n+7)}{9}$$

$$= \frac{n(n+1)\cdots(n+8)}{9!} \cdot \frac{(2n+8)}{10}。$$

6. 九乘方锥堆

$$1+12+77+352+\cdots。$$

7. 十乘方锥堆

$$1+13+90+442+\cdots+\frac{n(n+1)\cdots(n+9)}{10!} \cdot \frac{(2n+9)}{11}$$

$$= \frac{n(n+1)\cdots(n+10)}{11!} \cdot \frac{(2n+10)}{12}。$$

·······························。

可归纳得：

r 乘方锥堆总积：

$$1+(r+3)+\frac{(r+2)(r+3)}{2!}+\frac{(r+2)(r+3)(r+7)}{3!}$$

$$+\frac{(r+2)(r+3)(r+4)(r+9)}{4!}+\cdots$$

$$+\frac{n(n+1)(n+2)\cdots[n+(r-1)]}{r!}\cdot\frac{[2n+(r-1)]}{(r+1)}$$

$$=\frac{n(n+1)(n+2)\cdots(n+r)}{(r+1)!}\cdot\frac{(2n+r)}{(r+2)}。$$

以后李善兰(1811~1882)著《垛积比类》四卷。其中第一卷内论(A)三角垛的第一、二、三、四……垛,即汪莱的平三角堆,立三角堆,三乘、四乘、……三角堆。又(B)一乘支垛的第一、二、三、四……垛,即董祐诚的平方锥堆,立方锥堆,三乘、四乘、……方锥堆。

李善兰《垛积比类》第一卷内又论:

(C)二乘支垛的:

1. 第一垛

$$1+6+18+40+\cdots+\frac{n(n+1)}{2!}\cdot\frac{(3n+0)}{3}$$

$$=\frac{n(n+1)(n+2)}{3!}\cdot\frac{(3n+1)}{4} \qquad (朱世杰:岚峰形)。$$

2. 第二垛

$$1+7+25+65+\cdots+\frac{n(n+1)(n+2)}{3!}\cdot\frac{(3n+1)}{4}$$

$$=\frac{n(n+1)(n+2)(n+3)}{4!}\cdot\frac{(3n+2)}{5}。$$

3. 第三垛

$$1+8+33+98+\cdots+\frac{n(n+1)(n+2)(n+3)}{4!}\cdot\frac{(3n+2)}{5}$$

$$=\frac{n(n+1)(n+2)\cdots(n+4)}{5!}\cdot\frac{(3n+3)}{6}。$$

可归纳得:

(C)二乘支垛:

第 r 垛总积

$$1+(r+5)+\frac{(r+3)(r+8)}{2!}+\frac{(r+3)(r+4)(r+11)}{3!}+\cdots$$

$$+\frac{n(n+1)\cdots(n+r)}{(r+1)!}\cdot\frac{[3n+(r-1)]}{(r+2)}$$

$$=\frac{n(n+1)\cdots[n+(r+1)]}{(r+2)!}\cdot\frac{(3n+r)}{(r+3)}\circ$$

李善兰《垛积比类》第一卷内,又称:

(D)三乘支垛的:

1. 第一垛

$$1+8+30+80+\cdots+\frac{n(n+1)(n+2)}{3!}\cdot\frac{(4n+0)}{4}$$

$$=\frac{n(n+1)(n+2)(n+3)}{4!}\cdot\frac{(4n+1)}{5}$$

（朱世杰:三角岚峰形)。

2. 第二垛

$$1+9+39+119+\cdots+\frac{n(n+1)(n+2)(n+3)}{4!}\cdot\frac{(4n+1)}{5}$$

$$=\frac{n(n+1)(n+2)\cdots(n+4)}{5!}\cdot\frac{(4n+2)}{6}\circ$$

3. 第三垛

$$1+10+49+168+\cdots$$

$$+\frac{n(n+1)(n+2)\cdots(n+4)}{5!}\cdot\frac{(4n+2)}{6}$$

$$=\frac{n(n+1)(n+2)\cdots(n+5)}{6!}\cdot\frac{(4n+3)}{7}\circ$$

可归纳得:

(D)三乘支垛:

第 r 垛总积

$$1+(r+7)+\cdots+\frac{n(n+1)\cdots[n+(r+1)]}{(r+2)!}\cdot\frac{[4n+(r-1)]}{(r+3)}$$

$$=\frac{n(n+1)\cdots[n+(r+2)]}{(r+3)!}\cdot\frac{(4n+r)}{(r+4)}。$$

又汪莱平三角堆:

$$1+2+3+4+\cdots+n=n\cdot\frac{n+1}{2!}\qquad\text{（即朱世杰:荍草垛）}$$

是李善兰(A)三角垛的 ·乘垛。

董祐诚平方锥堆:

$$1+4+9+16+\cdots+\frac{n(2n+0)}{2!}=\frac{n(n+1)}{2!}\cdot\frac{(2n+1)}{3}$$

（即朱世杰:四角垛）

是李善兰(B)一乘支垛的一乘垛。

又

$$1+6+18+40+\cdots+\frac{n(n+1)(3n+0)}{3!}$$

$$=\frac{n(n+1)(n+2)}{3!}\cdot\frac{(3n+1)}{4}\qquad\text{（即朱世杰:岚峰形）}$$

是李善兰(C)二乘支垛的一乘垛。

又

$$1+8+30+80+\cdots+\frac{n(n+1)(n+2)(4n+0)}{4!}$$

$$=\frac{n(n+1)\cdots(n+3)}{4!}\cdot\frac{(4n+1)}{5}$$

（即朱世杰:三角岚峰形）

是李善兰(D)三乘支垛的一乘垛。

李善兰又继续算得：

$$1+10+45+140+\cdots+\frac{n(n+1)\cdots(n+3)(5n+0)}{5!}$$

$$=\frac{n(n+1)\cdots(n+4)}{5!}\cdot\frac{(5n+1)}{6}$$

是李善兰(D_1)四乘支垛的第一垛。

上述李善兰(A)三角垛,(B)一乘支垛,(C)二乘支垛,(D)三乘支垛,…以至…"m乘支垛"的第一垛（或一垛），第二、三、四垛（或二、三、四垛），以至…"r垛",可归纳得：

m乘支垛的第r垛总积

$$\sum_1^n\frac{n(n+1)(n+2)\cdots[n+r+(m-2)]}{(r+m-1)!}\cdot\frac{[(m+1)n+(r-1)]}{(r+m)}$$

$$=\frac{n(n+1)(n+2)\cdots[n+r+(m-1)]}{(r+m)!}\cdot\frac{[(m+1)n+r]}{(r+m+1)}。$$

如$m=0$,即得汪莱的r乘三角堆总积公式,

$m=1$,即得董祐诚的r乘方锥堆总积公式,

$m=2,3,4$;即得李善兰的$(C),(D),(D_1)$即二、三、四乘支垛的第r垛总积公式,

又　(A)三角垛的第一垛

$$\sum_1^n\frac{n+0}{1}=\frac{n(n+1)}{2!}。$$

(B)一乘支垛的第一垛

$$\sum_1^n\frac{n(2n+0)}{2!}=\frac{n(n+1)(2n+1)}{3!}。$$

(C)二乘支垛的第一垛

$$\sum_1^n\frac{n(n+1)(3n+0)}{3!}=\frac{n(n+1)(n+2)(3n+1)}{4!}。$$

（D）三乘支垛的第一垛

$$\sum_1^n \frac{n(n+1)(n+2)(4n+0)}{4!}$$

$$= \frac{n(n+1)\cdots(n+3)(4n+1)}{5!} 。$$

（D_1）四乘支垛的第一垛

$$\sum_1^n \frac{n(n+1)\cdots(n+3)(5n+0)}{5!}$$

$$= \frac{n(n+1)\cdots(n+4)(5n+1)}{6!} 。$$

……………………………………………………。

以上即李善兰《垛积比类》第四卷的三角变垛的一、二、三、四、五垛。

上述汪莱（1768～1813）《衡斋算学》（1799 年）论平三角堆、立三角堆等，董祐诚（1791～1823）《割圜连比例图解》（1819 年）、《堆垛求积术》（1821 年）论平方锥堆、立方锥堆等，李善兰（1811～1882）《垛积比类》论二、三、四乘支垛等级数，都是以"1"为第一位数，又都是整数。

其中级数，实际亦有可改写成"乘积数"入算的，如：

董祐诚三乘方锥堆

$$1+6+20+50+\cdots+\frac{n(n+1)(n+2)}{3!} \cdot \frac{(2n+2)}{4}$$

$$= \frac{n(n+1)(n+2)(n+3)}{4!} \cdot \frac{(2n+3)}{5}$$

可改写成

$$1 \cdot 3 \cdot 2^2 + 2 \cdot 4 \cdot 3^2 + 3 \cdot 5 \cdot 4^2 + \cdots + n(n+2)(n+1)^2$$

$$= \frac{1}{10} n (n+1) (n+2) (n+3) (2n+3) 。$$

又朱世杰岚峰形(或莜草岚峰形)

$$1+6+18+40+\cdots+\frac{n(n+1)(3n+0)}{3!}$$

$$= \frac{n(n+1)(n+2)}{3!} \cdot \frac{(3n+1)}{4}$$

可改写成

$$1 \cdot 1+2 \cdot 3+3 \cdot 6+4 \cdot 10+\cdots+n \cdot \frac{n(n+1)}{2!}$$

$$= \frac{n(n+1)(n+2)}{3!} \cdot \frac{(3n+1)}{4} 。$$

又朱世杰三角岚峰形

$$1+8+30+80+\cdots+\frac{n(n+1)(n+2)(4n+0)}{4!}$$

$$= \frac{n(n+1)(n+2)(n+3)}{4!} \cdot \frac{(4n+1)}{5}$$

亦可改写成

$$1 \cdot 1+2 \cdot 4+3 \cdot 10+4 \cdot 20+\cdots+n \cdot \frac{n(n+1)(n+2)}{3!}$$

$$= \frac{n(n+1)(n+2)(n+3)}{4!} \cdot \frac{(4n+1)}{5} 。$$

查朱世杰《算学启蒙》(1299 年)、《四元玉鉴》(1303 年)所记"莜草值钱(正)(反)","三角垛(正)(反)","四角垛值钱(正)(反)"等等已有相乘数为级数的例子。并以"内插法"计算[①]。

清代董祐诚(1791~1823)、罗士琳(1789~1853)、李善兰

---

① 参看李俨:《中算家的内插法研究》,第77~84页,1957年。

（1811～1882）特加介绍。

董祐诚《堆垛求积术》（1821年）论"纵方锥求积术，"称：

1. 平方纵堆积

$$3+8+15+24+\cdots+\frac{n\left[2n+2(p-1)+0\right]}{2!}$$

$$=\frac{n(n+1)\left[2n+3(p-1)+1\right]}{3!}$$

或 $\quad 1\cdot3+2\cdot4+3\cdot5+4\cdot6+\cdots+n(n+p-1)$

$$=\frac{n(n+1)\left[2n+3(p-1)+1\right]}{3!},$$

其中"p"为首层数，如本例 $p=3$。

2. 立方纵堆积

$$3+11+26+50+\cdots+\frac{n(n+1)\left[2n+3(p-1)+1\right]}{3!}$$

$$=\frac{n(n+1)\left[2n+4(p-1)+2\right]}{4!}。$$

3. 三乘方纵堆积

$$3+14+40+90+\cdots+\frac{n(n+1)(n+2)\left[2n+4(p-1)+2\right]}{4!}$$

$$=\frac{n(n+1)(n+2)(n+3)\left[2n+5(p-1)+3\right]}{5!}。$$

4. 四乘方纵堆积

$$3+17+57+147+\cdots+$$

$$+\frac{n(n+1)(n+2)(n+3)\left[2n+5(p-1)+3\right]}{5!}$$

$$=\frac{n(n+1)(n+2)(n+3)(n+4)\left[2n+6(p-1)+4\right]}{6!}。$$

5. 五乘方纵堆积

$$3+20+77+224+\cdots$$

$$+\frac{n(n+1)(n+2)(n+3)(n+4)[2n+6(p-1)+4]}{6!}$$

$$=\frac{n(n+1)(n+2)(n+3)(n+4)(n+5)[2n+7(p-1)+5]}{7!}\text{。}$$

$$\cdots\cdots\cdots\cdots\cdots\cdots\cdots\cdots\cdots\cdots\cdots\cdots\cdots\text{。}$$

总结得

r 乘方纵堆积

$$1\times p+[(r+1)(p-1)+(r+3)]+[(r+1)(p-1)+(r+5)]\frac{(r+2)}{2!}$$

$$+[(r+1)(p-1)+(r+7)]\frac{(r+2)(r+3)}{3!}+\cdots$$

$$+\frac{n(n+1)(n+2)\cdots[n+(r-1)][2n+(r+1)(p-1)+(r-1)]}{(r+1)!}$$

$$=\frac{n(n+1)(n+2)\cdots(n+r)[2n+(r+2)(p-1)+r]}{(r+2)!}$$

即

$$\sum_{1}^{n}\frac{n(n+1)(n+2)\cdots[n+(r-1)][2n+(r+1)(p-1)+(r-1)]}{(r+1)!}$$

$$=\frac{n(n+1)(n+2)\cdots(n+r)[2n+(r+2)(p-1)+r]}{(r+2)!},$$

其中 $p=$ 首层数。

如 $p=1$，即得董祐诚，r 乘方锥堆总积：

$$\sum_{1}^{n}\frac{n(n+1)(n+2)\cdots[n+(r-1)]}{r!}\cdot\frac{[2n+(r-1)]}{(r+1)}$$

$$=\frac{n(n+1)(n+2)\cdots(n+r)}{(r+1)!}\cdot\frac{2n+r}{(r+2)}\text{。}$$

以后罗士琳、沈钦裴注释宋元古算,李善兰、华蘅芳译述西洋算法,对级数都有说述。[①]

(五)数论

数论在中国的发展,有它悠远的历史,如《九章算术》卷二粟米章和《张丘建算经》就有不定方程式一类的算题。《孙子算经》"今有物不知其数"一题,更建立着中国"同余数定理"的基础。到十三、十四世纪秦九韶《数书九章》(1247年)、《杨辉算法》(1274 ~ 1275),以及朱世杰《算学启蒙》(1299年)都有进一步的说述。

明末清初西洋人对"整数"亦作有初步的说明,如《算法本原》一书,就是例子。

十八九世纪中国古算书发现之后,张敦仁(1754 ~ 1834)、焦循(1763 ~ 1820)、骆腾凤(1770 ~ 1841)、李锐(1768 ~ 1817)和时日淳、黄宗宪,对以往秦九韶(1247年)的"大衍求一术",都作有相当的解释。如张敦仁著有《求一算术》三卷(1831年刊),焦循有《大衍求一术》,骆腾凤《艺游录》卷一有"大衍求一法",李锐有《日法朔余强弱考》(1799年),时日淳有《求一术指》一卷(1873年),黄宗宪有《求一术通解》二卷(1896年)。

数论内的内插法,十九世纪中算家亦做过介绍。

李善兰(1811 ~ 1882)在《垛积比类》四卷内算过一乘支垛的各垛,二乘支垛的各垛,以及三乘支垛的各垛,一方得力于 Pascal 三

---

① 参看李俨:《中算史论丛》第一集,第388 ~ 435页,1954年。

角形的暗示,另一方则发展数论的原则,组成"李善兰恒等式"。又在所著《则古昔斋算学》第十四种:《考数根法》(1872 年)内专论素数,都有显著的成就。①

---

① 见闵嗣鹤:"数论在中国的发展情形",《数学进展》第一卷,第二期,1955 年 6 月,第 397 页;章用:"垛积比类疏证",《科学》第二十三卷,第十一期,1939 年 11 月,第 647～663 页;严敦杰:"中算家的素数论",《数学通报》,总 19,20 号,1954 年 4 月号,第 8～10 页;1954 年 5 月号,第 12～15 页;参看华罗庚:《数论道引》内"第二章同余式,§孙子定理",第 32～34 页,科学出版社 1957 年版。

第十编 最近世数学教育情形

第一章 教会学校的数学教育

最近世数学教育先由基督教会和天主教会掌握,道光十九年(1839 年)最先在香港设立学校。道光二十五年(1845 年)以后在内地设立。同时还配合教会所编译的数学书做课本。

中国国家所设立的学校,最先是同治元年(1862 年)设立的同文馆,直到光绪四年(1878 年),才开始设立小学校。

现在先叙述教会学校的数学教育:

基督教会所办教育事业,始于道光十九年(1839 年),实以蒲伦博士(Dr. R. S. Brown)设学于澳门为最早。此项学校,先由教门公会(Denomination boards)独立教会创设,新中国成立前尚有小学及中学由此等机关办理。① 道光二十五年(1845 年),美国圣公会主教文氏(Boone)立学校于上海,后名约翰书院;同治十年(1871 年)又立学校于武昌,后名文华书院,并于光绪末年正式成立大学。

---

① 《中国基督教教育事业》,第 18 页,上海,商务印书馆 1922 年版。

同治三年（1864 年）美国长老会狄考文（Rev. Calvin W. Mateer，1836～1908）设文会馆于山东登州，同治五年（1866 年）英国浸礼会设广德书院于青州，后二校合并为广文学堂，设于潍县。到 1917年又与济南医学校、青州神学校，合并为齐鲁大学。美国美以美会于光绪十四年（1888 年）立汇文书院于北京，十九年（1893 年）公理会设潞河书院于通县，后两校合组为燕京大学。美国监理公会林乐知（Young John Allen）于光绪七年（1881）创设中西书院于上海，该会于光绪二十三年（1897 年）又设中西书院于苏州，到二十七年（1901 年）与苏州博习书院（Buffinton Institute）合并成东吴大学。美国长老会自光绪十一年（1885 年）即在广州、澳门诸地建设学校，其中格致书院于光绪二十七年（1901）改岭南学堂，至光绪三十年（1904 年）又改为岭南大学。① 同治十三年（1874 年）英总领事麦华陀和傅兰雅（Dr. John Fryer，1839～?）创办格致书院于上海，②刻有《格致书院课程附课题》（1895 年）。

　　天主教在中国，于每教区设立天主教启蒙学校（Ecoles de Cate-chumeun），道光三十年（1850 年）开办徐家汇公学（College de St. Ignace de Zi-Ka-Wei），又有圣芳济学校（College de Francis Xavier），光绪二十九年（1903 年）因京师译学馆以戊戌（1893 年）政变停

　　① 郭秉文："五十年来中国之高等教育"，《申报馆五十周年纪念》，1923 年，上海，申报馆；何炳松："三十五年来中国之大学教育"，《最近三十五年之中国教育》上卷，第 93～94 页，上海，商务印书馆 1932 年 9 月初版；并看 1934 年 2 月 20 日《申报》第四张（十五），"全国私立大学沿革"条。
　　② 见《格致汇编》第五年，秋季号：旧《申报》作，同治十一年（1872 年）。

办,由蔡元培等同耶稣会创办震旦大学（Université l'Aurore）于
上海。①

第二章　教会学校的数学教科书籍

清末耶稣教士、天主教士设立学校之后,又自编教科书,以应
此需要。关于数学教科书籍,有：

（甲）耶稣教士编译本。

（1）《心算初学》六卷,登州哈师娘撰,天津官书局排印本。

（2）《心算启蒙》一卷,美国那夏礼撰,1886 年上海美华书馆铅
印本。

（3）《西算启蒙》,无卷数,1885 年译印本。

（4）《数学启蒙》二卷,英伟烈亚力（Alexander Wylie,1815 ~
1887）撰,1853 年伟烈亚力序刻本。

（5）《笔算数学》三册,美狄考文（Calvin Wilson Mateer,1836 ~
1908）、邹立文（字宪章,平度人）同撰,1892 年狄考文序,铅印本。

（6）《代数备旨》十三卷,美狄考文撰；邹立文、生福维（字范
五,平度人）同译,1891 年美华书馆铅印本。

（7）《代数备旨》下卷十一章,美狄考文遗著,范震亚据遗稿
校,1902 年会文编辑社石印本。

---

① 参看"中国基督教教育事业",第 18 页,上海,商务印书馆 1929 年版；何炳
松："三十五年来中国之大学教育",《最近三十五年之中国教育》上卷,第 93 ~ 94
页,上海,商务印书馆；1934 年 2 月 20 日《申报》第四张（十五）"全国私立大学沿革"
条。

（8）《形学备旨》十卷，美狄考文撰，邹立文、刘永锡同译，1885年美华书馆铅印本。

（9）《八线备旨》四卷，美罗密士（Elias Loomis，1811～1899）原撰，美潘慎文（Rev. Alvin. piorson. Parker，1850～1924）选译，谢洪赉校录，1893年潘慎文序于苏州博习书院，1894年美华书馆铅印本。

（10）《代形合参》三卷附一卷，美罗密士原撰，美潘慎文选译，谢洪赉校录，1893年美华书馆铅印本。

（11）《圆锥曲线》，无卷数，美路密司撰，美求德生（J. H. Judson）选译，刘维师笔述，1893年美华书馆铅印本。

（12）《格致须知》初二集，英傅兰雅辑。

内容：《算法须知》，华蘅芳撰，1887年印本。

《量法须知》，英傅兰雅撰，1887年印本。

《代数须知》，英傅兰雅撰，1887年印本。

《三角须知》，英傅兰雅撰，1888年印本。

《微积须知》，英傅兰雅撰，1888年印本。

《曲线须知》，英傅兰雅撰，1888年印本。

余无算不录。

（乙）天主教士编译本。

（13）《课算指南》，无卷数，天主教启蒙学校用书，今已绝版。

（14）《课算指南教授法》，无卷数，同上用书，今已绝版。

（15）《数学问答》，无卷数，佘宾王（P. F. Scherer, S. J.）撰。1901年汇塾课本，上海土山湾书馆铅印本。

（16）《量法问答》，无卷数，佘宾王撰，同上书馆铅印本。

（17）《代数问答》，无卷数，佘宾王撰，1903年同上书馆铅印本。

（18）《代数学》，无卷数，Carlo Bourlet 撰，陆翔译，1928 年同上书馆，二次印本。

（19）《几何学》，平面，无卷数，Carlo Bourlet 撰，戴连江译，1913 年同上书馆铅印本。

同时新教育事业，多有西教士插足其间，如同文馆馆长即为丁韪良（Dr. W. A. P. Martin，1827～1916）。又光绪二十四年（1898 年）间美人李佳白（Gilbert Reid）、狄考文建议设立总学堂，为京师大学堂设立之先声。而天津北洋大学及上海南洋公学初立之时，都有西人插足其间。

1845 年以后，国外人士正式在上海各处设立学校兼教授初级算学，1853 年以后耶稣教士和天主教士还编辑初级算学书，介绍阿拉伯字码以及西洋记数方法，都深入民间，流传还十分广泛，如：

《笔算数学》从 1892 年到 1902 年，重印 32 次。

《代数备旨》从 1891 年到 1907 年，重印 10 次。

《形学备旨》从 1885 年到 1910 年，重印 11 次。

又如：

《八线备旨》从 1893 年到 1909 年；

《代形合参》从 1893 年到 1910 年；

《圆锥曲线》从 1893 年到 1908 年

逐年也有重印本。

耶稣教士和天主教士编译本数学书，在学制未成立，教科书未编出前，同为各学校所采用。

第三章　清末数学教育制度（一）

　　清初数学教育制度,未曾养成数学人才。可是《数理精蕴》等书,在学界还有若干贡献。降及中叶,初无此项数学教育事实可以说述。自鸦片战事(1840 年)以后,教育较受重视。先于同治初年(1862～1864)在北京、上海、广州各处设置同文馆,施行西洋教育制度。可是当时目标,仅仅知道培养成外交人才,对于科学基础的数学教育,还不十分注意。且在初期,学制系统,未曾建立,科举制度亦未废止。虽各项学校相继成立,效果还未显著。其中历史事业还有下列各项可以叙述:

　　(1)同文馆,广方言馆的设立:

　　同治元年(1862 年)八月,总理各国事务衙门奏设同文馆于北京。内阁先于乾隆二十二年(1757 年)设有俄罗斯文馆,至是并入。[1] 是为中国新教育设学堂的创始。直到光绪二十六年(1900 年)义和团反帝爱国运动爆发,方暂告停顿。光绪二十七年十二月(1902 年)合并于京师大学堂宣告结束。[2] 因同文馆的设立,冯桂芬(1809～1874)倡议上海、广东仿设此项同文馆。[3] 李鸿章(1823～1901)因奏请依照办理,即于同治二年(1863 年)在上海设

---

　　① 　见黄炎培:《中国教育史要》(《万有文库》本)引:《京师同文馆学友会第一次报告书》,1916 年 3 月,京华书局代印。
　　② 　见张静庐编:《中国近代出版史料》二编,第 47 页,1954 年初版。
　　③ 　说详《显志堂稿》。

广方言馆,同治三年(1864年)在广东广州设同文馆。① 上海广方言馆在同治八年(1869)移入江南制造局。广州同文馆,光绪三十一年(1905年)改为译学馆,②各同文馆的历史至此全部告终。

各同文馆开设之初,仅课外国语言,以后加课算学。同治五年(1866年)恭亲王奏称制造机器等,必须学习天文算学。议于同文馆内添设算学馆,以讲求天文算学。③ 此议当即实行,除由赫德(Robert Hart)代聘外籍教习外,④并于同治五年(1866年)允郭嵩焘(1818~1891)请,召李善兰(1811~1882)、邹伯奇(1819~1869)往同文馆教学。此时北京同文馆除英、法、俄文外,加课天文算学各科(1868年)。

据"京师同文馆规",同治五年创设天文算学各科后定八年学习⑤,即:

首年:认字写字,浅解辞句,讲解浅书。

二年:讲解浅书,练习句法,翻译条子。

三年:讲各国地图,讲各国史略,翻译选编。

四年:数理启蒙(算术),代数学,翻译公文。

五年:讲求格物,《几何原本》,平三角,弧三角,练习译书。

① 见黄炎培:《中国教育史要》,引:《京师同文馆学友会第一次报告书》;又陈宝泉:《中国近代学制变迁史》,第3页。

② 原文见《皇朝经世文三编》卷一,未注年月;舒新城《近代中国教育史料》第一册,第8页(上海,中华书局1928年3月版)定为同治五年,甚合。

③ 见郭吾真:"略论北京同文馆的设置",《山西师范学院学报》(季报),1957年5月,第2期引:马士著:《中华帝国国际关系史》第三卷,第475~477页(英文版)。

④ 见《东华续录》卷五十八,"同治"。

⑤ 见舒新城:《近代中国教育史料》第一册,第9~11页,引:《皇朝蓄艾文编》卷十四。

六年:讲求机器,微分积分,航海测算,练习译书。

七年:讲求化学,天文,测算,万国公法,练习译书。

八年:天文测算,地理,金石,富国策,练习译书。

上海广方言馆亦课算学,据《奏议》称:"李鸿章奏于上海设广方言馆,其课程午后即学算术。无论笔算、珠算,先从加、减、乘、除入手。中学熟习《算经十书》。"①

(2)技术专修等学校的设立:

同治五年(1866 年)左宗棠(1812 ~ 1885)奏设船厂于福建马尾,并设随厂学堂于船坞东北,学堂分为两部:一为前堂,习法文,简称为前学,练习造船技术;一为后堂,习英文,简称为后学,练习驾驶。总称船政学堂,为我国最早的技术专修学校。②

光绪六年(1880 年)李鸿章(1823 ~ 1901)奏设北洋水师学堂于天津,内分驾驶、管轮两科。教授英文、代数、几何、平弧三角、八线、级数、重学、天文、推步、地兴、测量。③

以后光绪十一年(1885 年)李鸿章又奏设武备学堂于天津。十二年(1886 年)张之洞(1837 ~ 1909)奏设陆军学堂于广东,十三年(1887 年)创设水师学堂于广东。二十一年(1895 年)湖北创设武备学堂,南京创设陆军学校。④

(3)小学校的创立:

---

① 见陈宝泉:《中国近代学制变迁史》,第 9 ~ 10 页。

② 见陈翊林:《最近三十年中国教育史》,第 48 页;《近代中国教育思想史》第 43 ~ 44 页;陈宝泉:《中国近代学制变迁史》,第 10 页;《左文襄公奏稿》卷十八。

③ 见陈翊林前书,第 48 页;《近代中国教育思想史》第 43 ~ 44 页;《李文忠公全集奏稿》卷四。

④ 见何柄松:"三十五年来中国之大学教育",《最近三十五年之中国教育》,第 60 ~ 61 页(1931 年)。

光绪四年(1878年)上海张焕纶创办正蒙书院,是最早的小学校。这个书院有学生百余人,分大中小各班,分设国文、舆地、经史、时务、格致、数学、歌诗等科,以后改为梅溪学校。①

光绪二十二年(1896年)上海设沪南三等学堂,和正蒙书院,同样是私立的小学。②

光绪二十三年(1897年)盛宣怀奏设南洋公学。章程内规定"南洋公学分四院:一曰师范院,即师范学堂也;二曰外院,即日本师范学校附属之小学院也;三曰中院,即二等学堂也;四曰上院,即头等学堂也。"③外院课程有国文、算术、英文、舆地、史学、体操六门,每周授课四十二小时,这是中国师范学校附设公立小学校之始。④ 并由师范院自编蒙学课本,以供外院学生应用,开中国小学教科书应用的先例。⑤

南洋公学外院开办的次年,即光绪二十四年(1898年)六月十七日,孙家鼐议在北京五城建立小学堂、中学堂,这是公家对小学堂、中学堂计划的开端。⑥ 以后各省相继设立小学堂。

---

① 见黄炎培:《中国教育史要》引《梅溪学校五十周年纪念刊》;陈翊林:《最近三十年中国教育史》,第45~46页;袁希涛:"五十年来中国之初等教育",第1~10页,《申报馆五十周年》(1872~1922)《纪念》,1923年2月,上海,申报馆。

② 吴研因、翁之达:"三十五年来中国之小学教育",《最近三十五年之中国教育》,第1~2页(1931年)。

③ 舒新城:《近代中国教育史料》,第一册,第35~40页(1928年);胡思敬:《戊戌履霜录》卷一,《戊戌政变资料》(一),第316页(1953年)引。

④ 陈翊林:《最近三十年中国教育史》,第46页。

⑤ 见吴研因、翁之达:"三十五年来中国之小学教育",《最近三十五年之中国教育》,第1~2页,1931年。

⑥ 见吴研因、翁之达前文,及舒新城:《近代中国教育史料》第二册,第1~2页,及《戊戌变法资料》(二),第434~435页,1953年。

（4）普通学校的设立：

学制系统未建立前的学校,除上述教会设立的学校,和同文馆,广方言馆,技术专修学校,海陆军专校以及小学校之外,又有普通学校亦同时设立。

如在广东,则光绪二十四年(1898年)军机大臣总理衙门"遵筹京师大学堂折"称:"近年张之洞在广东设广雅书院。"在前则学海堂曾于同治五年(1866年)加增算学一门,孔继藩曾在学海堂学习《算经十书》。①

同时光绪十九年(1893年)张之洞、谭继洵在武昌设自强学堂,分方言、格致、算学、商务四门。② 光绪二十一年湖南湘乡绅士亦呈准设东山精舍,仿湖北自强学堂成法,分方言、格致、算学、商务四斋,定章程二十四条,其中第六条称:"算学当循序精进,初学一年,习几何、代数、平三角、及少广。第二年则习曲线、微分、积分。第三年则习弧三角、微积分之深义及立体几何。"③

光绪二十三年(1897年)湖南(长沙)时务学堂创立,由王先谦(1842~1917)主办,梁启超主讲。以一年为学习期,前六月为溥通学,第七月至十二月于溥通学之外,分公法、掌故、格算诸门。④ 算学习《学算笔谈》(1882年)、《笔算数学》(1892年)、《几何原本》(1857年)、《形学备旨》(1884年)、《代数术》(1873年)、代数备旨

---

① 见陈澧续补本《学海堂志》;容肇祖"学海堂考",《岭南学报》三卷四期(1934年6月)。

② 见《湖北通志》卷六十,"学校志六,学堂",据"档册"。

③ 见舒新城:《近代中国教育史料》,第16~21页,1928年,引。

④ 见舒新城前书,第40~61页;《戊戌政变资料》(四),第491~506页,1953年。

（1891 年）、《代数难题》（1883 年）、《代微积拾级》（1859 年）、《微积溯源》（1874 年）各书。

光绪二十二年（1896 年）陕西亦设有味经学舍，光绪二十三年（1897 年）由陕西味经刊书处传刻有《学算笔谈》（1882 年）、《代数术》（1873 年）、《微积溯源》（1874 年）各书。①

以上所述湖北自强学堂（1893 年）、湖北两湖书院、湖南东山精舍（1895 年）、陕西味经学舍（1896 年），以及同时的广州实学馆（后改博学馆）、江阴南菁书院、阳湖龙城书院等，虽亦取法"京师同文馆规"，可是课程分配不均，或并未尝授课，仅可称为书院式的学校。至光绪二十一年（1895 年）天津海关道盛宣怀奏办天津西学学堂，分头等、二等各四年毕业，其中二等学堂与中学相仿佛，是为吾国创办中学校之始。② 其中功课关于算学的：

二等学堂：第一年　数学

第二年　数学，并量法启蒙

第三年　代数学

第四年　平面量地法

头等学堂：第一年　几何，三角勾股学

第二年　微分学

第三年　无算学课

① 参看李俨：《中算史论丛》第四集，第 321～330 页内"清季陕西数学教育史料"；李培业："清季陕西数学史料之补充"，《西北大学校刊》，1957 年 11 月 23 日。

② 见廖世承："三十五年来中国之中学教育"，《最近三十五年之中国教育》，上卷，第 37 页，上海，商务印书馆；舒新城：《近代中国教育史料》第一册，第 23～35 页，上海，中华书局；光绪二十一年（1895 年）《邸钞》；席裕福：《皇朝政典类纂》卷二百二十七，引："谕折汇存"。

第四年　无算学课

清末民间亦有数学团体的组织，如江苏松江有云间算学会，四川重庆有算学馆，江苏扬州有知新算社，各地还有其他算学馆。

第四章　清末数学教育制度（二）

（1）维新兴学：

清末维新兴学，以光绪二十四年（1898 年）为开端。即光绪二十四年（1898 年）五月，清帝催各省办高等，中等，小学以及义学、社学。同月在北京开办京师大学堂。由孙家鼐管理。庚子年（1900 年）一度停顿。二十七年（1901 年）又由清帝下诏广设大、中、小及蒙学堂，派张百熙（1847～1907）为管学大臣，管理学堂事务。光绪二十八九年（1902～1903）始定学堂章程。光绪三十一年（1905 年）废去旧式科举制度，设立学部。至此数学教育制度方算确定。[①]

以上是维新兴学的沿革。此时初期的算学教学课程，据光绪二十七年（1901 年）五月张之洞、刘坤一"会奏变法自强第一疏"，设文武学堂条，称：

"八岁以上蒙学。

---

① 见《光绪政要》卷三十一，光绪三十一年（1905 年）八月条；光绪《东华录》卷144，145，169，171，184，197；《戊戌变法资料》（二）；《大清教育新法令》第一篇，"谕旨"；廖世承："五十年来中国之中等教育"，第 1～12 页，《申报馆五十周年》（1872～1922）《纪念》，1923 年 2 月，上海，申报馆。

十二岁以上入小学校,学粗浅算法至开立方止,三年毕业。

十五岁以上入高等小学校,学较深算法,至代数几何止,三年毕业。

十八岁以上入中学校,学精深算法,至弧三角,三年毕业。"①
························

（2）京师大学堂等学堂的创立：

光绪二十二年李端棻请设京师大学堂。② 二十四年（1898 年）在北京开办京师大学堂,庚子年（1900 年）一度停顿。光绪二十七年十二月（1902 年）将同治元年（1862 年）设立的同文馆并入京师大学堂,据《邸钞》,有:"光绪二十七年十二月初一日（1902 年 1 月 10 日）谕,已有旨饬办京师大学堂,并派张百熙为管学大臣,所有从前设立之同文馆,毋庸隶外务部,着即归入大学堂,一并责成张百熙管理事务,即认真整顿,以副委任。"③等语。

光绪二十七八年间（1901～1902）各省纷纷设立大学堂,如陕西就味经、崇实两书院合并为宏道大学堂,"《政艺丛书》（光绪癸卯,1903 年）,《政书通辑》卷五,陕学沈奏办高等学堂情形折"。

山西有晋省大学堂的设立,"《政艺丛书》（光绪壬寅,1902 年）,《政书通辑》卷六,管学大臣张遵旨覆陈学堂事宜",并将教案赔款所办的中西大学堂,归并山西大学堂,作为西学专斋,同上《政书通辑》卷五,"山西巡抚折"。

① 见舒新城:《近代中国教育史料》第一册,第 77～90 页;《皇朝政典类纂》卷二百十七,引"邸钞"。
② 见何炳松:"三十五年来中国之大学教育",《最近三十五年来之中国教育》,第 74～76 页。
③ 见《皇朝政典类纂》卷二百三十,引:"《邸钞》"。

河南有河南大学堂的筹办,同上《政书通辑》卷三,"学务文牍辑要"。

湖北就两湖书院改为两湖大学堂,同上。

湖南就求志书院改为湖南大学堂,同上《政书通辑》卷四,"湘抚奏陈改设学堂,并派人出洋游学折"。

广东就广雅书院改为广东大学堂,同上《政书通辑》卷五,"粤督陶奏设广东大学堂请废科举折"。

江苏就江阴南菁书院改为江苏全省南菁高等学堂(1898年),同上,《政书通辑》卷一,"江苏南菁书院遵改学堂试办章程"。

浙江也把求是书院改成浙江大学堂。[①] 至宣统元年(1909年)除京师大学堂、山西大学堂外,各省纷纷改大学堂为高等学堂。可知的有江南,福建,广东,湖南,山东,陕西各高等学堂。是时各学校虽然相继成立,可是教课还未曾统一。光绪二十七年,二十八年(1901~1902)山东、江北、直隶即有三种不同章程。即:

(ⅰ)袁世凯(1859~1916)山东试办大学堂暂行章程折稿。

(ⅱ)漕运总督奏设试办江北大学堂章程。

(ⅲ)袁世凯筹设直隶师范暨小学堂暂行章程。

(注):

(ⅰ)山东《试办大学堂暂行章程折稿》。袁世凯(1859~1916)光绪二十七年(1901年)奏上。

备斋:　　一年首季　　　　　　　一年次季

　　　　数学"加减乘除至比例"　　　数学"全"

---

① 见何炳松:"三十五年来中国之大学教育",《最近三十年来之中国教育》,第77~78页。

	二年首季	二年次季
	代数	代数"全"
正斋：	一年首季	一年次季
	形学"中五卷"	形学"全"圆锥曲线
	二年首季	二年次季
	八线　　勾股	同上季
	三年首季	三年次季
	代形合参	微积学
	四年首季	四年次季
	不授算学	代数根原

（ii）漕运总督，光绪二十八年（1902 年）奏设《试办江北大学堂章程》。见《江北高等学堂试办章程》，木刻本。

第一年首季	第一年次季
算学"加减乘除至比例"	算学"全"
第二年首季	第二年次季
代数"上半本"	代数"全"，几何"一，二两本"
第三年首季	第三年次季
几何"三，四两本"，平三角	弧三角

（iii）光绪二十八年（1902 年）袁世凯（1859～1916）《筹设直隶师范暨小学堂暂行章程》。见《皇朝政典类纂》卷二百二十九，引。

小学堂

第一年　笔算"分数，整数，小数加减乘除"。

第二年　笔算"比例，百分，开平方，开立方"。

第三年　代数，几何"平积"。

第四年　几何"平积"。

师范学堂

第一斋　"半年毕业"。

算学：笔算"整数，分数，小数加减乘除"。

珠算"加减乘除"。

第二斋"一年毕业"。

算学:笔算"整数,分数,小数加减乘除,比例,百分,开平方,开立方"。

珠算"加减乘除"。

第三斋"二年毕业"。

第一年

算学:笔算"整数,分数,小数加减乘除,比例,百分,开平方,开立方"。

珠算"加减乘除"。

第二年

算学;代数,珠算"熟习"。

第四斋　"三年毕业"。

第一年

算学:笔算"整数,分数,小数加减乘除,比例,百分,开平方,开立方"。

珠算"加减乘除"。

第二年

算学;代数,珠算"熟习"。

第三年

算学:代数,几何"平积"。

（3）各学堂规定的章程:

光绪二十八年（1902 年）,二十九年（1903 年）迄宣统二年（1910 年）,公家确定各学堂章程,其中主要的有下列三种,即:

（i）钦定学堂章程（1902 年）;

（ii）奏定学堂章程（1903 年）;

（iii）学部酌改初等小学,高等小学和中学堂文实两科课程（1910 年）。

其中各学堂算学课程,也分别确定,如:

（i）钦定学堂章程（1902 年）。

　　"光绪二十八年（1902 年）正月张百熙（1847～1907）订呈大学堂章程，七月订呈高等、中、小学堂章程，先后颁布。"见《光绪东华录》卷一七二，是称"钦定学堂章程"。其系统如右图：

　　其中算学教授制度，则：

蒙学堂　六七岁入学，四年毕业。

　　第一年　不授算术。

　　第二年　不授算术。

　　第三年　算术（1 周 4 时）①——数目之名。

　　第四年　算术（1 周 4 时）——加减法。

寻常小学堂　十岁入学，三年毕业。

　　第一年　算术（1 周 3.5 时）——加减乘除。

　　第二年　算术（1 周 1.5 时）——加减乘除，繁数。

　　第三年　算术（1 周 4 时）——同上。

高等小学堂　十三岁入学，三年毕业。

　　第一年　算术（1 周 4 时）——度量衡及时刻之计算。

　　第二年　算术（1 周 4 时）——分数，小数。

　　第三年　算术（1 周 5 时）——比例。

中学堂　十六岁入学，四年毕业。

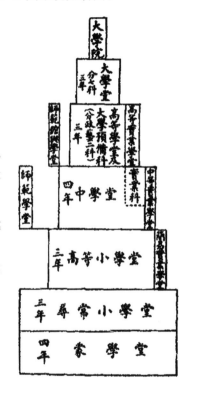

---

　　①　原文一周十二日，即两星期，这按一星期折合，下同。

第一年 平面几何(1周6时)——直线。

第二年 平面几何(1周6时)——面积,比例。

第三年 立体几何,代数(1周6时)。代数——加减乘除,分数。

第四年 代数(1周3时)——方程。

高等学堂及大学预备科 二十岁入学,三年毕业。

(甲)政科:

第一年 代数,三角(1周3时),代数——级数,对数。

第二年 解析几何,三角(1周3时)。

第三年 曲线(1周3时)。

(乙)艺科:

第一年 代数,三角(1周6时),代数——级数、对数。

第二年 解析几何,测量,曲线(1周5时)。

第三年 微分,积分(1周6时)。

仕学馆 三年毕业。

第一年 算术(1周3时)——加减乘除,比例,开方。

第二年 平面几何(1周3时)。

第三年 立体几何,代数(1周4时)。

师范馆 四年毕业。

第一年 算术(1周3时)——加减乘除,分数,比例,开方。

第二年 算术,几何(1周4时)。算术——帐簿用法,算表成式;几何——面积比例。

第三年 代数,立体几何(1周4时)。代数——加减乘除,分数,方程。

第四年 代数,算学及几何之次序方法(1周6时)。代数——级数,对数。

(ii)奏定学堂章程①(1903年)。

---

① 见刻本《奏定学堂章程》。

　　光绪二十八年（1902 年）学制虽经颁定,却未实行,至光绪二十九年（1903 年）又经张之洞（1837 ~ 1909）、荣庆与张百熙（1847 ~ 1907）三人会同重订,称为奏定学堂章程。《光绪东华录》卷一八四称：

　　　　光绪二十九年（1903 年）十一月张百熙、荣庆、张之洞奏重订学堂章程附学务纲要。

　　此章程改中学为五年,全体系统增加一年,共二十一学年,如下图：

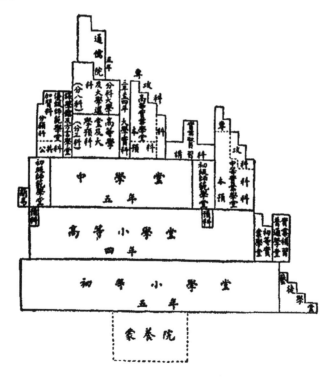

其算学教授制度,则:

初等小学堂　七岁入学,五年毕业。

第一年　算术(1周6时)——数目之名,实物计数,二十以下之算数,书法,记数法,加减。

第二年　算术(1周6时)——百以下之算数,书法,记数法,加减乘除。

第三年　算术(1周6时)——常用之加减乘除。

第四年　算术(1周6时)——通用之加减乘除,小数之书法,记数法,珠算之加减。

第五年　算术(1周6时)——通用之加减乘除,简易之小数,珠算之加减乘除。

高等小学堂　十一岁入学,四年毕业。

第一年　算术(1周3时)——加减乘除,度量衡货币及时之计算,简易之小数。

第二年　算术(1周3时)——分数,比例,百分数,珠算之加减乘除。

第三年　算术(1周3时)——小数,分数,简易之比例,珠算之加减乘除。

第四年　算术(1周3时)——比例,百分数,求积,日用簿记,珠算之加减乘除。

中学堂　十五岁入学,五年毕业。

第一年　算术(1周4时)。

第二年　算术,代数,几何,簿记(1周4时)。

第三年　代数,几何(1周4时)。

第四年　代数,几何(1周4时)。

第五年　几何,三角(1周4时)。

初级师范学堂　五年毕业。

第一年　算术(1周3时)。

第二年　算术,几何,簿记(1周3时)。

第三年　几何,代数(1周3时)。

第四年　几何,代数(1周3时)。

第五年　代数,兼讲教授算学之次序法则(1周3时)。

优级师范学堂

（甲）公共科　一年毕业。

第一年　算术,几何,代数,三角法(1周3时)。

（乙）分类科(第三类,算学理化)三年毕业。

第一年　代数学,几何学,三角法,微分积分初步(1周6时)。

第二年　代数学,解析几何学,微分(1周6时)。

第三年　微分,积分(1周6时)。

高等学堂　分三科。（甲）为预备入文法科；（乙）为预备入工科；（丙）为预备入医科。

	甲科　　　　每周	乙科　　　　每周	丙科　　　　每周
第一年	不授算学	代数,解析几何　(5)	代数,解析几何　(4)
第二年	代数,解析几何　(2)	解析几何,三角　(4)	解析几何,微分积分　(2)
第三年	不授算学	微分,积分　(6)	不授算学

大学堂　分六门：一算学门,二星学门,三物理学门,四化学门,五动植学门,六地质学门。

算学门科目

主　课	第一年每周	第二年每周	第三年每周
微分积分	6时	0时	0时
几何学	4	2	2
代数	2	0	0
算学演习	不定	不定	不定
力学	0	3	3
整数论	0	3	3
部分微分,方程论	0	4	0
代数学及整数论补助课	2	4	4
理论物理学初步	3	0	0

同上演习	不定	0	0
物理学实验	0	不定	0
共计	20 时	16	12

（ⅲ）学部酌改初等小学,高等小学,和中学堂文实两科课程
（1910 年）。

宣统二年（1910 年）十一月又改学制,将初等小学、高等小学
并定为四年毕业;比较光绪二十九年制度则宣统二年制初等小学
算术时间减少,高等小学算术时间加多。宣统二年十二月二十六
日（1911 年 1 月 26 日）学部具奏酌改中学堂为文实两科,奉旨依
议,①是为清代数学教育制度施行的尾声,其算学教授制度,则初等
小学堂

第一年　算术（1 周 4 时）——数名,实物计算,二十以下之数法,书法,加减
乘除。

第二年　算术（1 周 4 时）——百以下之数法,书法,加减乘除。

第三年　算术（1 周 5 时）——通常之加减乘除。

第四年　算术（1 周 5 时）——简易小数及诸等数。

高等小学堂

第一年　算术（1 周 4 时）——整数,小数及诸等数之加减乘除。

第二年　算术（1 周 4 时）——诸等效,分数加减乘除,求积应用问题。

第三年　算术（1 周 4 时）——分数四则,百分数,利息,珠算加减乘除。

第四年　算术（1 周 5 时）——比例,珠算,簿记。

中学堂文科

第一年（上）　算术（1 周 4 时）,（下）算术（1 周 4 时）。

---

① 见学部具奏酌改中学堂文实两科课程折。

第二年(上)　算术(1 周 4 时),(下)算术(1 周 4 时)。

第三年(上)　代数(1 周 4 时),(下)代数(1 周 2 时),

几何(1 周 2 时),　　几何(1 周 2 时)。

第四年(上)　代数(1 周 2 时),(下)代数(1 周 0 时),

几何(1 周 2 时),　　几何(1 周 1 时),

三角(1 周 0 时),　　三角(1 周 2 时)。

第五年(上)　三角(1 周 1 时),(下)三角(1 周 1 时)。

以上通习。

中学堂实科

第一年(上)　算术(1 周 6 时),(下)算术(1 周 6 时)。

第二年(上)　代数(1 周 6 时),(下)代数(1 周 3 时),

几何(1 周 0 时),　　几何(1 周 3 时)。

第三年(上)　代数(1 周 3 时),(下)代数(1 周 2 时),

几何(1 周 4 时),　　几何(1 周 4 时),

三角(1 周 0 时),　　三角(1 周 2 时)。

第四年(上)　代数(1 周 2 时),(下)代数(1 周 2 时),

几何(1 周 3 时),　　几何(1 周 3 时),

三角(1 周 2 时),　　三角(1 周 2 时)。

第五年(上)　三角(1 周 2 时),(下)三角(1 周 2 时)。

第五章　数学应用书籍

(一)翻译书籍

明清之际,输入西洋历算,也同时翻译西洋数学书表,清末十九世纪,西洋数学第二次输入中国。先由李善兰(1811～1882)和伟烈亚力(Alexander Wylie,1815～1887)共译《几何原本》后九卷(1856年),棣么甘《代数学》(Augustus De Morgan,1806～1871,*Elements of Algebra*,1835年)十三卷(1859年),罗密士《代微积拾级》(Elias Loomis,1811～1899,*Analytical geometry and Calculus*,1850年)十八卷(1859年),牛顿《数理》(Isaac Newton,1642～1727,*Principia*)若干卷,伟烈亚力还自撰有《数学启蒙》二卷(有1853年序,印本)。

李善兰又与艾约瑟(Joseph Edkins,1825～1905)共译《曲线说》,一作《圆锥曲线说》三卷(1866年)。

此期所译各数学书,未用阿拉伯数字,即微积分学所用符号,亦改用汉字,《代微积拾级》凡例内,称:

> 彳者微分也,如彳天(dx)言天之微分也;禾者积分也,此禾彳天($\int dx$)言天微分之积分也。如$\int 3x^2 dx$ 写作:禾三天彳天。

至同治七年(1868年)江南制造局设翻译馆,正式翻译西来科学书,聘请口译二人,笔述三人,旁为刻书处,至光绪二十九年(1903年)译成一百七十余种。[①] 华蘅芳(1833～1902)就在此中和傅兰雅(John Fryer,1839～?)共译英华里司《代数术》二十五卷(1873),《微积溯源》八卷(1874年),英海麻士(John Hymers,

---

① 参看《申报馆五十周年(1872～1922)纪念》内,张淮:"五十年来中国之科学",1925年,上海,申报馆。

1803～1887)《三角数理》十二卷(1877年),英伦德(Thomas Lund)《代数难题解法》十六卷(1879年),棣么甘《决疑数学》十卷,英白尔尼《合数术》十一卷(1888年)。[①]

李、华所译各书,和耶稣教士编译本如《代数备旨》(1891年)、《笔算数学》(1892年)、《八线备旨》(1893年)、《代形合参》(1893年),以及天主教士编译本各数学书,同为学制未立前各学校所采用。

清末学生留学国外者日多,亦间有译述,故日本泽田吾一(1861～1931)、田中矢德、上野清(1854～1924)、森外三郎、菊池大麓(1855～1917)、白井义督、三输桓一郎(1861～1920)、原滨吉、桦正董(1863～1925)、远藤又藏、松冈文太郎、奥平浪太郎、宫崎繁太郎、三木清二、渡边政吉、竹贯登代多(1856～1931)等十余人著述译本,和密尔(Milne)、查理斯密(Charles Smith,1844～1916)、费烈伯及史德朗(A. W. Phillips and W. M. Strong)、克济氏(John Casey,1820～1859)、突罕德或托咸都(Issac Todhunter,1820～1884)、温特渥斯(G. A. Wentworth)、翰卜林斯密士(Hamblin Smith)、骆宾生(Robinson)、E. W. Hobson、Mansfield、Merriman 诸人的译本,国中都有。

---

① 见《江南制造局记》卷二;《瀛濡杂志》;参看《格致汇编》第三年,光绪六年(1880年)卷内,"江南制造总局翻译西书事略"。又《东方杂志》第11卷,第5、6号,1914年11、12月内,甘作霖:《江南制造局之简史》(上、下)。

（二）教科书的采用

清末兴学之始,初未顾及教科用书问题,故其初期尚采用旧有《算经十书》、《几何原本》、《数理精蕴》,和李、华并西教士译著各书,其中以《笔算数学》(1892 年)、《代数备旨》(1891 年)、《形学备旨》(1884 年)、《八线备旨》(1893 年)、《代形合参》(1893 年)、《代微积拾级》(1859 年)等书,应用最广,且有编为细草。编者又不止一人,亦足以见其流传之广。如:

《笔算数学全草》六册,南洋公学张贡九撰,科学编辑书局寄售(有第二次改良本),有一册本(上海市立图书馆藏)。

《笔算数学详草》三册,金匮顾鼎铭撰,科学编辑书局寄售(有第三、四次改良本),有四册本(上海市立)。

《笔算数学题草图解》八册,朱世增撰,孟芳图书馆藏。

《代数备旨题问细草》(上海市立)。

《代数备旨全草》六册,徐锡麟撰,1903 年特别书局编印本。

《代数备旨详草》四卷,1905 年科学编辑书局本。

《形学备旨全草》,寿孝天撰,会文学社印本。

《最新形学备旨全草》六册,科学编辑书局本。

《形学备旨习题详草》,科学编辑书局本(上海市立)。

《形学备旨习题解证》八卷,徐树勋撰,1902 年刻本。

《八线备旨习题详草》八卷,刘鹏振撰,1906 年绍兴石印本(上海市立)。

《代形合参解法》四卷,王世撰,1907 年石印本。

《代微积拾级详草》,文明书局本(上海)。

《代微积拾级补草》二册,张秉枢撰,陕西味经官书局刻本。

此种采用旧书趋向,即日本维新初期亦复如是,我国所译《代数术》(1873 年)、《代微积拾级》(1859 年)、《数学启蒙》(1853 年),有由日本重版,或译成日文的。①

光绪二十五年(1899 年)迄光绪二十九年(1903 年)学校采用之数学书,据光绪二十五年出版之《东西学书录》,前有蔡元培序(1897 年),其中算学第十二,列举下开各书:

《心算启蒙》一卷,美那夏礼撰,美华书馆印本(1886 年)。

《笔算数学》△四卷,美狄考文(Calvin W. Mateer,1836 ~ 1908),邹立文译,益智书会本(1872 年)。

《西算启蒙》一册,无著撰人(1885 年)。

《数学启蒙》二卷,英伟烈亚力译(1853 年)。

《数学理》九卷附一卷,英棣么甘撰,英傅兰雅、赵元益同译,制造局印本(1879 年)。

《算法天生法指南》五卷,日本会田安明撰。

《几何原本》△,旧译六卷,新译九卷,共十五卷,金陵书局印本(1878 年)。

《算学奇题》,《算学奇论》,无卷数,《格致汇编》本。

《形学备旨》△十卷,美狄考文,刘永锡译,益智书会本(1884 年)。

《代数须知》一卷,傅兰雅撰,《格致须知》本(1887 年)。

《代数术》△二十五卷,英华里司撰,英傅兰雅,华蘅芳译,制造

① 参看小仓金之助:《数学教育史》,昭和七年(1932 年),东京岩波书店。

局印本（1873 年）。

《代数备旨》[△]六卷，美狄考文，邹立文，生福维译，益智书会本（1891 年）。

《代数难题解法》[△]十六卷，英伦德撰，英傅兰雅，华衡芳译，制造局印本（1883 年）。

《决疑数学》十卷，英傅兰雅，华蘅芳译，周氏刻本（1896 年）。

《代微积拾级》[△]十八卷，美罗密士撰，英伟烈亚力，李善兰同译，墨海书局本（1859 年）。

《代形合参》三卷附一卷，美罗密士撰，美潘慎文（A. P. Parker，1850 ~ 1924），谢洪赉译，美华书馆印本（1893 年）。

《三角须知》一卷，英傅兰雅撰，《格致须知》本（1888 年）。

《三角数理》十二卷，英海麻士撰，英傅兰雅，华蘅芳译，制造局印本（1878 年）。

《八线备旨》四卷，美罗密士撰，美潘慎文，谢洪赉译，美华书馆印本（1893 年）。

《八线简表》一册，贾步纬校，制造局印本（1874 年）。

《对数表》四册，贾步纬校，制造局印本（1885 年）。

《八线对数简表》一册，贾步纬校，制造局印本（1902 年）。

《新排对数表》一册，美路密司撰，美赫士（W. M. Hayes），朱葆琛译，益智书会本（1893 年）。

《曲线须知》一卷，英傅兰雅撰（1888 年）。

《圆锥曲线说》三卷，英艾约瑟，李善兰译，制造局印本。

《圆锥曲线说》一卷，美路密司撰，美求德生，刘维师译，美华书馆印本（1893 年）。

《算法圆理括囊》一卷，日本加悦博一郎撰，《白芙堂丛书》本

（1852 年）。

《微积须知》一卷，英傅兰雅，华蘅芳撰，《格致须知》本（1888年）。

《微积溯原》[△]八卷，英华里司撰，英傅兰雅，华蘅芳译，制造局印本（1874 年）。

《合数术》十一卷，英白尔尼撰，英傅兰雅，华蘅芳译，刻本（1888 年）。

《算器图说》一卷，英傅兰雅译，《格致汇编》本。

《新式算器图说》一卷，英傅兰雅译，《格致汇编》本。

《量法须知》一卷，英傅兰雅撰，《格致须知》本。

《算式集要》四卷，英哈司韦撰，英傅兰雅，江衡译，制造局印本（1877 年）。

以上所引是当日标准用书，故光绪二十二年（1896 年）梁启超撰《西学书目表》亦举其中狄考文《笔算数学》至赫士《新排对数表》凡二十二种，同时时务学堂于光绪二十三年（1897 年）亦采用其中算书，现附"△"为志，以见一般。

（三）教科书的编辑

学制系统未确定以前，正式教科图书尚未正式编辑。有若干专科学堂，高等学堂借用当时已经译出，或私人编辑的图书来进修。这种初期教科书采用情形，前已具述。

在 1900 年以前各学堂亦有自编课本来应用的，如：

1890 年基督教教育会自设教科书委员会，编辑教科书。

1897 年南洋公学内，有：《蒙学课本》和南洋公学师范院译述

《笔算教科书》一册,为中国自己有小中学教科书之始。

董瑞椿译,朱念椿述,日本文学社编纂《物算教科书》一册。

1898 年吴眺、俞复、丁宝书、杜嗣程创办无锡三等学堂,由俞、丁等人编纂算学等课本,称作"蒙学课本",先有文澜局版本,后由文明书局出版。

光绪二十八年,二十九年(1902 年,1903 年)学制系统确立之后,外间对教授算法标准方能确知,并有各书局编印教科书。此项书局如下各家:

江楚编译局(1901 年)　上海商务印书馆　科学会编辑所
新学会社　文明书局(1902 年)　群学社　科学书局　益智书会
普及书局　广智书局　会文学社　科学编译书局　北京理学社
直隶学务处　天津官报局　中国图书公司　昌明公司。

其中以商务印书馆为较著。该馆于光绪二十三年(1897 年)创设于上海。庄俞于"三十五年来之商务印书馆"一文,称:

"我国自甲午(1894 年)战后,上下兴奋图存,光绪二十八年(1902 年)七月颁布《学堂章程》,是为中国规定学制之始,有志教育之士,亟亟兴学,无如学校骤盛,教科书殊感缺乏,遂有《蒙学课本》诸书之试编,但不按学制,不详教法,于具体工具,犹多遗憾,本馆编译所首先按照学期制度,编辑修身,国文,算术,历史,地理,格致诸种。"[1]

庄俞于《元年教育之回顾》一文又称:"商务印书馆小学教科书之编辑,实始于光绪乙巳(1905 年)、丙午(1906 年)间。"[2]丁致聘

---

[1]　见庄俞、贺圣鼐:《最近三十五年之中国教育》(1929 年)。
[2]　见《教育杂志汇编》第四卷第十号。

据"商务印书馆创编教科书之经过","商务印书馆钞稿"称"光绪
二十八年（1902 年）上海商务印书馆添设编辑所，首先出版《最新
初等小学国文教科书》，后分别编辑初等小学、高等小学，各科教科
书两套，十六种，为我国整套小学教科书之始，又编中学校用书十
三种"。① 蒋维乔于《高公梦旦传》称："（光绪）癸卯（1903 年）之春
编辑小学教科书，由徐寯（果人）任算学科。"② 蒋维乔又于《编辑小
学教科书之回忆》称：

"壬寅，癸卯（1902～1903），

初等小学堂用书，有：

　　徐寯（果人），《算术教科书》四册。

　　杜就田（综大），《珠算入门》二册。

高等小学堂用书，有：

　　张景良，《算术》三册。

　　黄启明，《珠算》四册。"③

截至宣统二年（1910 年），该馆编译初等小学，高等小学，中
学，高等学堂用书，计有四十三种。④ 其中光绪三十一年（1905 年）
所出版的《最新初等小学笔算教科书》，《最新高等小学笔算教科
书》，已将一切算式改用阿拉伯数字，并排成横行。

1902 年学制系统确定之后，各方面采用课本书目，关于数学
的，有下列各种：

---

① 见丁致聘：《中国近七十年教育纪事》，第 11 页。
② 见《东方杂志》第三十三卷，第十八号（1936 年）。
③ 见《出版周刊》第一百五十六号，第 9～11 页（1935 年），上海，商务印书馆；
并参看《第一次中国教育年鉴》，1934 年开明版。
④ 见宣统二年（1910 年），《商务印书馆书目》提要。

（1）光绪二十八年十二月（1903 年）京师大学堂刊本《暂定各学堂应用书目》，称：

"算学此科书颇浩繁，先阅无锡丁福保所撰《算学书目提要》，可知门径。

《普通珠算课本》一册，商务印书馆本。

《物算教科书》二册，日本文学社编纂，董瑞椿译，朱念椿述，南洋公学本。

《笔算教科书》一册，南洋公学师范院译述。

…　…　…　…　…　…　…　…。"

"附：大学堂译书局所译书目：

罕木楞斯密：《算法》一卷。

威理孙：《形学》五卷。

洛克：《平三角学》一卷。

…　…　…　…　…。

以上各种均已译成。

威理孙：《立体形学》。

…　…　…　…　…。

以上各种，已译未成。"

（2）光绪三十一年（1905 年）江苏督学唐景崇采辑《中学堂暂用课本之书目》[①]内称：

中学算学科：

《笔算教本》二册，日本泽田吾一撰，崔朝庆译，商务印书馆本。

《代数备旨》，美华书馆本。

《形学备旨》，美华书馆本。

---

① 　江苏学政唐文宗审定《中学堂暂用课本之书目》，上海，时中书局本。

参考书：

《普通珠算课本》一册,蒋仲怀编辑,商务印书馆本。

《九数通考》。

《代数备旨全草》,山阴徐锡麟编订。

《形学备旨全草》,会稽寿孝天衍补,会文学社。

《代数通艺录》,万本书局。

《代数术》。

《几何原本》。

(3)其中经学部审定的,据光绪三十二年(1906 年)四月学部定本《学部第一次审定初等小学暂用书目》①内称：

初等小学

《最新初等小学笔算教科书》五册,阳湖徐寯编,学生用,商务印书馆本。

《最新初等小学笔算教科书教授法》五册,阳湖徐寯编,教员用,商务印书馆本。

而第七至第十学期教员可参用：

《蒙学珠算教科书》一册,文明书局编,文明书局本。

《初等小学珠算入门》二册,山阴杜就田编,商务印书馆本。

一、二学期教员则可参用：

《心算教授法》一册,直隶学务处编。直隶学务处本。

(4)又光绪三十二年(1906 年)公布"学部审定中学暂用书目表"有：

---

① 见《学部第一次审定初等小学暂行书目》。

"中学

《新译算学教科书》二册,余焕东,赵缭辑译,湖南编辑社本。

《中学适用算术教科书》一册,陈文辑,科学会本。

《小代数学教科书》一册,陈文辑,科学会本。

《中等算术教科书》二册,陈榥著,教科书译辑社本。

《最新代数教科书》一册,权量译,中东书社本。

《新译中学代数教科书》三册,周藩译,科学书局本。

《平面几何学教科书》一册,昌明公司本。

《立体几何学教科书》一册,昌明公司本。"

以上系 1868 年迄 1906 年教科书的发刊概况,至 1906 年迄 1918 年和 1919 年迄 1925 年教科书的发刊概况,可参看张静庐辑注:《中国近代出版史料》,第 219～253 页(1953 年),和今人《中国现代出版史料》甲编第 260～268 页(1957 年)。

中华书局于民国元年(1912 年)创设于上海,中华小学、中学教科书曾分批出版。[①] 1912 年有数学杂志。

---

① 　参看张静庐辑注:《中国出版史料补编》,第 565 页(1957 年)引企虞:《中华书局大事纪要》。

李俨学术年表[*]

1892 年（光绪十八年　壬辰）

8 月 22 日,出生于福州(闽侯县)城内旗下街,原名禄骥。父亲于 1890 年考中举人,后分发到江苏吴县做候补知县,靠一年半载出一两次公差的费用维持生计。随母亲在福州,生活清苦。

1904 年（光绪三十年　乙己）

入福州三牧坊学堂读初中。

1906 年（光绪三十二年　丙午）

入福州三牧坊学堂读高中。

1911 年（宣统三年　辛亥）

夏,以李禄骥之名考入唐山路矿学堂土木工程科,学号 372,与茅以升(学号 393)同学。茅以升(唐臣,1896～1989)晚年回忆说:"1911 年夏,我和李老同时考入唐山路矿学堂。上学才两个月,辛亥革命爆发,学校停课。我和李老都离校。等学校复课的时候,我回校,但是不见李老,原来他考上陇海铁路局做了实习生。"

辛亥革命爆发,旧体制瓦解,父亲失业。

本年至 1917 年,与王季同有学术交往,曾写信向王氏请教关于"九章""天元、四元""推步""有清一代算学""中国古算书"等的

---

* 本年表由钱永红编撰。

看法。王季同做了详细回复。

1913 年（癸丑）

父亲突然病故，家境艰难，无法继续唐山路矿学堂学业。

5 月，在《大同周报》第 1 期、第 2 期发表《奇平方释义》，署名李禄骥。文曰："太古人民因推步天文计算数而偶然考得奇平方者在在有之。我国洛书当为奇平方之最古者。若埃及及印度亦常致力于是四世纪，希腊有摩斯可百拉（Moschopulus）以奇平方图说传诸欧境。"这是迄今发现的李俨最早公开发表的涉及数学史内容的文章。

10 月，考入陇秦豫海铁路局（陇海铁路局前身）工作，更名为李俨，以禄骥为字，后又改字为乐知。自传写道："母老家贫，无款供我读书，此时陇海铁路招工务员，我即考入。这时是借法国款兴筑铁路，一切都由法国资本家掌握，中国人无由过问。可是我个人第一以为我家贫失学谋生，以后总得多方充实学业；第二，我看过一篇日本人说述中国算学的论文，我十分感动和惭愧。以为现在中国人如此不肖，本国科学（特别是算学）的成就，自己都不知道，还让他们去说，因立志同时要修治中算史。"

1914 年（甲寅）

8 月，与日本数学史家三上义夫（Yoshio Mikami，1875 ~ 1950）开始通信，涉及中、日数学古籍的搜集、购买、抄写和交换等。

10 月，陇海铁路西路工程停办，回福建闽侯结婚。

1915 年（乙卯）

1 月，与美国数学史家史密斯（David Eugene Smith，1860 ~ 1944）开始通信，试图共同编写一部《中国数学史》，以英文出版。通信长达两年之久，虽此事未能合作下去，但对李俨形成以史料为中心的编史观有一定影响。

10月,入直隶省(现河北省)临城矿务局任测绘员。

1916年(丙辰)

2月,复入陇海铁路局任测图员。

4月,加入中国科学社,社号147。后成为永久社员。

1917年(丁巳)

任陇海铁路郑州绘图处一等印图。

《科学》第3卷第2期和《东方杂志》第14卷第11号分别发表《中国算学史余录》,文中写道:"吾少好习算,而于中算亦时有研诵,深以阮元《畴人传》未具系统,而中国算籍浩瀚,未能尽诵为憾,以是知吾国数理学说之渐就沦亡者亦基于之二大原因。自是研读所得,时删繁就简,求其原委;窃窃有所涂抹……已而年渐长,读欧籍,见其于吾国算学,时有论著,深叹国学堕亡,反为外人所拾。于是竭力汇集前稿,附以新说,成'中国数学史'。"文章最后说:"阮元《畴人传》创始于前,罗、诸二氏续述于后,类皆统括历算名人;而算学史则专纪纯粹算学,故所集列传间有增损。顾吾国史学往往于一人之生卒年月略而不详。有清一代诸畴人,多仅记其事迹而略其时代,图像亦不见收。今者畴人子弟,尚有世守其业者,深望各以见闻所及,公诸同好,则诚中国算学界之大幸也。"

时在美国留学的茅以升在《科学》第3卷第4期发表《中国圆周率略史》,文首云:"《中国数学史》著者闽侯李俨君,深思积学,世所罕睹。尝叹国学不振,渐趋沦丧。究日夜之力,尽瘁著述,阐发古之幽微,当今奇人也。此稿之成,君与有力焉。往昔读书唐山,尝极意欲作圆周率史,获君之助;经营两载,颇具雏形,特以材料庞杂又日为书奴,遂未克藏事。今则远离故国,典籍稀少,完成之期,更非所望;因就我国圆率史迹,提要刘繁,先以公世。颜为略史,以将有详者在后也。"

《科学》第 3 卷第 11 期发表《日本算学家远藤利贞小传》。

日本数学史家三上义夫以足本《杨辉算法》寄赠。足本《杨辉算法》在中国久佚,对研究我国中世纪数学史用处很大。

1918 年(戊午)

6 月,开始修习美国函授学校土木工程课程。

1919 年(己未)

《北京大学月刊》第 1 卷 4 号、5 号和 6 号发表《中国数学源流考略》,将此前中算史研究成果浓缩加工,成为第一部中国人自己撰写的中国数学史的简略通史。张申府(崧年,1893～1986)在《北京大学月刊》1 卷第 4 号上发表《中国数学源流考略识语》,文曰:"史事本难,而况在今日以他国人说中国学史?晓得这个,吾们自考索,自纂纪,便越觉得不容缓。李君所作对于外人的史实,就很有戡正。他现在这篇虽未能求详(他另有英文、汉文两种详史之作),也可算得这方面的破天荒了。"

《科学》第 4 卷第 5 期发表《琉球之结绳与文字》。

《科学》第 4 卷第 7 期发表《三角公式之几何证法》。

12 月,取得美国函授学校土木工程学位证书。

1920 年(庚申)

《科学》第 5 卷第 4 期、第 5 期发表《李俨所藏中国算学书目录》。

1921 年(辛酉)

茅以升在《科学》第 6 卷第 1 期发表《西洋圆周率略史》,文尾附有"七百零七位圆周率值",并附言:"山克司(Shanks)之七百零七位圆周率值,见于《英伦皇家学会会报》(*Proceedings of the Royal*

Society of London，Vol. 21，p. 319），今特附录于后，以供同好。此表系至友李乐知君，辗转抄赠，书此志谢。"

1922 年（壬戌）

任陇海铁路西路工程第一总段第二分段一等副管工。

经茅以升介绍，结识钱宝琮（琢如，1892 ~ 1974），开始通信来往，交流各自中算史研究心得，寄《中国数学源流考略》单行本，钱回赠《求一术源流考》等论文。

1925 年（乙丑）

《学艺》第 7 卷 2 号发表《大衍求一术之过去与未来》。

《东方杂志》第 22 卷 18 号发表《中算输入日本之经过》。

《清华学报》第 2 卷 2 期发表《梅文鼎年谱》，序曰："梅文鼎与牛顿、关孝和并时，其整理西算，佳惠后学，厥功甚伟；且行年三十，方学历算，而终身用力从事，至老不倦，尤属可钦。其事迹散见各书，爰为比次，集成年谱，俾便参考。"

1926 年（丙寅）

《学艺》第 7 卷 8 号发表《重差术源流及其新注》。

《中大季刊》第 1 卷 2 号发表《敦煌石室算书》。

《学艺》第 8 卷 2 号发表《中算家之 Pythagoras 定理研究》。

《图书馆学季刊》第 1 卷第 4 期发表《明代算学书志》。

裘冲曼（翰兴，1888 ~ 1974）在《清华学报》第 3 卷第 1 期发表《中国算学书目汇编》，将李俨、钱宝琮、裘冲曼等私人购藏与公私所收的明清两代有传本中算书籍编目刊载，并附言如下："四年前，窃不自量，欲整理本国天算之学；先从调查书目入手；因录成《天文算学书目汇编》一种，自便检查而已。中分五门：①丛书，②算学书，③天文历法书，④杂著，⑤人名索引。今从李乐知君之命，抽取第二门,先行付印,其他各门中之专关算学者,已择要归并。"李俨在《三十年来之中国算学史》(《科学》第 29 卷第 4 期)指出:"1926年 6 月,清波学舍裘冲曼首先记录其私人购藏与公私所收的明清两代有传本中算书籍,编为《中国算学书目汇编》,刊入《清华学报》第三卷第一期。其中版本不同者,亦一一记录。虽所举仅及千种,而创始之功,终不可没。其后曾远荣、汤天栋、刘朝阳诸氏各有增补。1926 年以后裘氏本人收藏算书,逐年有所增益。此项藏书,于 1934 年让售与杭州前浙江省立图书馆。"

11 月,日本数学史家三上义夫在日本东京召开的"第三次泛太平洋学术会议"报告《中国和日本数学》(Mathematics in China and Japan),其中特别提到李俨的数学史研究:"The Chinese have published a number of studies based on European and American histories of mathematics. The Chinese Li Yen(李俨)has published a number of historical articles and his works are well known. Besides Mr. Li, there are also others who occasionally bring out their writings on the subject, and the historical studies of the Chinese are gradually advancing."

1927 年(丁卯)

《科学》第 12 卷第 2 期、第 3 期、第 6 期发表《对数之发明及其东来》。

《学艺》第 8 卷 9 号发表《中算家之纵横图(Magic Squares)研究》。

《科学》第 12 卷第 10 期发表《三角术及三角函数表之东来》。

《科学》第 12 卷 11 期、12 期及第 13 卷第 1 期、第 2 期发表《明清算家之割圆术研究》。

《图书馆学季刊》第 2 卷第 1 期发表《明清之际西算输入中国

年表》。

4月，钱宝琮来函，交流中算史研究心得："八年前于《北大月刊》，得读大著，欣慰无已！琮之有志研究中国算学，实足下启之。数年以来，考证古算得有寸进，皆足下之赐也。复经茅以升博士、裴冲曼先生、郑桐荪先生通函绍介，足下曾两次惠书，琮实无状，未为一覆。……尝读东、西洋学者所述中国算学史料，遗漏太多，于世界算学之源流，往往数典忘祖。吾侪若不急起撰述，何以纠正其误！以是琮于甲子年在苏州时，即从事于编纂中国算学全史。在卢永祥齐燮元内战期内撰成《中国算学史》十余章。"

1928 年（戊辰）

《清华学报》第 5 卷第 1 期发表《李善兰年谱》，有序如下："民国六年（1917 年）曾有意为中算名家梅文鼎、李善兰、华蘅芳三先生，各编一年谱。关于李善兰事迹，则征访于其高徒席翰伯（淦）先生，而翰伯先生适以是年归道山。幸由其哲嗣翔卿（德凤）兄搜集残稿见示，得略识一二。年来稍稍留意此事，迄未有多得。乃于去岁勉强成稿，用完素愿，又以原稿寄杭州裴冲曼先生，得补列数条。兹并汇录，就正当世。其并世国中算学家著述大略，亦如《梅文鼎年谱》之例，附记另行，并冠单圈为志。"

《图书馆学季刊》第 2 卷第 2 期发表《永乐大典算书》。

《图书馆学季刊》第 2 卷第 4 期、第 3 卷第 1、2 合期、第 3 期和第 4 期发表《近代中算著述记》。

《科学》第 13 卷第 6 期发表《中算史之工作》。

《科学》第 13 卷第 7 期、第 8 期、第 11 期及第 14 卷第 1 期登出《征求中国算学书启事》，全文如下：

兹为完成《中国算学史》及中国算学书目汇编起见,特向各方面征求算学书,俾吾国旧算学说不至淹没。

征求之先,曾由裘君冲曼编成《中国算学书目汇编》,刻于民国十五年六月《清华学报》三卷一期,将李俨、钱宝琮、裘冲曼三人藏书尽数指出,并于书前冠有号码,04.046 为第四画第四十六号。例如藏书家藏有"天元算术",检表目知为李钱裘所未收。则此书尚在征求中。其它书名未见于裘目者亦然。

书籍之愿见让者,请将书名、卷数、著作者姓名、版本册数及其价格详细见示。

中算书之仅见于著录者,亦请将书名、卷数、著者姓名见示。此类著录多散见于各家书目,笔记、各省志书、见闻缺陋之处,尤望海内贤哲,匡其不逮。

中算书以外之中算轶事,及歌谣之有关于算数、算器有年代可考。与平畴人造像、遗墨,亦在征求之列。

河南灵宝陇海铁路局李俨启

《学艺》第 9 卷第 4—5 号发表《中国近古期之算学》。

嘱托钱宝琮代抄《勾股边角相术图注》《弧三角释义》《勾股边角图注》。

1929 年(己巳)

《北海图书馆月刊》第 2 卷 2 号发表《九章算术补注》。

《学艺》第 9 卷 9 号发表《中算家之 Pascal 三角形研究》。

《科学》第 13 卷第 9 期、第 10 期发表《中算家之级数论》。

《燕京学报》1929 年第 6 期发表《筹算制度考》。

1930 年（庚午）

《图书馆学季刊》第 4 卷第 1 期发表《宋杨辉算书考》。

《科学》第 15 卷第 1 期发表《中算家之方程论》。

《国立北平图书馆月刊》第 4 卷 4 号发表《孙子算经补注》。

10 月，王云五主编"万有文库"第 1 集第一千种由商务印书馆出版，收入《中国算学小史》，这是有史以来第一本系统阐述中国数学史的通俗读物。绪言称："历史学为研究人群进化之学，算学史为研究算学进化之学。公元十七、十八世纪以降，欧美论述算史，代为专家。其在国中，则宋景德二年（1005 年）敕撰《册府元龟》卷八六九'明算'条，说述国算事实，为中算史之嚆矢。清阮元（1764～1849）撰《畴人传》（1795～1799），罗士琳（1789～1853）、诸可宝（1845～1903）、黄锺骏、华世芳（1854～1905）各有续补，算家事迹，稍告完备。民国以来，研此者益多，此学正方兴未艾也。"

1931 年（辛未）

任陇海铁路总段副工程司兼第一分段工程司，驻河南灵宝。

4 月，在《工程》季刊（中国工程学会会刊）第 6 卷第 2 期发表《陇海隧道之过去与现在》。

《科学》第 15 卷第 6 期发表《李俨所著中算史论文目录》。

《图书馆学季刊》第 5 卷第 1 期发表《增修明代算学书志》，对 1931 年发表的《明代算学书志》加以修订。

《学艺》第 11 卷第 2 号、第 6 号、第 8 号、第 9 号、第 10 号，第 12 卷第 1 号、第 2 号、第 3 号、第 4 号发表《测圆海镜研究历程考》。

6 月，商务印书馆以中华学艺社学艺汇刊（27）出版《中算史论丛》（一）。序言称："年来研治中算史，其论文之发表各杂志者，计有十余篇，意在广征海内明达只见，俾获折衷之说。惟各文刻非一时，收集为难。而初稿遗讹及印刷错误之处，又往往而有。兹特辑录成册，以便就正当世。"

本月，印度数学史家达他（B. Datta，1888～1958）慕名来函，讨论中印数学交流问题。

本月，《中国数学大纲》（上册）以"中国科学社丛书"由商务印书馆出版，并于1933年9月出国难后1版。

8月，樊荫南编纂之《当代中国名人录》（良友图书印刷公司出版）有云："李俨，字乐知。福建闽侯人。现任陇海铁路工程师。著有《中国数学大纲》等书。"

《科学》第15卷第9期发表所校敖文宗著《物不如总之普通算法》，有如下识言："民国二十年（1931）四月，中国科学社寄来辽宁盘山县师中学校敖文宗君'物不如总之普通算法'一文，嘱为审查。按敖文宗君所称'物不如总'提问，似据坊本程大位《算法统宗》（1503）。查此项 ax−by＝±c 问题，中外论述代有其人。在国中则《孙子算经》始载此问。《孙子算经》作者时代，今未确定。如宋而有剪管术，大衍求一术。迄清算家辈出，述此更多。钱宝琮、李俨并有专文论及。……敖文宗君此文，不借径代数，仅凭算术计算解说自欠明了，且其解法亦多为前人所已发。但为奖励国人研算起见，此文亦应保留。日本林鹤一因该国香川县师范学校生徒谷川荣幸君 ax−by＝±c 题解法，与 Euler 及 Moriconi 相类，且不惜为长文介绍。窃本此意，将敖君原文以代数术及数论演述，并采敖君原例题，用大号字引入，以存原意，有当与否，尚望明达教正。二十年五月李俨识于灵宝。"

《燕京学报》1931年第10期发表《珠算制度考》。

12月，向达（觉明，1900～1966）在《国立北平图书馆馆刊》第5

卷第6号发表《中国数学大纲》(上册)、《中算史论丛》(一)和《中国算学小史》三书介绍,文曰:"《中国数学大纲》(上册)系中国科学社丛书之一,《中算史论丛》(一)为《学艺汇刊》,《中国算学小史》则《百科小丛书》中之一种。李君尝有志于中算史之撰述,十余年来屡为文发表其所得。最近乃此三书。……关于中国算学史之工作,李君筚路蓝缕以启山林,厥功甚纬。此外,尚有钱宝琮君亦汇其所为关于中国算学史之作,为《古算考源》,亦属《学艺汇刊》之一,与李君之作汇而观之,对于数千年来中国之算学,可以得一正确之概念矣。"

1932 年(壬申)

1月,在《国立北平图书馆馆刊》第6卷第2号发表《二十年来中算史论文目录》。序曰:"民国以来,曾以研治中算史事,发表论文于各杂志,为抛砖引玉之助。兹复参考人文杂志、国学论文索引、国学论文索引续编,并因北平图书馆及友人孙文青君之助,写成此目,为有志研究中算史者之参考。"

本月30日,《燕京大学图书馆报》第22期发表房兆颖《读〈中国数学大纲〉》书评。文曰:"今日研究国学者多偏重于文哲,致力于科学者则寥寥可数。李俨氏为整理中国数学之第一人,所著论文散见于各杂志,私藏数书亦富。此则为其专著之第一种。……"

《工程》季刊第7卷第2期发表与凌鸿勋合著论文《函谷关山洞及沿黄河路线》。

8月,升任陇海铁路潼西段工程局第二总段正工程司。

本月13日至20日,出席在西安举行的中国科学社第十七次年会。15日,作题为《中国算学史大意》报告,演讲 $\pi = 3.14159265$、四元论、明朝算盘、$(a+b)^2$ 指数系数各种发明比外国为早等。当选为司选委员、《科学》杂志编辑员。

9 月 14 日,钱宝琮函曰:"9 日接读大札,欣悉一切。尊稿《二十年来中算史论文目录》已读毕,甚佩瞻博。弟于近人文献,所见不广,即偶有见到,亦懒作札记。承兄雅意嘱为增补,殊无以报命,歉仄奚似。惟忆民十年撰《求一术源流考》时曾读过北京高师《数理杂志》第二期傅仲孙《大衍术》一篇(其出版年月约在民九年)。该篇论大衍求一术,虽甚简略,而创以代数证明旧法,则新颖可喜也。拙稿之发表者,尚有《〈九章算术〉盈不足术流传欧洲考》一种(曾在《科学》第十二卷第十期,发表约在民国十六年)为尊稿所遗漏。"

11 月至次年 5 月,暂任粤汉铁路株韶段工程局韶乐总段正工程司。

1933 年(癸酉)

《科学》第 17 卷第 1 期发表《三十年来中算史料之发见》。

《国立北平图书馆馆刊》第 7 卷第 1 期发表《东方图书馆善本算书解题》。

4 月,在《学艺》杂志 1933 年《学艺百号纪念增刊》发表《中国数学史导言》,有小引曰:"近十余年来,修治中国数学史事,研求所得,计出版单行本三种,论文三十余篇。前后凡百数十万言。而意有未尽,乃复多方探讨,时图整理,冀其早成定本。但中算史料尚时有发见,而海内外学者之所贡献,足备考订者,为事至多。惟以见闻不一,时地限制,所得时复参差。为征古今残佚之典,兼求中外折衷之论,计惟时贡一得之愚,藉获他山之助。去年十月为应中华学艺社之约,写成《中国数学史导言》一文,随笔散记,未留原稿。

'一·二八'之变,此稿之在上海商务印书馆印刷者,全成灰烬。今适一周年。重写此篇,再应《学艺百号纪念增刊》之征,尚望海内外通达与以教正是幸。民国二十一年十月十日记于郑州。"

8月3日至19日,在陕西省立第一图书馆展览李俨所藏中算图书,颇受欢迎。

《科学》第17卷第10期发表《唐宋元明数学教育制度》。

《图书馆学季刊》第7卷第4期发表《东方图书馆残本〈数学举要〉目录》。

10月,《学艺》杂志第12卷第10号发表署名赵缭的论文《黑白交错图研究》。有"小引"如下:"民国十七年长沙赵缭寄来所著《阴阳交错图》一册,共列黑白子交错图十八图。此书乃将黑子列于左边,白子列于右边。每次移动二子,数次后,可得黑白交错图式。此书为非卖品,流传至少。且未列及作法。民国十八年复得赵君来书述及如每次移动三子,结果亦同。其后长沙骚动,消息阻隔。按原书题阴阳交错图,阴阳名称恐易生误会。今拟改名为黑白交错图。又就原书之偶数黑白交错图作法,举例说明,而于奇数及三子移动者,尚未计及。查研究黑白交错与纵横图(Magic Square)有同等兴味。今于校订赵君旧作之余,谨就所知,略述一二,深望明教正是幸。民国二十年十月李俨于西安。"

1934 年(甲戌)

《文化建设》第1卷第1号发表《中国的数理》。

《学艺》第13卷第4号、第5号、第6号发表《清代数学教育制度》。

《学艺》第13卷第9号、第10号发表《印度历算与中国历算之关系》。

《国立北平图书馆馆刊》第 8 卷第 2 号发表《测圆海镜批校》。

《西京日报》1934 年 8 月 13—15 日和《科学》第 18 卷第 9 期发表《中国算学略说》。

《西京日报》1934 年 8 月 14—16 日、18 日 5 版发表《李俨所著中算史论文目录》。

《西京日报》1934 年 8 月 13—19 日发表《清季陕西数学教育史料》。

《工程》季刊第 9 卷第 4 期发表《陇海铁路灞桥及旧灞桥》。

1935 年（乙亥）

6 月，商务印书馆以中华学艺社学艺汇刊（28）和（29）分别出版《中算史论丛》（二）（三）两集。两集序言云："民国十七年曾将中算史论文之发表于各种杂志者，辑成《中算史论丛》第一册。其后续辑得二、三两册，交商务印书馆排印。民国二十一年一月二十九日该馆被焚，全稿尽失。事后多方搜求，始将各文之散在各种杂志者收集完全，再重加修正，今幸告成。"

《西京日报》1935 年 7 月 28 日 9 版"图书馆半月刊"第 2 期发表《历法格物穷理书版目》。

《西京日报》1935 年 8 月 11 日 9 版"图书馆半月刊"第 3 期发表《中算书目汇刊序例》。

《西京日报》1935 年 9 月 8 日 9 版"图书馆半月刊"第 5 期发表《西陲中算史料之发现》。

《西京日报》1935 年 9 月 22 日 9 版"图书馆半月刊"第 6 期发表《经世文编算学类论文》。

《西京日报》1935 年 10 月 6 日 9 版"图书馆半月刊"第 7 期发表《北平各图书馆所藏中算珍籍》。

《西京日报》1935 年 10 月 6 日 9 版"图书馆半月刊"第 7 期发表《现售中算书目录》。

《国立北平图书馆馆刊》第 9 卷第 1 期发表《敦煌石室"算经一卷并序"》。

《西京日报》1935 年 12 月 1 日至 1936 年 11 月 22 日 9 版"图书馆半月刊"分 12 次发表《中算书录》。

《学风》第 5 卷第 2 期发表校订的王重民(有三,1903~1975)编著《清代文集算学类论文》,附有识言:"王重民先生由清人文集四百种辑成《清代文集篇目分类索引》一书,以其中五十种之有算学类论文者嘱为厘订。……爰本此意,略为考订。各附识语,以为研治此学之参考。全数出版尚需时日,因请于王君,先以此篇交印,以公同好。"

1936 年(丙子)

《科学》第 20 卷第 2 期发表《林鹤一传略》。

《金陵学报》第 6 卷第 1 期发表《中国算学故事》。

4 月,收荣肇祖寄赠清代梁兆铿《天文算法考》稿本六卷(此书原有八卷,残缺二卷)。

6 月,邓衍林(竹筠,1908~1980)编辑《北平市各图书馆所藏算学书籍联合目录》由中华图书馆协会与北平图书馆协会合作刊印,李俨校订文稿,并有序言云:"北平图书馆邓竹筠先生以此举有益学人,乃于馆中工作之余,抽暇着手调查,往来各馆提取书籍并核对撰人姓氏、出版年月。几费周章,前后经六阅月,方成此目,计调查图书馆共十九处,收录算书凡千余种,详加整理写定,费时几及一年,今幸已出版。俨建议于先,中间获与校对,今观厥成。邓先生用力之勤,深为钦佩。学者得此一书按图索骥,参考图书,如在案头,其有裨于治学也甚宏,爰述其始末如上,用以代序。"

中华书局出版《微积分学初步》。

编写《铁道测量学》讲义。

1937 年(丁丑)

1 月,商务印书馆以"中国文化史丛书第一辑本"出版《中国算学史》。3 月再版,4 月三版。初版序言有云:"根据新史料编著一部中册《中国算学史》,甚属必要,因即着手编辑,今已成稿。中间材料插图之征集,曾经北平北平图书馆袁同礼、南京江苏国学图书馆柳诒徵、长安陕西省立第一图书馆张知道、北平研究院徐炳昶诸先生、法国巴黎国立图书馆、杭州浙江省立图书馆、上海中国科学社图书馆,日本三上义夫、小仓金之助两先生,及王重民、邓衍林、孙文青、章用诸先生之助。全稿并由章用君校订一过,甚为感谢。"

3 月,在北平图书馆及钱宝琮、孙文青(素庵,1896～1960)、邓衍林、章用(俊之,1911～1939)等帮助下,写成《二十五年中算史论文目录》,交北平图书馆。因"七七"事变稿留未刻,后将 1936 年以后三年出版论文,一齐列入,并得北平图书馆昆明办事处、上海中国科学社、北平燕京大学引得编纂处及严敦杰、邓衍林协助,校补汇辑中算史论文共二百五十余条,题名《二十八年来中算史论文目录》,刊于《图书季刊》新 2 卷 3 期。

商务印书馆《出版周刊》新第 220 号发表《怎样研究中国算学史》。文曰:"整理旧文,题目既经选定,或未经选定,研读之余,应以科学方法,随时整理,分门别类;或用册页,不厌求详,不求急就,一年不足,期以十年,十年不足,期以终身,为学方法,尽于是矣。"该期《出版周刊》还发表《现售中算书目录》,并附识言如下:"近人研治中算史事者恒苦现售中算书缺乏,兹就商务印书馆、中华书局、故宫博物院图书馆、国立中央研究院、中华学艺社所印丛书本及单行本关于中算及中算史书列目于下。其已出版者并附星点为志,学者于此得纵览焉。"

商务印书馆《出版周刊》新第 220 号还发表《珠算之起源》。

5 月 4 日,《国立浙江大学日刊》(第 177 期)有专文介绍《中国算学史》一书。文云:"本书列入'中国文化史丛书第一辑',文凡十万余言,都二百九十有三页。著者李俨精功中算,颇具历史;所藏中算书籍可四百余种,其论中国算学于《科学》《学艺》等杂志上累有鸿文发表,更著有《中国数学大纲》等八书,详征博引,蔚然钜部;宏扬往哲,厥功极伟,诚近代治中算第一人也!"

6 月 2 日,致函张元济(菊生,1867~1959):"西京把晤,快慰平生,归程惟起居迪吉是颂。蒙示及宋本《算经》三种样本,至为感谢。其德化李氏所藏《五曹》《记遗》二经,未知贵馆亦搜及否?俨得当尚拟作一题跋,记述清代关于《算经》十书流传大概。至《五曹》《记遗》二书,海上如已藏有,至愿先睹,即乞影印,连同吴敬《算法大全》卷一,影摄费用请先期着人通知,当即出拨,幸勿客气。为荷。"

《东方杂志》第 3 卷第 7 号发表《中算之起源及其发达》。其第一节《中国算学略说》原载 1934 年 8 月 13、14、15 等日《南京日报》,《陕西省立图书馆第一届展览会特刊》(1934 年 9 月)第 18 卷第 9 号。

《学艺》第 16 卷第 2 号发表《清代算家姓名录》。

12 月 29 日,在西安临大(抗战初期,北平大学、师范大学、北洋大学三所学校撤退西安,组成为"西安临时大学")讲演"隧道工程"。

1938 年（戊寅）

《西北史地》季刊第 1 卷第 1 号发表《唐代算学史》。

6 月 27 日，在城固西北联大大礼堂为全校师生演讲《中算的故事》。

油印出版《铁道定线法》。

1939 年（己卯）

《图书季刊》新 1 卷第 4 期发表《敦煌石室立成算经》。

1940 年（庚辰）

《图书季刊》新 2 卷第 3 期发表《二十八年来中算史论文目录》。4 月 8 日，致函严敦杰（季勇，1917～1988）："拙作《二十八年来中算史论文目录》共二百五十余条，日内重行写定交印。其中蒙兄举示多处，甚感。"

《科学》第 24 卷第 11 期发表《章用君修治中国算学史遗事》。其中写道："章君童年读拙作《中国数学大纲》各书，因有志修治中国算学史。在格廷根大学时，见 Nuegebauer 教授，攻治巴比仑、埃及数学史之深入，献身修治中算史之志益坚。在德国时，因王有三先生介绍，于二十五年四月开始与俨通讯，前后四年，始终无间，来稿积百余页，约十万言。今既不幸逝世，深虑其研治中国算学史之遗事，日久湮没，因就通讯所述及者，加以整理，贡献学界。"

严敦杰在《图书季刊》新 2 卷第 2 期发表《南北朝算学书志》，识言云："余昔蛰居故里，曾草就《南北朝算学书目》，为治南北朝算史之所本。军兴以还，避难来蜀，旅箧之中，仍留此稿，乃复加整理，作南北朝算学书志。"论文结尾有李俨附注："《图书季刊》编辑部寄来严敦杰君《南北朝算学书志》，嘱为校补，兹就所知，另加附注，胪列于后，已备读者观览。"

日人岛本一男、薮内清将《中国算学史》译成日文,以《支那数学史》为书名,由东京生活社出版。

12 月,商务印书馆出版编译之《铁道曲线表》。

1941 年(辛巳)

《陕西水利季报》本年第 1 期发表《忆李仪祉先生》。

《回教论坛》第 5 卷第 3 期、第 4 期发表《伊斯兰教和中国历算之关系》。

香港商务印书馆出版《铁道曲线表》。

1942 年(壬午)

3 月,按照钱宝琮代购"中国数学旧籍"请求,整理自藏中算书籍 12 箱,以残本《古今算学丛书》45 册寄往浙大,严敦杰亦为浙大购得《测圆海镜通释》等中算书籍。

《工业青年》杂志第 2~3 期发表《铁道介曲线》。

《测量》杂志第 2 卷第 2~3 期发表《隧道定线法》。

1943 年(癸未)

2 月至次年 1 月,参加国父实业计划研究会第一考察团,负责交通事项。

《陕西文化》第 1 卷第 2 期发表与吴士恩合著论文《西北铁路路线述略》。

《读书通讯》第 57 期发表《近代中算书目之编辑》,指出:"清代距今不远,当时所编著刊刻之中算书籍,则至今尚无专书记录,甚以为憾,民国初年一般研治中算史者,以为研求中算史事,应先从搜罗中算书籍史料入手,至公私收藏家所藏中算书籍,亦须详细调查,编成书目,以供众览。"

《陕西文化》第 1 卷第 2 期发表《唐代大写数字》。

6 月 12 日，致函刘操南。信曰："操南我兄大鉴：顷由舍下转来大著《海岛算经源流考》，读悉甚慰。俨现参加考察团前来西北考察，尚须数月方可回陕。如有悉示，请续寄舍下为荷。关于中算史料，如有新获，请随时函知为幸。"

《工程》季刊第 14 卷第 5 期发表《铁道介曲线》。

1944 年（甲申）

《科学》第 27 卷第 5～6 合期发表《西北交通》，编辑附言："社友李乐知君去岁代表交通部参加国父实业计划研究会第一考察团考察陕甘宁青新五省交通事业，为时一年，往来三万里，于三十三年春回陕。今先请其写成短文，为留心西北交通者参考之需。"

《科学》第 27 卷第 9～12 合期发表《上古中算史》。绪论云："中国算学史，自远古到清末，暂拟分做五期：第一，上古期，自黄帝至周秦，约当公元前 2700 年到公元前 200 年；第二，中古期，自汉至唐，约当公元前 200 年到公元 1000 年；第三，近古期，宋元，约当公元 1000 年到 1367 年；第四，近世期，自明初到清中叶，约当 1367 年到 1750 年；第五，最近世期，自清中叶到清末，约当 1750 年到 1912 年。"

《西北公路》第 6 卷第 2 期发表《国父实业计划与西北交通建设》。

《图书季刊》新 5 卷第 4 期发表与严敦杰合著《抗战以来中算史论文目录——附：二十八年来中算史论文目录补遗》。

1945 年（乙酉）

4 月，《计算尺用法》由正中书局出版，篇首云："计算尺（slide rule）为一种简便之计算工具，系应用对数原理制成。国内外工程师、工商业家、学者，几无不人手一具，但是各国制造厂家甚多，说明书又多不一致，兹就计算尺应用原则加以简单说明，以备参考。"

《西北公路》第 6 卷第 7～8 期发表《西北交通》。

1946 年 (丙戌)

《中央日报》"文史周刊"第 14 期 (8 月 20 日)、第 15 期 (8 月 27 日) 发表《梅文鼎年谱补录》。

1947 年 (丁亥)

1 月,胜利出版公司以"当代中国学术丛书"出版顾颉刚《当代中国史学》,该书下编"史籍的撰述与史料的整理"章节,顾颉刚指出:"关于科学史,有钱宝琮先生的《中国算学史》、李俨先生的《中国算学小史》、陈邦贤先生的《中国医学史》;而竺可桢先生对于中国历史上气候的研究、李俨先生对于中国旧算学的研究,尤有贡献。"

《近世几何学初篇》由商务印书馆出版。

《中华学艺报》第 14 卷第 1 期发表《社友著作目录》。

2 月,商务印书馆以中华学艺社学艺汇刊 (52) 和 (53) 分别出版《中算史论丛》(四上) 和 (四下)。序言云:"《中算史论丛》,前已出版三册,兹更将中算史论文已发表于各杂志及日报者,详加校订,编成此册。就中一至八篇,曾由刘文海君校对,其第九篇《近代中算著述记》则重行写定后,并由孙文青先生详校一过,特此志谢。"

《学艺》第 17 卷第 6 号发表《李善兰年谱补录》。

《学艺》第 17 卷第 10 号发表《日算累圆术》。

被聘为西北工学院土木工程学系名誉讲座。

《科学》第 29 卷第 4 期发表《三十年来的中国算学史》。绪言有云:"前清末叶,国内志士深知非研治科学无以自强,又以算学为科学基础;专力修治中外算学者,为数日多。但对于中国算学史之研究,则除《畴人传》一书,初无他项典籍,可供参考。民元以来,各项科学研究工作,由科学社主持,并出版《科学》杂志,中国算学史研究,亦同时开始。今值科学社三十年周年纪念,特就三十年来中国算学史之发现,择要留一记录。此三十年邦家多难,举国人士于艰难困苦之中不忘研究。即以中国算学史而论,虽未设置专门机构单独研究,而各方文化机关与国内外人士热诚襄助,有益于中算史料之发现者,其例不胜枚举。"

严敦杰《李俨与数学史》(《科学史集刊》1984 年第 11 期)论文指出:"1947 年先生所写的《三十年来的中国算学史》一文虽然是总结三十多年的中算史研究工作,实际上该文正好代表这一时期内后半期先生的学术思想。这文章分三部分:第一部分为收藏图书的发现,第二部分为各项文卷的征集,第三部分为中算史料的考订。先生说:'研治学术,首重图书。''编录史事,首重资料。''中算史料,汗牛充栋,势须分类集中整理考订。'表达了他对研究中国数学史所应走的道路。"

《科学》第 29 卷第 4 期发表《中算家之圆锥曲线说》。

《计算尺用法》由正中书局再版。

12 月,交通部派为陇海铁路管理局副总工程师;中国科学社聘为西安特约编辑。

1948 年(戊子)

《学艺》第 18 卷第 2 号发表《华蘅芳年谱》。序云:"民国六年(1917)曾着意为清代中算家梅文鼎(1633～1721)、李善兰(1811～1882)、华蘅芳(1883～1902)各编一年谱。梅、李年谱,前已写成,并续录各一篇。今再将《华蘅芳年谱》写出,而蘅芳弟世芳事迹,亦于此谱内附记。其缺漏之处,自所不免,深望读者随时指示,期如梅李二谱之例,于补录中续加记录。"

油印出版《铁道选线法》。

《图书季刊》新 9 卷第 3、4 合期发表与严敦杰合编《十年来中算史论文目录》。

《学艺通讯》第 15 卷第 2 期发表《最近十年来中算史论文目录》,序云:"近年曾就各界研究中国算学史论文分期调查报告,兹再就最近十年由民国二十六年一月迄三十六年十二月所有中算史论文调查报告于后,以备参考。此次系与严敦杰先生共同调查。特此志谢。"

8 月,任北平研究院学术会议会员,隶属史学组。

10 月,中央研究院第二届院士候选人提名工作开始。

约 11 月,向清华大学自荐,希望由该校推荐为院士候选人。自荐信写道:"俨于业余治中算史数十年如一日。民国十四、十七年曾分别以《梅文鼎年谱》及《李善兰年谱》刊入贵校《清华学报》内。本年经北平研究院举为该院会员。近闻中央研究院有意请各大学举荐院士,以本年底为限。关于中算史部分,贵校前已注及。此次如获蒙举荐,尤足为学生色。事关学术,尚望察及。"(参见《中央研究院举办第一次院士选举推荐候选人名单及有关规章办法和来往文书》,北京:清华大学档案馆,全宗号 1,目录号 4~2,案卷号 191)。清华大学拟予提名,并就中算史所属组别问题与中央研究院进行了沟通。后因时局的变化,中央研究院第二届院士选举工作搁浅。

1949 年(己丑)

1 月,在《西工土木》(国立西北工学院土木工程学会编印)发表《敦煌所见唐宋窟檐》。

《科学》第 31 卷第 10 期发表《日算椭圆周术》。

任西北铁路干线工程司副总工程师。

1950 年（庚寅）

聘为国立西北大学数学系兼任教授。

《中国科学》第 1 卷 2 ~ 4 期发表《中算家之平方零约术》。

竺可桢（藕舫，1890 ~ 1974）致函李约瑟（Joseph Needham，1900 ~ 1995）："很高兴收到你 1950 年 10 月 26 日的来信，以及即将出版的《中国科学技术史》一书的内容提要与目录。……为了您的著作更有权威性，我建议您向以下中国权威学者咨询，如你熟悉的治数学的李俨和钱宝琮、治天文学的刘朝阳。"

1951 年（辛卯）

2 月 7 日，向达与竺可桢谈中国科学史研究，建议中国科学院创办一中国科学史刊物，并介绍数学史李乐知、钱琢如、严敦杰，械器王振铎，造船金月石，天文浦江清，火药冯家昇等。

6 月，《计算尺用法》由商务印书馆再版。

8 月，担任《数学通报》杂志特约编辑。

1952 年（壬辰）

《学艺》第 21 卷第 4 期发表《中算家之九九加减术》。

5 月，商务印书馆编译出版《近世几何学初篇》。序云："本书系克济氏（Casey）所著，原名 A Sequel to Euclid，论述近世几何学，由浅入深，甚便学习，各国都有译本，数学史上亦曾加介绍，实为这方面的权威著作。我们尚无译本，特加编译，俾便读者。青年初学者手此一书，可据以窥见近世几何学之堂奥。书中所设习题多有他书所未举者，即多年绩学者亦可就此获得新解。兹根据作者的原意，将书名译为《近世几何学初编》。希望读者据以发扬光大，使这一门科学在国内能有发展。"

10 月 23 日,《大公报》(上海)发表《从中国算学史上看中朝文化交流》。

1953 年(癸巳)

《数学通报》第 10 期发表《中国数学史绪言》。

5 月 4 日,中国科学院决定设立中国自然科学史委员会,通过《中国自然科学史研究委员会组织办法》。

9 月 2 日,中国自然科学史委员会成立,指导全国各学术团体、院校相关研究,并筹建相应研究机构。委员会受科学院领导,下设工作室,暂附设于历史研究所第二所内。竺可桢为主任委员,副主任委员叶企孙、侯外庐,与向达、侯外庐、钱宝琮、陈桢、叶企孙、丁西林、袁翰青、侯仁之、竺可桢、刘仙洲、李涛、刘庆云、王振铎等同为委员。

邀约钱宝琮审阅《中算史论丛》第五集(未定稿)。

1954 年(甲午)

1 月 29 日,科学院召开第二次中国科学史委员会会议。

《科学大众》6 月号发表《我国古代数学的成就》。

5 月,中国科学图书仪器公司出版《中国古代数学史料》。该书由中国科学社主编,为《中国科学史料丛书》古代之部第一辑,专述我国古代至北宋为止之数学文献及各著作人之成就与史迹,为研究我国古代数学富有价值之参考文献。

9 月 21 日,致函严敦杰称:"拙藏中、日算书,如他日,俨可长住京,亦拟转赠给科学院或北京图书馆。"

11 月 25 日,参加科学院在北京召开第三次中国科学史委员会会议,竺可桢、钱宝琮、叶企孙、侯外庐、刘仙洲、梁思成、王振铎、向达、谭其骧等与会。

指导复旦大学的年轻学者孙炽甫研习古代圆周率史,完成了《中国古代数学家关于圆周率研究的成就》。孙来函请审阅并请推荐给《数学通报》(李俨时为特约编辑)发表,但担心可能因与钱宝琮观点不同而有碍。12 月 8 日,把其信及论文寄给严敦杰,并说:"对孙炽甫文稿所提意见甚是。以后研究和编订中国数学史,确如来函所说,需要慎重。不过我们又须考虑如何可以引起青年有兴趣的加入研究,不叫他们失望。"

1955 年(乙未)

2 月,经铁道部同意,调入中国科学院历史研究所第二所。

4 月 24 日,在北京师范大学作《中国数学发展情形》演讲。演讲稿发表在《数学通报》1955 年第 7 期、第 8 期和《新华月报》1955 年第 11 期,并收入中国数学会《数学通报》编委会编印的《初等数学史》一书(科学技术出版社 1959 年)。

5 月,被推选为中国科学院哲学社会科学部学部委员。

高等教育出版社《图书简介》1955 年 8、9 月合期发表《"畴人传"的介绍》。

1956 年(丙申)

1 月 3 日,参加竺可桢主持的中国科学史座谈会,与刘仙洲、王振铎、李涛、叶企孙、侯外庐等确定编写各学科科学史的人选。

4 月 4—15 日,"中算史专家李俨先生个人藏书展览"在北京师范大学教 2 楼举行。按成书时间先后,共分四个展室,所展中国古代数学书籍共计 670 种,共一千五六百册。其中有许多中国古算名著,如 1084 年(宋元丰七年)《算经十书》、宋代秦九韶《数书九章》,还有记载"大衍求一术"和数字高次方程解法的古算书,元代朱世杰著的《四元玉鉴》和《算学启蒙》,李治《测圆海镜》和《益古演段》,明代程大位《算法统宗》,徐光启译述《几何原本》、清康熙时期编写的《数理精蕴》等,也有不少精抄本、套色抄本和照片。抄本有尚未流传的秘籍,也有发刊的底稿。照片是藏于国外的善本书籍。所有展品,均为个人所藏,非常珍贵。

《测绘通报》第 2 卷第 1 期发表《郭守敬球面割圆术》。

《测绘通报》第 2 卷第 2 期发表《四百度铁道曲线表说明》。

《测绘通报》第 2 卷第 4 期发表《中国古代中算家的测绘术》。

《测绘通报》第 2 卷第 5 期发表《隧道定线测量》。

《数学通报》1956 年第 5 期发表《再谈中国数学发展情形》。

6 月,应苏联科学院邀请,与华罗庚、钱学森、陈建功、吴文俊、黄昆、程民德、关肇直和冯康等前往苏联莫斯科,参加第三届全苏联数学家大会,在数学史组报告"中国数学史中的几个问题",介绍中国古代数学在计算上所采用的计算系统,如十三、十四世纪以前用算子在筹算算盘上计算,十五、十六世纪以后用珠算算盘来计算等,博得与会者的好评。

6 月,在莫斯科结识苏联数学史家尤什凯维奇(A. P. Yushkevitch,1906 ~ 1993),自后有了通讯来往。

本月,为丁福保、周云青编辑的《四部总录算法编》(商务印书馆 1957 年)作序。序云:"我多年来就主张要为学习、研究祖国算法以及编写中算史料工作者,搜集目录学的资料,首先需要整理出一部比较完备全面的中西算学书目提要。《算法编》的出版,在这方面,可以说是一个最好的起点,椎轮为大辂之始。我希望研究我国算学史的同志们,能够利用这一工具书,对我们祖先遗著继续深入研究,撷精揾华,发扬光大,使原有着光荣传统的算学能发出更灿烂光辉的异彩！"

6月17日，英国学者李约瑟致函国际科学史研究院，推荐竺可桢和李俨为该研究院院士候选人。李约瑟称李俨为"杰出的数学史家"（outstanding historian of Mathematics）。

7月9日至12日，中国自然科学史研究委员会在北京召开中国自然科学史第一次科学讨论会。会议建议："在历史研究第二所科学史组的基础上正式建立中国自然科学史研究室，该室由本会具体领导，目前主要进行较有基础的数学史、天文学史及地理学史的研究，建立图书馆资料室和培养干部。……在自然科学史研究室成立后，拟即着手准备'自然科学史研究'（暂定）的编辑和出版工作，……聘请叶企孙（召集人）、侯外庐、刘仙洲、李俨、钱宝琮、王振铎、李涛、陈邦贤、龙伯坚、万国鼎、夏玮瑛、王毓湖等十二人组成编委会。"

7月30日，与叶企孙、刘仙洲、钱宝琮见面竺可桢，商谈9月去意大利参加国际科学史会议的有关事宜。

招收中国数学史专业研究生，东北师范大学数学系毕业生杜石然成为首位研究生。

9月，随竺可桢、刘仙洲等赴意大利佛罗伦萨参加第八届国际科学史会议，并宣读论文《古代中算家内插法计算》。论文以现代数学公式扼要介绍我国已有一千多年历史的内插法，并称此法在目前的实际和理论问题中还在广泛的应用。

本月1日，与李约瑟在意大利博洛尼亚初次会面。

本月7日，与竺可桢、刘仙洲访问成立于1029年的米兰科学史馆，受到Bonelli馆长的接待。他们观赏了中世纪的地球仪、地图及温度表、气压表、星盘、伽利略用的显微镜、亚里士多德七重天模型、哥白尼以太阳为中心模型等。

11月6日,中国科学院讨论组建中国科学院中国自然科学史研究室方案。

《科学大众》1956年第9期发表《祖冲之》。

《人民中国通讯》1956年20期发表《祖冲之——杰出的中国古代数学家》。

1957年(丁酉)

1月1日,中国科学院中国自然科学史研究室挂牌成立,研究室共有8位成员,与钱宝琮同为研究室一级研究员。

《数学进展》第3卷第1期发表《第八届国际科学史年会数学史情形报告》。

4月,严敦杰编著《中学数学课程中的中算史材料》由人民教育出版社出版,其序言指出:"书内很多地方是参考李俨先生和钱宝琮先生的各种中国数学史著作的,全稿写定后又蒙两位先生校阅,特此志谢。"

本月,科学出版社出版《中算家的内插法研究》。全书以散见于历代史志和数学著作中的原始文献为基础,进行数理分析,给出了自隋刘焯迄元郭守敬以来诸历家所应用之插值方法的演进脉络,也旁及同时代数学著作中的相关内容及对日本的影响。该书是我国第一部专题性的中国数学史论著。

7月7日,《光明日报》刊登回答记者提问:"由于党和政府的百般关怀科学研究工作,想尽办法把我调到中国科学院历史第二所来。无论在研究上、出版上都给我种种便利条件。叫我能够安心做研究工作。七年多来,科学出版社已经为我出版了《中算史论丛》(一共五本)、《中算家的内插法研究》、《中国古代数学史料》等著作。最近即将印行的还有《十三、十四世纪中国民间数学》和《中国数学大纲》（修订本，上册）。总共近两百万字。如果不是党和政府的种种帮助，在短短七年中，我就绝不可能写出这些东西来。最近，领导又要我到青岛去休假。为了报答党和政府的关怀，我已决定今年休假暂不离开北京，还愿意利用一部分时间，在北京图书馆找点材料，多看点书，多为人民做点工作。"

本月 9 日，中国科学院正式任命李俨为中国自然科学史研究室主任。

本月，中国自然科学史委员会决定成立《科学史集刊》杂志编辑委员会，被推举为编委会成员。

本月，收到苏联科学院欧拉纪念委员会送来的奖牌，并附有来函："欧拉纪念委员会请您接受桌案奖牌这个礼物。这个奖牌是按苏联科学院主席团为纪念欧拉诞辰 250 周年的委托而铸造的。"

10 月，在《安徽历史学报》创刊号（1957 年）发表《梅文鼎的生平及其著作目录》。

重新编辑的《中算史论丛》第一至五集自 1954 年 11 月起至 1955 年 7 月陆续由科学出版社出版。严敦杰在《数学进展》第 3 卷第 2 期发表《介绍中算史论丛》，其中说："李俨先生研究中国数学史已四十年。四十年来他写了近百篇有关中国数学史的论文，最近把其中主要的选辑为《中算史论丛》，共五集，由科学出版社出版。这是李先生四十年来的辛勤劳动果实，我们应该十分重视它和很好地进行学习。"

11 月，科学出版社出版《十三、十四世纪中国民间数学》。

1958 年（戊戌）

《安徽历史学报》第 2 号发表《〈铜陵算法〉的介绍》。

《数学通报》1958 年第 6 期发表《中算家的记数法》。

《文物参考资料》1958 年第 7 期发表《阿拉伯输入的纵横图》。

2 月,竺可桢来自然科学史研究室,与李俨、钱宝琮及严敦杰讨论李约瑟来京访问的接待方案。

5 月 22 日,竺可桢与侯外庐、叶企孙、钱宝琮、李俨、谢鑫鹤、王振铎等商议李约瑟的访华接待方案。

6 月 1 日,与竺可桢一同去东郊机场迎接李约瑟与夫人李大斐及鲁桂珍(1904~1991)到京。6 月 2 日,竺可桢设宴款待李约瑟,与侯外庐、叶企孙、钱宝琮、钱三强、华罗庚、周培源、夏鼐、楚图南等作陪。

6 月 9 日,李约瑟到研究室,与李俨、钱宝琮等再次会面。

6 月 10 日,去文津街听李约瑟学术演讲"The Rise of Modern Science and Its Background in Europe and China"。

7 月,修订后的《中国数学大纲》上册与下册由科学出版社出版。1931 年 6 月《中国数学大纲》上册由商务印书馆出版。1950 年代,对上册作了增补修订,并在上册目录前注有"(修订本)"字样。该书较为全面地介绍了到清末为止中国的主要数学成就、数学方法、数学著作、数学家、数学教育、中外数学的交流情况、数学与社会的关系等各方面的内容,是一部较为详尽的中型数学史。

1959 年(己亥)

《科学史集刊》第 2 期(1959 年)发表《从中算家的割圆术看和算家的圆理和角术》。

5 月 27 日到 6 月 1 日,赴苏联莫斯科,代表中国出席由苏联科学院科学技术史研究所和苏联科学技术协会联合召开的全苏科学技术史大会,并在会上报告中国科技史研究概况及数学史论文。

《数学通报》1959 年第 10 期发表《中国数学的历史发展》,系苏联科学院自然科学及技术研究所编辑专刊特约稿。

本月,在中国自然科学史研究室第一次工作报告会上作《关于中朝、中越、中日在数学史上的文化交流》报告。(参见《中国自然科学史研究室第一次工作报告会总结》,北京:中国科学院档案馆中国科学院自然科学史研究所档案,档号:1959-1Y-01,顺序号:06)

李约瑟在英国剑桥大学出版《中国科学技术史》(*Science & Civilisation in China*)第 3 卷(数学、天学和地学)。数学章引言对李俨和钱宝琮的中算史研究有这样的评价:"在中国的数学史家中,李俨和钱宝琮是特别突出的。"

《中国科学技术史》第 3 卷中,李约瑟对李俨的中算史研究还有如下评价:

> 李俨和史密斯一样,认为在不同的著作中分别采取按年代和科目分类两种体裁较为方便。他的《中国数学大纲》采用编年体。更为完备的叙述见于《中国算学史》,这部书有节略本,即《中国算学小史》。他的四卷著作《中算史论丛》则采用按科目讨论的分类体裁,新的五卷本也继续采用这种写法。
>
> 关于中国数学史资料的丰富程度,我们可从最近出版的书目中得到一个概念。有一份中国数学史论文目录,开出了 1918—1928 年十年间的 33 种重要的专题研究。从李俨与严敦杰所编的目录可得知,1928—1938 年这十年间的数目也大致如此,但在 1938—1944 年间却增加到 60 篇,据李俨最近发表的论文目录,1938—1949 年有 104 篇。很遗憾,这些论文大

多发表在西欧从未见到的期刊上,即使在中国,要不是像李俨那样费了大量的时间和精力进行搜集的话,也是不易获得的。

11月,为了帮助高等院校数学教学工作者掌握数学基础,中国科学院数学研究所数理逻辑室举办了数学基础讲座,主讲内容为我国古代数学的成就及特点。参加听讲的,除中国科学院数学研究所的研究人员和在该所进修的各地高等院校教师外,还有北京大学、清华大学、中国人民大学、中共中央高级党校、北京师范大学等近二十个单位的数学工作者和哲学工作者。

1960 年(庚子)

《安徽史学》创刊号发表《〈算法纂要〉的介绍》。

《科学史集刊》第3期发表《和算家"增约术"应用的说明》。

5月14日,与竺可桢同乘火车去唐山,参加15日唐山铁道学院(原唐山路矿学堂)55周年校庆活动。

6月11日,竺可桢日记写道:"下午二点半至九爷王府科学史室晤李老俨……关于朝鲜和中国的数学史上的来往,李颇有研究。据云,元朱世杰之《算学启蒙》这部书在中国清末已失传,后复从朝鲜人金某带回中国一部始得以复刊。又南齐祖冲之著《缀术》一书,内讲圆周率如何求得的问题,到宋已失传,当时曾作为朝鲜和日本学数学者必学之书,但至今尚未觅到原本。"

1961 年(辛丑)

7月18日,参加中国自然科学史研究委员会扩大会议,讨论中国科技史编写问题,与会者还有竺可桢、张含英、刘仙洲、侯外庐、夏鼐、刘崇乐、叶企孙、钱宝琮、夏纬英、王振铎、侯仁之、胡庶华、陈邦贤、王毓瑚、王若愚、杜省物、程之范等以及自然科学史研究室全体同志共四十余人。会议由中国科学院副院长、中国自然科学史研究委员会主席竺可桢主持。

《文汇报》1961 年 8 月 6 日发表《珠算史话》(与杜石然合署)。

9 月,中华书局出版与杜石然合著《中国古代数学史话》,列入"中国历史小丛书"(64 种)。

本月,《图书馆》(1961 年)3 期发表署名文津的《北京图书馆和科技史研究——和李俨先生一席谈》。文曰:"李俨先生收藏的中国旧算书很丰富,曾编印一本收藏目录。他知道北京图书馆藏有吴敬著的《算法大全》一书,有缺页,但他藏有此书完整的一部。他表示愿将此书借给北京图书馆抄布缺页。他还表示北京图书馆藏其他中国旧算书有残缺的,如果他藏有完整的,可向他借用抄补。"

1962 年(壬寅)

《北京日报》1 月 11 日、18 日、25 日发表《中国古代数学的发展》(与杜石然合署)。

《数学通报》第 1 期发表《十六世纪初叶中算家的弧矢形近似公式》。

《数学通报》第 4 期发表《中国古代正多边形的实用做法》。

对《中国古代数学史料》(1954 年版)作修订,定名为《中国古代数学史料》(第二版),增加了"夏侯阳算经新注""宋元类书(公元 977 年~)内中算史料""日本口游(公元 970 年)书内的中国古代数学史料"三节,其他各节的内容也作了增补与订正,并将原"印度历算与中国历算发生关系"一节改称"佛教与中国历数",于次年 1 月由上海科学技术出版社出版。

上海科学技术出版社出版《计算尺发展史》。

10 月 10 日,卧病在家,接待前来探望的杜石然、何绍庚。得知何为钱宝琮的研究生,鼓励说:"钱老诲人不倦,教人是不厌其烦。要向钱老好好学习。"还要求何绍庚学好外语,因为搞数学史研究离不开查找国外文献和对外交流。

10 月 14 日,光明日报发表《深入浅出地编写普及知识读物——访三套小丛书的作者和编者》采访报道。报道曰:"数学史家李俨在解放前后曾经出版了好几本有关中国算学史的学术著作,当他和青年研究工作者杜石然一起编写《中国古代数学史话》时,他们花费了半年时间,把他一生在数学史方面积累的材料,加以浓缩和精选,编成一本薄薄的小书。他们在叙述古代数学发展状况时,尽量避免引经据典,可是每一个材料都力求可靠无误。为了做到通俗易懂,他们字斟句酌地以最浅显的说法,来解释深奥难懂的科学道理;通过具体的事例,说明中国古代数学的体系和它的高度发展,古代的劳动人民和许多数学家,在数学上有许多天才的发现,他们很早就充分掌握和运用许多数学概念。"

1963 年(癸卯)

1 月 14 日,因病在京去世。

1 月 17 日,嘉兴市殡仪馆举行公祭。郭沫若主持,茅以升介绍生平事迹,竺可桢、刘仙洲、钱宝琮、叶企孙、华罗庚、张子高、向达等出席。同日,安葬于北京西郊八宝山革命公墓(三区六排)。

与杜石然合著《中国古代数学简史》上下册由中华书局以"知识丛书"分别于本年 2 月和次年 1 月出版。该书附有杜石然撰写的"李俨先生生平简历"。全文如下:

李俨先生(公元 1892—1963 年),原名禄骥,字乐知,福建闽侯人,早年肄业于唐山路矿学堂。1913 年考入陇海铁路局,历经练习生、测量员、工程师、工程总段长、副总工程师等职,至 1955 年调到科学院时止,辛勤工作,前后达四十二年之久。李先生为陇海路的建设工作付出了大半生的心血。

远从 1911 年起,李先生便以业余时间从事中国古算书的整理和研究。几十年来苦心搜集,藏书中有不少罕见珍本;其所藏中国古算书尤堪称海内独步。李先生逝世后,全部藏书经家属捐赠科学院中国自然科学史研究室。

1919 年时,李先生即开始发表中算史方面的论著,四十多年来共有论文百余篇,专著多种,达数百万言;《中国数学大纲》(上、下册)、《中算史论丛》(1—5 集)可为代表。

李先生调到科学院后,曾任哲学社会科学部学部委员、中国自然科学史研究室主任等职。1959 年当选为全国人民代表大会代表。

1963 年 1 月 14 日,李先生因心脏病逝世于北京医院,17 日葬于八宝山革命公墓。

1982 年(壬戌)

《自然科学史研究》第 1 卷第 3 期发表经严敦杰整理的遗作《日本数学家(和算家)的平圆研究》。

1992 年(壬申)

8 月,国际数学史学会、中国科学技术史学会、中国数学会和中国科学院自然科学史研究所在北京香山联合举行了"纪念李俨钱宝琮诞辰 100 周年国际学术讨论会"。吴文俊发表贺词:"西方历经十七世纪解析几何与微积分的发明与十八、十九世纪在此基础上的蓬勃发展,使数学上升到全新高度,原来的传统数学自是望尘莫及,知识分子忙于引入与接受这些新颖思想与方法,传统数学被束之高阁,自在情理之中,并因此而又一次濒临绝境。李俨、钱宝琮二老在废墟上发掘残卷,并将传统内容详作评介,使有志者有书可读,有迹可寻。以我个人而言,我对传统数学的基本认识,首先得之于二老的著作。使传统数学在西算的狂风巨浪冲击之下不致从此沉沦无踪,二老之功不在王(王锡阐——编者注)、梅(梅文鼎——编者注)二先算之下……几经濒临夭折的中国传统数学,赖王、梅、李、钱等先辈的努力而绝处逢生并重现光辉。"

致谢:张剑、何绍庚、俞晓群、邹大海、郭金海、潘澍原、杨永琪、胡晋宾等诸位先生提出了许多宝贵的建议并予以支持和帮助,在此深表谢意!

参考文献

《李俨钱宝琮科学史全集》编辑委员会 《李俨钱宝琮科学史全集》(全十册) 辽宁教育出版社 1998 年

竺可桢日记 樊洪业主编《竺可桢全集》第 13—16 卷 上海科技教育出版社 2007—2009 年

中国自然科学史研究委员会 《中国自然科学史第一次科学讨论会的工作报告》 中国科学院办公厅编《中国科学院年报》(1956)

李玉海 《竺可桢年谱简编》 气象出版社 2010 年

张元济　《张元济全集·书信》　商务印书馆　2007 年

顾颉刚　《当代中国史学》　潘公展、叶溯中主编《当代中国学术丛书》　胜利出版公司　1947 年

茅以升　《工程师和科学家》　《科学导游》(3)　湖南科学技术出版社　1982 年

中国科学社编　《中国科学社第十七次年会纪事录》　1932 年

Joseph Needham *Science and Civilisation in China* Vol. 3 Cambridge at the University Press 1959

李约瑟　《中国科学技术史》(中译本)第三卷·数学　科学出版社　1978 年

严敦杰　《中国数学史二三事》　《读书》杂志　1981 年 8 月期

严敦杰　《李俨与数学史——纪念李俨先生诞辰九十周年》《科学史集刊》(1984 年)第 11 期

杜石然　《李俨》《中国现代数学家传》第三卷　江苏教育出版社　1998 年

李迪、李培业　《中国数学史论文目录》(1906～1985)　中国珠算协会珠算史研究会　1985 年

张奠宙、王善平　《三上义夫、赫师慎和史密斯——兼及本世纪国外的中算史研究》《中国科技史料》14 卷(1993 年)第 4 期

俞晓群　《中算史研究的"南钱北李"》《这一代的书香》浙江大学出版社　2010 年

邹大海　《李俨》　王元主编《20 世纪中国知名科学家学术成就概览·数学卷·第一分册》　科学出版社　2011 年

邹大海　《李俨与中国古代圆周率》《中国科技史料》第 22

卷(2011 年)第 2 期

郭金海 《从"九章"到"中国古算书"——王季同致李俨信解读》《广西民族大学学报》(自然科学版)第 21 卷(2015 年)第 1 期

徐义保 《李俨与史密斯的通信》《自然科学史研究》第 30 卷(2011 年)第 4 期

黄荣光、刘钝 《李俨致三上义夫的 41 封信》《中国科技史杂志》第 37 卷(2006 年)第 1 期

钱永红 《一代学人钱宝琮》 浙江大学出版社 2008 年

钱永红 《钱宝琮致李俨的一封信》《中国科技史料》第 24 卷(2003 年)第 2 期

关志昌 《李俨》 刘绍唐主编《民国人物小传·第十五册》上海三联书店 2016 年

纪念李俨先生

杜石然

今年,1992 年,恰值中国数学史界老前辈李俨(1892 年 8 月 22
日~1963 年 1 月 14 日)、钱宝琮(1892 年 5 月 29 日~1974 年 1 月
5 日)两先生百年华诞。中国科学技术史学会、中国数学会、中国科
学院自然科学史研究所以及国内外友好单位和个人,共同发起举
办学术性纪念活动。《中国科技史料》编辑部命余撰写一篇短文,
以纪念先师李俨先生。下面谨根据李先生的亲笔自传、自编《著作
目录》等资料,对李先生的生平以及著述之大要,恭敬记述如下。

李俨先生,原字禄骥,后改为乐知,福建闽侯人。清光绪十八
年七月一日(1892 年 8 月 22 日)诞生于福州城内旗下街。据李先
生自述:"旗下街原系满清时代八旗旗民驻居之地,满清末叶旗民
将其租与当地贫民,所以旗下街是当时贫民居住的地方。"

李先生的父亲,1890 年曾考中过科举制度下的举人,后被分发
至江苏吴县长期作候补而从未补实。李先生自幼和母亲一起,留
在原籍,生活比较清苦。自 1904 年起,李先生进入福州三牧坊学
堂读书,并于 1912 年考入唐山路矿学堂土木工程科学习,与后来
著名的桥梁学专家茅以升先生为同级。此学堂即是后来的唐山工
学院、唐山铁道学院,后又迁校至四川,现名为西南交通大学。关
于自己的身世、家境以及当时的社会情况,李先生曾自述说:(他是
出生于清光绪十八年)"时在鸦片战争(1840 年)之后,又是日清战

703

争（1892～1894）、义和团战争（1900年）的前夜，中国的政治经济以及国际地位都起了剧烈的变化，同时，鸦片战争虽然失败了，主持人林则徐却是福州闽侯人，所以当地民众无论老幼都首先感到帝国主义国家对于中国压迫之严重。我个人家庭是无田无地，我父亲1890年在科举制度时期中了'举人'，因为家贫，提早分发到江苏苏州（吴县）去作候补知县，一直作了十余年。所谓候补知县，是没有实缺，仅仅一年半载靠着出一两次差，得些差费来维持生活。我父亲流浪在外，我小时随母亲在原籍过穷苦的生活。当时深切感到中国旧封建制度的没落和西洋资本主义的隆兴。只觉得每人需要学习新知识，方可生存。同时义和团战争之后，满清政府亦感到不变法无以自存，决定废科举兴学校。我个人则于1904年至1906年和1906年至1910年在福州城内三牧坊读完当时的初高级中学校，再考到唐山路矿学堂学习土木工程。"

1913年，因父亲病故，家境清贫，无力再继续在学校的学习，李先生随即考入陇秦豫海铁路局（10月21日，即陇海铁路局前身）作工务员，但仍以惊人的毅力长年自学不辍，不断地提高他自己的各方面能力。据李先生自述，在陇海铁路期间他曾"自修过法文以及英美函授学校的土木工程和建筑学"。

自1913年起，直至1955年止，李先生持续在陇海铁路局工作长达四十余年。开始时是在郑州（1913～1919）、徐州、海州（1919～1921）等地作工务员、测量员。当陇海铁路进行开凿硖石驿1760米大隧道工程时，李先生参考了英法德日等各国的技术资料，精心测量，如期完成了工程任务，受到路局的表扬和员工们的爱戴。多年以后当本文作者考入科学史研究所在李先生指导下作研究生时，先生曾不止一次地谈起这项工程。此隧道在当时是采取两端同时开凿,最后于洞中接通的方法来施工的。在数十年之后的今天,这或许算不上什么。但就施工当时的技术水平而言,尚属技术要求较高的项目,最忌"插不上袖子"。有如人们在天寒时常在胸前将左手插入右袖管、同时将右手插入左袖管可使两袖接通一样。而"插不上袖子"是指因测量失误,使两端同时开凿的隧道不是凿通而是错位而过。由于李先生的精心测量,避免了"插不上袖子"等情况。当隧道顺利凿通时,工友们把李先生高高举起,抛向空中。多年之后,每当谈及此事时,李先生总是又如回到当年一样的高兴。一位当时尚属青年的工程技术人员,在顺利完成艰巨工程之后的欣喜心情,是可以理解的。按李先生自述,自 1921 年起他便晋升为工程副段长(1921~1924,观音堂、磺石)、工程段长(1924~1932,灵宝、阌乡)、工程总段长(1932~1933,韶关(粤汉铁路);1933~1935,潼关、西安)、正工程师工程总段长(1935,西安)、副总工程师工务科长、工程处副处长(1935~1955,西安、宝鸡、天水、兰州)等职务。李先生为中国的铁道建设,尤其是陇海铁路的建设,献出了大半生的心血。

除铁道建设之外,李先生毕生从事的研究工作是关于中国数学史的研究。李先生开始中国数学史研究工作的时间,大约是与他考入陇海铁路同时。关于开展中算史研究的动机以及前前后后的经过,李先生曾自述说:"1912 年全国革命,我父亲退休回家,于 1913 年卒去。母老家贫,无款供我读书,此时陇海铁路招工务员,我即考入。这时是借法国款兴筑铁路,一切都由法国资本家掌握,中国人无由过问。可是我个人第一以为我家贫失学谋生,以后总得多方充实学业;第二,我看过一篇日本人说述中国算学的论文,我十分感动和惭愧。以为现在中国人如此不肖,本国科学(特别是算学)的成就,自己都不知道,还让他们去说,因立志同时要修治中算史。……个人只想为上述'第一''第二'两事而努力。我在陇海路曾以较短时间自修过法文以及英美函授学校的土木工程和建筑学,一面为着中算史多读些中外古今的书籍。"

大概也正是在这个时期,即李先生开始进行中算史研究之际,还发生了他曾多次与著名的数学史家 D. E. 史密斯(David Eugene Smith,1860~1944)通信,讨论共同协作编写一部中国数学史的事。此事虽由严敦杰先生(1917~1988)向本文作者谈起过,但李先生本人却从未谈到此事。现经张奠宙先生于美国哥伦比亚大学珍本与手稿本图书馆特藏的"史密斯文库"中查得"李-史密斯通信"11封,使此事稍显端倪。

1982 年,当李俨先生诞辰九十周年之际,严敦杰先生在一篇纪念性文章中曾谈到 1919 年所发表的李先生所写《中国数学源流考略》一文的来历。严先生说:"在整理先生遗稿时曾发现了这一工作最初的手稿,他本来即以'中国数学史'一名写的,写作时期截止期为 1916 年 12 月,次年又加以修改定名为'中国数学大势',最后发表才改为今名。"考虑到《考略》一文最初的命名以及最初完稿的时间,人们有理由推断,《考略》一文最初或者正就是李先生与史密斯合作,为此而草拟的文稿。人们或者可以从《考略》一文来判断李俨-史密斯合作未能很好进行的原委。

1917 年李先生发表了《中国算学史余录》(《科学》杂志第 2卷,第 2 期),1919 年发表了《中国数学源流考略》(《北大月刊》第1 卷,第 4、6 号)。这是他公开发表的第一和第二篇论文,也是我国中算史研究方面的较早期的论文。自此时起,直至逝世,数十年如一日,李先生持续不断地进行了中国数学史方面的研究。按其逝世前不久自编的论文著作目录统计,李先生毕生共发表论文百余篇,专著二十余部。可以说,李先生是中国数学史研究领域内当之无愧的学科奠基人。

本世纪 20 年代至 30 年代,是李先生进行中国数学史研究的高峰时期,曾发表研究论文多种。这些论文,经过修订,由李先生自编为《中算史论丛》第 1—4 集(1933 年、1935 年、1935 年、1947 年,商务印书馆)。50 年代,李先生又对其加以增删调整,重新编成《中算史论丛》第 1—5 集(1954 年、1954 年、1955 年、1955 年、1955 年,科学出版社)。《中算史论丛》比较集中地反映了李先生在中算史研究方面的各种成果。按李先生的自我介绍,其中(指新增编的第 1—5 集):

第一集的内容为:中国古代数学家各项成就的集录。其中包括分数论、毕达哥拉斯定理(勾股定理)研究、平方零约术、大衍求一术、纵横图、巴斯加三角(贾宪三角)研究、方程论、级数论各篇,并于书前列《中国数学史绪言》一篇以便于读者可以对中国数学先有一个综合的认识。

第二集的内容为:就中国各时代的算书加以集录和研究,并论述了三十年来(至 50 年代止)中算史新资料的发现,以及明代算书志、清代中算著述集录,等等。

第三集的内容为:明清时期传入的西算以及中算家关于对数、三角术、割圆术、圆锥曲线等方面的研究。书前列有《中国的数理》一文,以便于对中国数学进行综合性的了解。第三集末尾附有《梅文鼎年谱》。

第四集的内容为:筹算和珠算,并于唐、宋、元、明、清的数学教育史迹,作有系统的论述。对古算书《测圆海镜》做了详细的解释。

第四集末尾附有李善兰、华蘅芳二人的年谱。

第五集的内容为：上古以及唐代中算史的综述，中国与印度、阿拉伯、朝鲜、日本之间数学文化的互相交流，中国数学史研究的历史以及清代数学论文著作目录、三十七年来中算史论文目录（至1948年10月止），等等。

李先生所著中国数学史方面的专门性著作，可以《中国算学史》（1937年，商务印书馆）和《中国数学大纲》为代表。《中国数学大纲》1931年出版了上册（商务印书馆），1958年除对上册进行了大量增订之外，还出版了下册（科学出版社），使全书出齐。《中国算学史》和《中国数学大纲》二书，都是按时代先后顺序编写的编年体著作。尤其是前一种，国内曾多次印刷，流传较广，影响较大。此书在40年代还被译成日文出版（岛本一男、薮内清译，东京生活社，1940年）。

对自己的著作不断进行修改和补充，是李先生研究工作的一大特点。例如对《近代中算著述记》一文，1928年初稿，1937年再编，1940年再校，1953年三校。直至逝世，他仍念念不忘进行四校。从发表的单篇论文，到编入《论丛》，再对《论丛》进行增补调整，一般说来总要反复进行四五次之多。假如把这样多的反复仅作一次来进行统计，李先生毕生的工作当在二三百万字之间。如果把反复性的工作计算在内，则总工作量当在千万字以上。而还应考虑到：他的这些研究工作又大都是在千里铁路建筑工地上，在繁忙的施工之余，利用业余的时间，一点一滴地完成的。这种锲而不舍数十年如一日的精神，实在令人敬佩。李先生常常谈起随身携带几十箱古算书，来往奔波于陇海铁路各建筑工地，而许多论著都是在夜晚油灯之下写成的情景，用以激励后生学子之长进。

李先生以现代数学知识为基础,对中国古代的数学成就进行研究和整理,从而开创了中国数学史研究的新局面。同时他又承继了乾嘉学派"实事求是"、严密考证的学风和方法,言必有征,无征不信。李先生主张:"研治学术,首重图书","编录史事,首重资料","中算史料,汗牛充栋,势须分类集中整理考订"。他的论著总是以资料的翔实可靠著称。至于对各种问题的论断,则多是引而不发,从而形成自己的特色。

此外,李先生还以毕生精力蒐求中国古代数学典籍。有时还利用工余假期外出访书,还在报纸杂志上刊登征购启示。有时还从国内外著名图书馆和各地藏书机构拍摄、抄写各种古算书和有关资料。在李先生藏书中,有不少稀世珍本。自 1920 年起,他即将自己藏书的目录多次公之于众,并于 1934 年(于陕西省立第一图书馆)、1956 年(于北京师范大学)举办展览。在本世纪前半叶国际、国内战乱频繁情况下,蒐集并保存了一批珍贵典籍。他逝世之后,经家属捐赠,全部藏书收藏于中国科学院自然科学史研究所,为国内外专家所利用。

李先生与国内外同行专家联系甚多。李先生的影响是世界性的。

李俨先生与日本数学史家的联系开始于 20 年代。与三上义夫(1875～1950)的交往大约开始于 1920 年。1928 年第三次泛太平洋学术会议上,三上在报告中曾对李先生的研究成果进行了评介。与小仓的交往则始于 1930 年。1962 年,当小仓逝世时,李先生曾去函悼念,称小仓为老友。如前已述,李先生所著《中国算学史》的日译本译者之一即是当代著名科学史家、日本学士院会员薮内清(1906～2000)。

李先生与苏联数学史家尤什凯维奇(Юшкевич, А. П.)亦有多次交往,并曾获得苏联科学院颁发的欧拉纪念奖牌。

1956 年 9 月,李先生随以中国科学院副院长竺可桢为团长的中国科学史代表团出席在意大利召开的国际科学史第八届学术会议。在会上与英国著名科学史家李约瑟相识,合影照片珍藏于家属手中。

李俨先生对国内外的后学,也是极尽鼓励和提携的。1958 年本文作者就与李先生一起接待过苏联数学史家别廖兹金娜(Берёзкина, Э. И.)。那时,别廖兹金娜刚刚把《九章算术》(为包括刘徽注)译成俄文。1961 年,通过李约瑟还寄出研究资料给新加坡大学的蓝丽蓉。那时蓝丽蓉正在作自己的博士论文。现在,别廖兹金娜和蓝丽蓉都已是世界著名的研治中算史的教授。

对国内后学的提携就更是有口皆碑。当代知名的数学史家,几乎没有一个人没有受到李俨先生的指导和帮助。

李先生还和钱宝琮先生一道,开创了中国科学院自然科学史研究所的数学史研究室。在二位先辈的教导下,这个数学史研究室现有教授四人、副教授二人,这个研究室是国家教委批准的可授予硕士、博士学位的单位。自李、钱二老时起,共培养出博士四名、硕士十名。

李先生是 1955 年奉命调来中国科学院历史研究所的。

1957 年中国科学院中国自然科学史研究室成立,李先生被任命为第一任室主任(此研究室即是现在的自然科学史研究所的前身)。李先生还被选为中国科学院哲学社会科学部的学部委员。1961 年李先生因长年劳累,积劳成疾,不幸患心脏病,时时入院治疗。但先生仍披简蒐牍,力疾笔耕不辍,并在病床上指导我写成

《中国古代数学简史》上、下册（中华书局,1963～1964）。

1963年1月14日凌晨,李先生终因心脏病不治,逝世于北京医院,享年71岁。1月17日举行公祭,同日葬于北京西郊八宝山公墓(三区六排)。